SCHIFFE

WISSENSWERTES · SPORT · TECHNIK

SCHIFFE

Segelschiffe · Passagier- und Handelsschiffe · Kriegsschiffe

Riccardo Magrini

VERLEGT BEI
KAISER

Titel des italienischen Originals: »Navi e Velieri«
Einzig berechtigte Übertragung aus dem Italienischen: Hannes Wendtlandt

Redaktionsleitung: Valeria Camaschella
Technische Koordination: Roberto Ghidoli
Graphische Zusammenstellung: Marco Santini
Redaktionelle Koordination: Davide Bernardini

Der Herausgeber möchte dem Generalstab der Marine – Abteilung für allgemeine Angelegenheiten
und auswärtige Beziehungen für die freundliche Überlassung der Abbildungen danken,
die im Bildnachweis angeführt sind.

Zeichnungen auf den Seiten 138, 142 und 151: Filippo Contronei
Bild Seite 2: Foto Corbis

Deutsche Erstausgabe

Neuauflage 2007
E-Mail: office@kaiserverlag.com
Homepage: www.kaiserverlag.com

Einbandgestaltung: Context St. Veit/Glan
Satz: Context Type & Sign Pink GmbH, St. Veit/Glan
Gesamtherstellung: Gorenjski Tisk, Kranj-Slowenien

Inhalt

Hinweise zur Anwendung dieses Nachschlagewerkes

Die hier beschriebenen Schiffe sind in drei große Kategorien unterteilt, die durch die verschiedenen Hintergrundfarben der Visitenkarten angezeigt werden. Es werden folgende Gattungen unterschieden:

Kriegs-schiffe	**Segelschiffe**	**Passagier- und Handels-schiffe**

Im Falle der **Gleichnamigkeit** von Schiffen findet man neben dem Namen auch das Datum des Stapellaufes.

Dieses Symbol neben dem Namen zeigt an, dass das beschriebene Schiff in ein Museum verbracht wurde, oder dass man seine wichtigsten Bestandteile konserviert hat und sie besichtigt werden können.

Visitenkarte

Die Visitenkarten enthalten die wesentlichen Punkte, um ein Schiff zu identifizieren: **Land, Typ, Werft** und **Stapellauf**. Bei Kriegsschiffen wird außerdem die **Klasse** angeführt und gegebenenfalls auch das **Kennzeichen.** Bei den anderen Schiffskategorien ist die **Verwendung** angegeben.

Der eigentliche Text liefert nützliche geschichtliche Hinweise und erzählt hauptsächlich von der Laufbahn des Schiffes von der Planung über den Stapellauf bis zur »Pensionierung«. In **halbfetter Schrift** wird auf eventuelle Schwesterschiffe oder Schiffe, die derselben Klasse angehören, hingewiesen.

Technische Daten

Maße (Länge x Breite x Tiefgang), **Wasserverdrängung** oder **Tonnage** (siehe Glossar), **Antriebsart, Segelfläche, Höchstgeschwindigkeit** oder **Dienstgeschwindigkeit, Bewaffnung, Panzerung, Reichweite, Höhe des Großmastes, Besatzung, Passagierzahl, Route.** Welche dieser Angaben genannt wird, richtet sich klarerweise nach dem Schiffstyp.

Abkürzungen

sm = Seemeile
kn = Knoten
BRT = Bruttoregistertonnen

Admiral Graf Spee

Visitenkarte

Land
Deutschland

Typ
Panzerschiff

Klasse
Deutschland

Werft
Reichsmarine-werft, Wilhelmshaven, Deutschland

Stapellauf
30. Juni 1934

Dieses von den Alliierten »Westentaschen-Schlachtschiff« genannte Panzerschiff, das dritte und letzte der Klasse *Deutschland* ist ein wahres Juwel deutscher Schiffsingenieurskunst. Dank der Technik des Elektroschweißens und der Verwendung leichter Legierungen für den Rumpf konnte viel Gewicht gespart werden. Das Schiff wurde am 1. Oktober 1932 auf Stapel gelegt und trat am 6. Jänner 1936 in Dienst. Seine Aufgabe war es, als Kaperschiff im Südatlantik (die *Deutschland* agierte im Nordatlantik) zu kreuzen. Es sollte feindliche Handelsschiffe versenken, um die Einheiten der Alliierten zu zwingen, von ihrem Kurs abzuweichen und aus den zugewiesenen Aktionsbereichen herauslocken. Diesen Auftrag erledigte die *Admiral Graf Spee* mehr als brillant. Die Alliierten mussten acht Verbände zur Suche und Jagd einsetzen, um sie aufzubringen. Am 13. Dezember 1939 wurde sie vom schweren Kreuzer *Exeter* der Royal Navy und zwei leichten Kreuzern, *Ajax* und *Achilles* (von der neuseeländischen Marine), im Mündungsdelta des Rio de le Plata, etwa 150 Meilen vor Montevideo, abgefangen. Anstatt zu flüchten, eröffnete die *Admiral Graf Spee* das Feuer. Nachdem sie der *Exeter* schwere Schäden zugefügt hatte, rettete sich das Schiff mit unbrauchbar gewordenen Geschützen, angeschlagenem Rumpf und vielen Verwundeten an Bord in den neutralen Hafen von Montevideo. Dort durfte sie sich nach internationalen Abkommen nicht länger als 72 Stunden aufhalten. Nach Ablauf der Frist, nachdem die Verletzten von Bord gebracht worden waren, verließ die *Graf Spee* langsam den Hafen von Montevideo und nahm Kurs auf die Mitte der Bucht. An der Grenze der Hoheitsgewässer wurde sie bereits vom britischen Geschwader erwartet, das durch die *Cumberland* Verstärkung erhalten hatte. Nachdem er sich die Genehmigung von Berlin eingeholt hatte, versenkte der Kommandant, Kapitän zur See Hans Langsdorff, sein Schiff in der Mitte des Mündungstrichters. Am 19. Dezember nahm sich Langsdorff in Buenos Aires das Leben, »um zu verhindern«, wie er sinngemäß in seinem Abschiedsbrief schrieb, dass die deutsche Fahne in Unehre fällt.

Über die Schlacht und das Ende der Graf Spee *wurde ein Film gedreht:* Panzerschiff Graf Spee (»The Battle of the River Plate«).

TECHNISCHE DATEN Abmessungen: 186 x 20,6 x 7,2 m. **Wasserverdrängung:** 16.220 ts. **Antrieb:** 8 »MAN«-Dieselmotoren. **Leistung:** 52.000 PS. **Höchstgeschwindigkeit:** 28 kn. **Reichweite:** 8900 sm bei 20 kn. **Bewaffnung:** 6 280-mm-Kanonen in zwei Geschütztürmen, 8 150-mm-Kanonen, 8 530-mm-Torpedorohre (2 Vierergruppen). **Panzerung:** 76 mm an den Bordwänden, von 140 bis 76 mm an den Türmen, 38 mm an Deck. **Besatzung:** 1150.

Admiral Hipper

Visitenkarte

Land
Deutschland

Typ
schwerer Kreuzer

Klasse
Hipper

Werft
Blohm & Voss, Hamburg, Deutschland

Stapellauf
6. Februar 1937

In Folge des ersten Flottenabkommens mit Großbritannien begann Deutschland 1935 mit dem Bau schwerer Kreuzer. Der erste schwere Kreuzer der Kriegsmarine war die *Admiral Hipper*, die am 6. Juli 1935 auf Kiel gelegt und am 29. April 1939 in Dienst gestellt wurde. Der erste Kriegseinsatz der *Admiral Hipper* fand im April 1940 im Zuge der deutschen Invasion in Norwegen statt. Am 8. April desselben Jahres wurde das Schiff auf offener See vor der norwegischen Küste durch den englischen Torpedojäger *Glowworm* beschädigt. 1941 war sie wieder völlig hergestellt und es gelang ihr 12 Handelsschiffe im Atlantik zu versenken. Im Dezember 1942 nahm sie an einem Angriff auf einen Geleitzug teil, wobei ihr die beiden englischen Kreuzer *Sheffield* und *Jamaica* schwere Schäden zufügten. Die Reparaturen konnten erst im Jänner 1945 in Gdynia (Gotenhafen) vorgenommen werden. Der russische Vormarsch zwang sie aber, nach Kiel weiterzufahren. Dort wurde das Schiff am 3. Mai 1945 bei einem Bombardement in der Heinkendorferbucht versenkt. 1948 und 1949 wurden die Reste verschrottet. Zur Klasse *Hipper* gehörten auch die ***Blücher*** (1937), die ***Prinz Eugen*** (1938), die ***Seydlitz*** und die ***Lützow*** (1939).

Dieses Schiff wurde nach dem Admiral Franz Ritter von Hipper benannt, der das Schlachtkreuzergeschwader in der Schlacht um Jütland (1916) befehligte.

TECHNISCHE DATEN Abmessungen: 205,9 x 21,3 x 7,7 m. **Wasserverdrängung:** 18.500 ts. **Antrieb:** Dampfturbine von »Brown Boveri« über 3 Wellen. **Höchstgeschwindigkeit:** 32,5 kn. **Bewaffnung:** 8 Kanonen und 12 Torpedorohre. **Besatzung:** 1450.

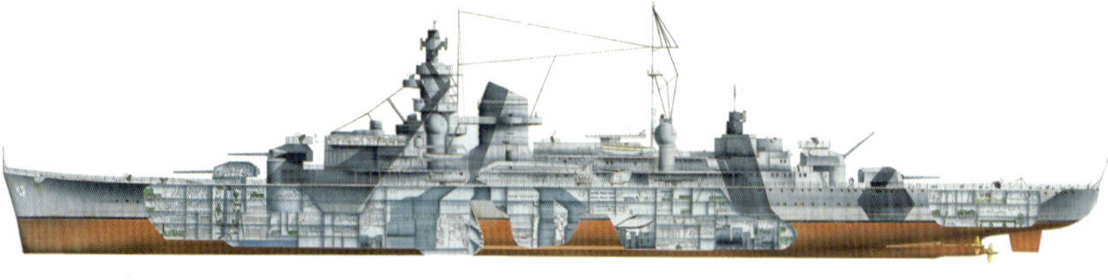

Aquila

Visitenkarte

Land
Italien

Typ
Flugzeugträger

Werft
Ansaldo, Genua, Italien

Stapellauf
25. Februar 1926

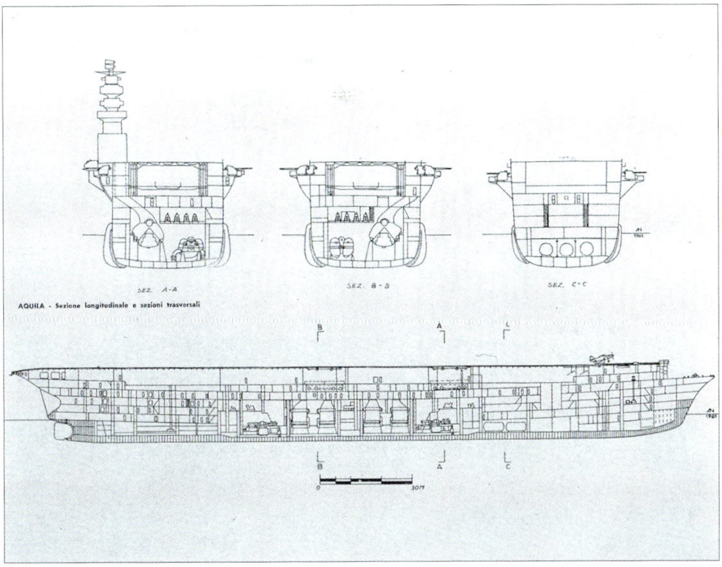

Die *Aquila* war der erste in Italien gebaute Flugzeugträger. Die italienische Marine hatte den Einsatz dieser Art Kriegsschiffe nicht vorgesehen, und als man dieses Versäumnis erkannte (nach den ersten Zusammenstößen bei Gawdos und Matapan im März 1941), beschloss man den Transatlantikdampfer *Roma* zu einem Flugzeugträger umzubauen, um in aller Eile das Möglichste aufzuholen. Die *Roma* war 1926 als Passagierschiff von der Werft Ansaldo in Sestri Ponente *(s. S. 199)* gebaut worden und im selben Jahr vom Stapel gelaufen. Der Umbau in einen Flugzeugträger begann im Juli 1941 bei Ansaldo in Genua, war aber am 18. September 1943 noch immer nicht abgeschlossen. Das Schiff fiel den Deutschen in die Hände, die alles abmontierten, was sie brauchen konnten und das Schiff als Kaserne und Depot benutzten. Am 16. Juni 1944 wurde die *Aquila* bei einem Bombenangriff der Alliierten beschädigt und anschließend von den Italienern halb versenkt, um zu verhindern, dass die Deutschen den Eingang zum Hafen von Genua mit ihr blockierten. 1949 wurde sie gehoben und nach La Spezia geschleppt, wo man sie in den Jahren 1951/52 verschrottete. Das Schiff war mit einer durchgehenden Start- und Landebahn ausgestattet und wies auf der rechten Seite eine große Insel auf. Diese bestand aus einem Kommandoturm und einen deutlich davon abgesetzten Schornstein. Obwohl die *Aquila* nie in Aktion trat, betrachtete man ihren Umbau – fast den letzten zur Zeit des Waffenstillstands – als einen der gelungensten jener Jahre.

TECHNISCHE DATEN Abmessungen: 231,4 x 36 x 7,39 m. **Wasserverdrängung:** 23.350 ts (Standard). **Antrieb:** 8 subvertikale Kessel, 4 Gruppen von Dampfturbinen mit Untersetzungsgetriebe. **Höchstleistung:** 151.000 PS über 4 Schrauben. **Höchstgeschwindigkeit:** 30 kn. **Bewaffnung:** 8 »Ansaldo-OTO'38«-135/45-mm-Kanonen in einzelnen gepanzerten Geschützstellungen zur Flieger- und Schiffsabwehr, 12 »Ansaldo-Terni'39«-65/64-mm-Kanonen in einzelnen gepanzerten Geschützstellungen zur Fliegerabwehr, 132 »Breda'35«-20/65-mm-Maschinengewehre in Sechsergruppen, Normalausstattung: 38 Flugzeuge, maximal 51. **Besatzung:** 1175 (davon 65 Offiziere) und 347 Angehörige der Luftstreitkräfte.

Archimede

Visitenkarte

Land
Italien

Typ
hochseetaugliches Unterseeboot

Klasse
Brin

Werft
Tosi, Taranto, Italien

Stapellauf
5. März 1939

Das vierte und vorletzte Schiff der Klasse *Brin* nahm am 18. April 1939 seinen Dienst auf. Es handelte sich um ein Unterseeboot mit großer Reichweite vom Typ Cavallini mit teilweise doppeltem Rumpf. 1941 wurde der Geschützturm umgebaut und das Geschütz um 100 mm versetzt. Zu Beginn des Krieges wurde die *Archimede* zum Flottenstützpunkt Massaua in Äthiopien abkommandiert und 1941 zum atlantischen Stützpunkt in Bordeaux berufen, den sie erreichte, indem sie den afrikanischen Kontinent umschiffte. Sie unternahm Angriffsfahrten gegen den Schiffsverkehr im Atlantik, in erster Linie auf offener See vor der brasilianischen Küste. Am 8. Oktober 1941 versenkte sie den englischen Ozeanriesen *Oronsay.* Am 26. Februar 1943 brach sie zu ihrer letzten Mission auf. Am 10. April wurde das Boot von feindlichen Flugzeugen getroffen, als es an der Oberfläche fuhr, weil eine Havarie das Abtauchen verhinderte.

TECHNISCHE DATEN Abmessungen: 72,5 x 6,7 x 4,55 m. **Wasserverdrängung:** aufgetaucht 1016 ts, untergetaucht 1266 ts. **Antrieb:** 2 Diesel- und 2 Elektromotoren. **Leistung:** 3000 + 1100 PS. **Höchstgeschwindigkeit:** aufgetaucht 17,3 kn, untergetaucht 8 kn. **Reichweite:** aufgetaucht 9000 sm bei 7,8 kn, untergetaucht 90 sm bei 4 kn. **Bewaffnung:** 8 533-mm-Torpedorohre, 1 100/43-mm-Kanone, 4 13,2-mm-Maschinengewehre. **Besatzung:** 54, davon 7 Offiziere.

Ariel

Die *Ariel* gehörte der Baureihe *Alcione*, Klasse *Spica* an. Die Schiffe dieser Klasse waren entworfen worden, um als Torpedoboote in Verbänden zu operieren. Weil sie aber Defizite bei der Bewaffnung für die Flieger- und Schiffsabwehr aufwiesen, wurden sie in erster Linie für den Geleitschutz eingesetzt. Die *Ariel* erfüllte die gleichen Aufgaben und erlitt dasselbe Schicksal wie die *Alcione:* Am 11. Oktober 1940 brach sie zusammen mit dem 1. Torpedojägergeschwader auf, um einen feindlichen Verband aufzuspüren, wurde aber vom englischen Kreuzer *Ajax* erkannt und versenkt.

TECHNISCHE DATEN Abmessungen: 81,4 x 7,9 x 3 m. **Wasserverdrängung:** 975 ts (1050 bei voller Beladung). **Antrieb:** 2 Kessel, 2 Getriebeturbinen, 2 Schiffschrauben. **Leistung:** 16.000 PS. **Höchstgeschwindigkeit:** 34 kn. **Bewaffnung:** 3 100/47-mm Kanonen, 8 13,2-mm-Maschinengewehre, 4 450-mm-Torpedorohre, 2 Granatwerfer, Minen. **Besatzung:** 116.

Visitenkarte

Land
Italien

Typ
Torpedoboot

Klasse
Spica

Werft
Ansaldo, Genua, Italien

Stapellauf
14. März 1938

Ark Royal (1937)

Sie war das erste Schiff der Royal Navy, die als Flugzeugträger geplant und gebaut worden war. Als solcher hatte sie einen besonderen Aufbau: sie war der erste Flugzeugträger mit einer in den Schiffskörper integrierten, rechtwinkeligen Start und Landebahn. 1940 wurde sie nach Gibraltar verlegt. Im Mai 1941 nahm die *Ark Royal* an der Jagd auf die *Bismarck* teil. Am 13. September dieses Jahres wurde sie vom deutschen Unterseeboot *U-81* getroffen. Man schleppte sie bis Gibraltar, wo sie tags darauf sank.

TECHNISCHE DATEN Abmessungen: 243,84 x 28,64 x 6,95 m. **Wasserverdrängung:** 27.000 ts. **Antrieb:** 3 Turbinengruppen, 6 Kessel, 3 Schrauben. **Leistung:** 102.000 PS. **Höchstgeschwindigkeit:** 30,7 kn. **Bewaffnung:** 16 114-mm-Flieger- und Schiffsabwehrkanonen, 4 76-mm-Kanonen, 48 40-mm-»Pom-Pom«-Maschinengewehre, 32 20-mm-Maschinengewehre, 3 Aufzüge, 60 Flugzeuge. **Panzerung:** 120 mm an den Bordwänden. **Besatzung:** 1575.

Visitenkarte

Land
Großbritannien

Typ
Flugzeugträger

Werft
Cammel Laird, Birkenhead, Großbritannien

Stapellauf
13. April 1937

Ark Royal (1981)

Visitenkarte

Land
Großbritannien

Typ
Flugzeugträger

Klasse
Invincible

Werft
Swan Hunter, Wallsend, Großbritannien

Stapellauf
2. Juni 1981

Als letztes Schiff der Klasse *Invincible*, jener Klasse von Flugzeugträgern für Senkrechtstarter, ist die *Ark Royal* das größte in Großbritannien gebaute Kriegsschiff seit Ende des Zweiten Weltkriegs. Sie wurde am 17. Dezember 1978 auf Kiel gelegt und nahm am 20. Juni 1981 ihren Dienst auf. Sie ist das erste große westliche Kriegsschiff, das mittels Gasturbinen angetrieben wird. Sie kann sowohl Senkrechtstarter wie auch Helikopter zur U-Boot Abwehr aufnehmen. 2003 war sie Teil der Invasionsstreitkräfte im Irak.

TECHNISCHE DATEN Abmessungen: 210 x 36 x 7,5 m. **Wasserverdrängung:** 20.600 ts. **Antrieb:** 4 »Rolls-Royce Olympus TM3B«-Gasturbinen. **Höchstgeschwindigkeit:** 29,5 kn. **Reichweite:** 5000 sm bei 18 kn. **Bewaffnung:** 3 »Mark 15 Phalanx CIWS«-Raketenabwehrsysteme, 2 »GAM-B01-20«-20-mm-Kanonen. **Flugzeuge:** 24. **Besatzung:** 685 und 366 Angehörige der Luftstreitkräfte.

Audace

Visitenkarte

Land
Italien

Typ
Torpedobootjäger

Klasse
Audace

Werft
Cantieri Navali Riuniti del Tirreno, Riva Trigoso, Italien

Stapellauf
1971

In der Vergangenheit trugen bereits drei andere Schiffe diesen Namen: ein gepanzertes Kanonenboot aus dem Jahr 1871, eines aus dem Jahr 1914 und ein weiterer Torpedobootjäger (die frühere *Kawakaze*) aus dem Jahr 1916. Letzterer ging in die Geschichte ein, weil es das erste italienische Schiff war, das nach dem Sieg in Triest anlegte. Die *Audace* ist ein vielseitiger Torpedojäger mit der primären Aufgabe, feindliche Unterseeboote zu neutralisieren. Zwischen 1987 und 1990 wurde sie weitgehend modernisiert und ihre Bewaffnung deutlich verbessert: Zu ihrer Ausstattung gehören seither Abschussvorrichtungen für Raketen des Typs »Teseo« und ein achtfaches »Albatros«-Abschusssystem für Raketen des Typs »Aspide«. Die 76/62 mm Kanonen vom »geschlossenen« Typ wurden durch die neuesten »superschnellen« ersetzt. Zur selben Klasse gehört auch das Schwesterschiff ***Ardito.***

TECHNISCHE DATEN Abmessungen: 140,7 x 14,6 x 4,5 m. **Wasserverdrängung:** 4554 ts bei voller Beladung. **Antrieb:** 4 »C Foster-Wheeler«, 2 »TR CNR-Westinghouse«. **Leistung:** 73.000 PS (53.676 kW). **Höchstgeschwindigkeit:** 33 kn. **Reichweite:** 4000 sm bei 25 kn. **Bewaffnung:** 1 Raketenabschussvorrichtung »Standard SM-1MR«, 4 Granatwerfer »Teseo Mk 2«, 1 Raketenabschussvorrichtung (8) »Albatros/Aspide«, 1 127/54-mm-Kanone, 3 76/62-mm-Kanonen, 6 »ASW«-324-mm-Torpedorohre, 2 Helikopter. **Besatzung:** 380, davon 30 Offiziere.

Averoff

Die *Averoff* war das mächtigste Kriegsschiff der griechischen Marine. Dieser gepanzerte Kreuzer war wie bereits zuvor sein Schwesterschiff *Pisa* nach den Plänen des Ingenieurs Giuseppe Orlando in Livorno (Italien) gebaut worden. Der reiche Bankier und Reeder Giorgio Averoff hatte das Schiff um 280.000 Pfund Sterling gekauft und der griechischen Regierung geschenkt. Die *Averoff* nahm am ersten Balkankrieg gegen die Türkei und – an der Seite der englisch-französischen Flotte – am Ersten Weltkrieg teil. Am 18. November 1918 zog sie auf Seiten der Sieger in den Bosporus ein. Von 1925 bis 1927 wurde sie in La Seyne (bei Toulon) modernisiert und 1942 absolvierte sie ihren letzten Kampfeinsatz, indem sie Verbände im Mittelmeer und im Indischen Ozean eskortierte. Am 17. Oktober 1944 hatte sie die Ehre, die griechische Regierung aus dem Exil in die Heimat zurückzubringen. 1983 wurde die *Averoff* zum Museumsschiff umfunktioniert.

TECHNISCHE DATEN Abmessungen: 130 x 21 x 7,5 m. **Wasserverdrängung:** 10.120 ts. **Antrieb:** Dampfmaschine mit dreifacher Dampfdehnung über 2 Wellen. **Leistung:** 21.500 PS. **Höchstgeschwindigkeit:** 24 kn. **Reichweite:** 7125 sm bei 10 kn. **Bewaffnung:** 4 234/45-mm-»Armstrong«-Kanonen in doppelter axialer Anordnung, 8 190/45-mm-Kanonen, 3 450-mm-Unterwasserkanonen. **Panzerung:** maximal 203 mm mittig an den Bordwänden, 80 mm vorne und hinten. **Besatzung:** 685.

Visitenkarte

Land
Griechenland

Typ
Kreuzer

Werft
Orlando, Livorno, Italien

Stapellauf
12. März 1910

Béarn

Die *Béarn* war der erste Flugzeugträger der französischen Marine. Als Basis diente ein Kreuzer der Klasse *Normandie,* der 1920 zunächst ohne nähere Bestimmung vom Stapel gelaufen war. Nach der Washingtoner Konferenz (über die Beendigung des Flottenwettrüstens) 1922 entschied man, das Schiff zum Flugzeugträger auszubauen. Die entsprechenden Arbeiten wurden 1923 in Angriff genommen und 1927 trat die *Béarn* in Dienst. Charakteristisch für dieses Schiff war das Flugdeck, das sich vom Bug bis zum Heck erstreckte und der Linie des Rumpfes folgte. Die Kommandobrücke lag hingegen komplett außerhalb des Rumpfes und war auf eine Art Konsole gestützt, die in der Mitte der rechten Seite aus dem Schiff ragte. Unter dem Flugdeck befand sich eine Fliegerhalle, die fünf Aufklärer, fünf Torpedoflugzeuge und sieben Jäger beherbergte. Es konnten 23 weitere Flugzeuge aufgenommen werden, allerdings nur in demontiertem Zustand. 1935 erneuert, wurde die *Béarn* dem Atlantikgeschwader zugeteilt. 1946 wurde sie in Indochina eingesetzt, anschließend diente sie rund 20 Jahre als Kasernenschiff in Toulon. 1967 wurde sie ausgemustert.

TECHNISCHE DATEN Abmessungen: 182,6 x 27,12 x 7,91 m. **Wasserverdrängung:** 25.000 ts. **Antrieb:** 2 Turbinengruppen, 2 gegenläufig arbeitende Dampfmaschinen, 12 Kessel, 2 Schrauben. **Leistung:** 39.000 PS. **Höchstgeschwindigkeit:** 20 kn. **Reichweite:** 6000 sm. **Bewaffnung:** 8 155-mm-Kanonen, 6 120-mm-Fliegerabwehrkanonen, 8 76-mm-Fliegerabwehrkanonen, 12 Maschinengewehre, 4 Torpedorohre, 3 Aufzüge, 1 Katapult, 40 Flugzeuge. **Panzerung:** horizontal 25 mm auf dem Flugdeck, 25 mm auf dem Hauptdeck, 25–70 mm auf dem Unterdeck, vertikal 82 mm an den Bordwänden. **Besatzung:** 875.

Visitenkarte

Land
Frankreich

Typ
Flugzeugträger

Werft
Forges et Chantiers de la Mediterranée, La Seyne, Frankreich

Stapellauf
April 1920

Blyskawica

Visitenkarte

Land
Polen

Typ
Torpedobootjäger

Klasse
Grom

Werft
J. Samuel White & Co., Cowes, Großbritannien

Stapellauf
1. Oktober 1936

Die *Blyskawica,* der polnische Name bedeutet »Blitz«, wurde 1935 gemeinsam mit dem Typenschiff der Klasse, der ***Grom*** (»Donner«), gebaut. Dieses Schiff weist eine überraschend elegante Linienführung auf, der Schornstein ist einzigartig und die Bewaffnung durchgehend symmetrisch angelegt. Kurz vor Ausbruch des Krieges mit Deutschland wurden die *Blyskawica,* die *Grom* und die *Burza* (ein Torpedobootjäger aus dem Jahre 1929) nach Großbritannien verlegt, um sie vor der Zerstörung zu bewahren. Dort bildeten sie das »polnische Flottendetachement«. Während die ***Grom*** in der Schlacht um Norwegen versenkt wurde, gelang es der *Blyskawica* 80 Flugzeugangriffe zu überstehen. Sie wurde wieder aufgerüstet und als Geleitschiff in den Nordatlantik entsandt. 1942 war sie Teil des Geleitzuges des Flugzeugträgers *Furious* im Mittelmeer. Im Mai 1944 wurde sie der 10. Torpedobootjägerflottille einverleibt, welche die Landung in der Normandie unterstützte. Am Ende des Krieges hatte die *Blyskawica* an 203 Geleit- und Patrouilleneinsätzen teilgenommen und zur Versenkung von zwei Torpedobootjägern, zwei U-Booten und zwei Handelsschiffen beigetragen. Außerdem hatte das Schiff drei Unterseeboote beschädigt und vier (vielleicht sechs) Flugzeuge abgeschossen. 1947 kehrte sie nach Gdynia zurück, wo man ihre Leistungsfähigkeit wieder herstellte. Sie erhielt sowjetische Bewaffnung und Ortungsgeräte (1951) und diente als Flaggschiff. Von 1957 bis 1961 erfolgte eine neuerliche Modernisierung, um ihre ohnehin ausgedehnte Dienstzeit noch zu verlängern. In Folge einer Kesselexplosion (1967) wurde sie jedoch abgerüstet und als Kasernenschiff adaptiert. Seit 1. Mai 1976 liegt sie als Museumsschiff in Gdynia vor Anker. Im Zuge der Marinefeierlichkeiten 1987 wurde ihr das Verdienstkreuz, eine traditionsreiche Auszeichnung des polnischen Militärs, verliehen.

TECHNISCHE DATEN Abmessungen: 114 x 11 x 3 m. **Wasserverdrängung:** 3383 ts. **Antrieb:** 2 »Parson«-Dampf-Getriebeturbinen, 2 Wellen, 3 Kessel mit Wasserrohren. **Leistung:** 54.000 PS. **Höchstgeschwindigkeit:** 39 kn. **Bewaffnung:** 8 102/45 mm Fliegerabwehrkanonen, 4 40/60-mm-Fliegerabwehrkanonen, 6 550-mm-Torpedorohre, 4 Granatwerfer, 2 Bombenwerfer (Oktober 1942). **Besatzung:** 192.

Bismarck

Visitenkarte

Land
Deutschland

Typ
Kreuzer

Klasse
Bismarck

Werft
Blohm & Voss, Hamburg, Deutschland

Stapellauf
12. Februar 1939

In Missachtung der Verträge von Washington und Versailles über die Rüstungsbeschränkung arbeitete Deutschland schon seit 1935 an einem Projekt zum Bau zweier Kreuzer, deren Wasserverdrängung die in den Abkommen festgesetzte Höchstmenge um 35.000 t überstieg. Der erste dieser beiden Kreuzer, die *Bismarck,* wurde am 1. Juli 1936 auf Kiel gelegt (am 2. November folgte das Schwesterschiff *Tirpitz*) und nahm am 24. August 1940 den Dienst auf, als der Krieg bereits begonnen hatte. Noch bevor die *Bismarck* ihre Qualitäten unter Beweis stellen konnte, war sie längst berühmt und gefürchtet, da man sie als den schnellsten, stärksten und bestgepanzerten Kreuzer der Welt betrachtete – und bei der Feuertaufe erwies sich dieses Gerücht tatsächlich als berechtigt. Am 18. Mai 1941 verließ sie unter dem Kommando von Kapitän zur See Ernst Lindemann den Hafen von Gdynia (Polen). Begleitet wurde sie vom schweren Kreuzer *Prinz Eugen*. Die Schiffe nahmen Kurs auf den Atlantik, die Operation lief unter dem Codenamen »Rheinübung« und hatte in Wahrheit den Zweck, feindliche Konvois anzugreifen. Die beiden Schiffe wurden bei der Passage durch die Meerenge von Dänemark gesichtet und am 24. Mai durch ein Geschwader unter Admiral Tovey gestellt. Beim folgenden Feuergefecht versenkte die *Bismarck* mit dem ersten Kanonenschuss das englische Flaggschiff *Hood* (indem sie dessen Munitionskammer in die Luft sprengte) und beschädigte die *Prince of Wales* schwer. Die beiden nächsten Tage standen unter dem Motto »Jagd auf die Bismarck« durch die britische Luftwaffe. Am 26. Mai wurde das deutsche Flaggschiff durch Flugzeuge der Träger *Victorious* und *Ark Royal* lokalisiert und angegriffen. Ein Torpedo traf das Ruder und machte das Schiff manövrierunfähig, es stellte sich jedoch seiner letzten Schlacht mit vier feindlichen Schiffen der gleichen Klasse. Lange widerstand es allein und unbeweglich dem Feuersturm, dem es ausgesetzt war. Um 10.30 Uhr des 27. Mai 1941 sank die *Bismarck* und wurde zur Legende.

TECHNISCHE DATEN Abmessungen: 241,6 x 36 x 10,8 m. **Wasserverdrängung:** 50.932 ts. **Antrieb:** 12 Kessel in doppelter Anordnung vom Modell »Wagner«, 3 Schraubenwellen. **Leistung:** 160.000 PS. **Höchstgeschwindigkeit:** 30 kn. **Reichweite:** 8600 sm bei 15 kn. **Bewaffnung:** 8 380-mm-Kanonen auf Zwillingslafetten, 12 »SKC/28«-150-mm-Kanonen, 16 »SKC/28«-105-mm-Doppelgeschütze, 30 37-mm-Doppelgeschütze, 20 78-mm-Doppelgeschütze, 8 Torpedorohre. **Panzerung:** 320 mm vertikal, 50/80 mm horizontal, 340 mm am Turm. **Besatzung:** 2100.

Caio Duilio (1876)

Visitenkarte

Land
Italien

Typ
Panzerkreuzer mit Kommandobrücke

Klasse
Duilio

Werft
Real Cantiere di Castellammare di Stabia, Italien

Stapellauf
8. Mai 1876

Oben: Eine für die Caio Duilio *bestimmte Kanone wird in Newcastle verladen.*

Die 1873 auf Kiel gelegte und 1880 vollendete *Caio Duilio* gründete zusammen mit ihrem Schwesterschiff ***Enrico Dandolo*** weltweit die erste Klasse von Panzerkreuzern mit Geschützturm. Sie wurden nach den Plänen gebaut, die der Leiter des technischen Stabs der Marine, Benedetto Brin, präsentiert hatte. Einmal in Dienst gestellt, erwiesen sie sich umgehend als die stärksten Schiffe ihrer Epoche. Sie waren so überlegen, dass sie allein die gesamte Mittelmeerflotte Frankreichs in Schach halten konnten. Die *Duilio* und die *Dandolo* markierten eine radikale Neuerung in der Militärschifffahrt und verhalfen Italien weltweit zu einer Vorreiterrolle auf dem Gebiet des Kriegsschiffbaus. Der Rumpf bestand komplett aus Eisen mit einem über 4 m langen Sporn am Bug, der gänzlich unter Wasser lag. Das Schiff verfügte über eine Kommandobrücke, während sich am Heck der für die Offiziere vorgesehene Aufbau befand. Die Mannschaft war unter Deck untergebracht. Die *Duilio* stand nie im Kampfeinsatz, absolvierte aber verschiedene Fahrten und Übungen im zentralen und östlichen Mittelmeer. Zwischen 1900 und 1906 wurde sie als Schulschiff für Steuermänner und Schiffsjungen verwendet und zur örtlichen Verteidigung von Marinestützpunkten eingesetzt. 1906 wurde sie abgerüstet und 1909 außer Dienst gestellt, ihr Rumpf blieb aber noch mehrere Jahre in Gebrauch. Der Name des Panzerkreuzers erinnert an den römischen Konsul, der um 260 v. Chr. die Karthager in der Schlacht von Mylae (Milazzo) besiegte und 50 Schiffe kaperte.

TECHNISCHE DATEN Abmessungen: 109,2 x 19,7 x 8,8 m. **Wasserverdrängung:** 12.265 ts bei voller Beladung. **Antrieb:** 8 ovale Kessel, 2 gegenläufig arbeitende, stehend eingebaute Dampfmaschinen mit doppelter Dampfdehnung, 2 Schrauben. **Leistung:** 7710 PS. **Höchstgeschwindigkeit:** 15 kn. **Reichweite:** 3760 sm bei 10 kn. **Bewaffnung:** 4 450/20-mm-Kanonen, 3 120-mm-Kanonen, 2 75-mm-Kanonen, 8 57-mm-Kanonen und 22 37-mm-Geschütze, 3 Torpedorohre. **Panzerung:** maximal 550 mm vertikal, 50 + 30 mm horizontal, maximal 250 mm an den Geschütztürmen, maximal 450 mm am Rammbug, maximal 350 mm an der Kommandobrücke, maximal 400 mm am Schanzkleid. **Besatzung:** 420.

Caio Duilio (1913)

Visitenkarte

Land
Italien

Typ
Schlachtschiff

Klasse
Duilio

Werft
Real Cantiere di Castellammare di Stabia, Italien

Stapellauf
24. April 1913

Die nach den Plänen des Generals Valsecchi gebauten Schiffe *Caio Duilio* und die ***Andrea Doria*** gehören zur Klasse *Conte di Cavour.* 1937 wurden sie nach Entwürfen des Generals Rotondi einer regelrechten Neugestaltung unterzogen, die mehr als drei Jahre dauerte und von Grund auf veränderte Schiffe zum Ergebnis hatte. Nach dieser – in der Cantiere Navale del Tirreno in Genua – vorgenommenen radikalen Umwandlung stellte man die gerade erst in Dienst gestellte (1940) *Duilio* nach Taranto ab, wo sie zusammen mit der *Cesare* und der *Cavour* in die 5. Marinedivision eingegliedert wurde. Von 10. Juni 1940 bis zum 8. September 1943 brachte sie es auf insgesamt 41 Einsätze. Nach dem Krieg verblieben die *Doria* und die *Duilio* als die einzigen beiden aktiven Panzerkreuzer in Italien. Die militärische Bedeutung der Schiffe, die bereits in den letzten Kriegsjahren abgenommen hatte, war nun beinahe bei null angelangt. Die *Duilio* diente zwischen 1946 und 1953 als Schulschiff in Taranto. Danach wurde sie nach La Spezia verbracht, wo sie bis zum Tage ihrer Abtakelung, Ausmusterung und Verschrottung (16. September 1956) untätig vor Anker lag.

TECHNISCHE DATEN Abmessungen: 186,0 x 28 x 10,4 m. **Wasserverdrängung:** 29.000 ts. **Antrieb:** 8 Kessel, 2 Turbinen, 2 Schrauben. **Leistung:** 85.000 PS. **Höchstgeschwindigkeit:** 27 kn. **Reichweite:** 3390 sm bei 20 kn. **Bewaffnung:** 10 320/44-mm-Kanonen, 12 135/45-mm-Kanonen, 10 90/50-mm-Kanonen, 31 Maschinengewehre zur Fliegerabwehr. **Panzerung:** 127–254 mm an den Bordwänden, 238 mm an der Kommandobrücke. **Besatzung:** 1495.

Die Caio Duilio *vor (oben) und nach (unten) dem 1937 begonnenen Umbau.*

Caio Duilio (1962)

Visitenkarte

Land
Italien

Typ
Kreuzer

Klasse
Andrea Doria

Werft
Real Cantiere di Castellammare di Stabia, Italien

Stapellauf
Dezember 1962

Kennzeichen
D 533

Oben: Die Caio Duilio *und zwei Torpedobootjäger der Klassen* Impetuoso *(links) und* Impavido *(rechts) während einer Übung.*

Ein Kreuzer mit Raketenabschussvorrichtung und Hubschrauberträger, der 1958 auf Kiel gelegt und 1964 in Dienst gestellt wurde. Die *Caio Duilio* war wie ihr Schwesterschiff (und die Namensgeberin der Klasse), die ***Andrea Doria,*** nach einem neuen Konzept entstanden, das sich auf die Erfahrungen stützte, die man beim Bau des drei Jahre zuvor in Dienst genommenen Kreuzers *Garibaldi* gesammelt hatte. Die Einführung von Hubschraubern als Antiunterseeboot-Waffe machten das Schiff für Anti-U-Boot-Einsätze mit großem Aktionsradius tauglich. Im Jahr 1980 wurde das Achterdeck umgebaut, wobei zwei 76/62-mm-Geschütze entfernt wurden und zwei Hubschrauberplätze verloren gingen. Diese Modifikationen waren notwendig, um die *Caio Duilio* als Schulschiff zu adaptieren, das die in die Jahre gekommene *San Giorgio* ersetzte. Im Jahr 1990 wurde das Schiff ausgemustert.

TECHNISCHE DATEN Abmessungen: 149,3 x 17,2 x 4,9 m. **Wasserverdrängung:** 6000 ts, 6500 ts bei voller Beladung. **Antrieb:** 4 Kessel, 2 Turbinen mit Getriebe, 2 Schrauben. **Leistung:** 60.000 PS. **Höchstgeschwindigkeit:** 31 kn. **Reichweite:** 6500 sm bei 15 kn. **Bewaffnung:** 8 76/62-mm-Kanonen, 1 doppelte »Terrier«-Boden-Luft-Raketenabschussvorrichtung, 6 Anti-U-Boot-Torpedorohre, 4 »Agusta-Bell«-Hubschrauber. **Panzerung:** 127–254 mm an den Bordwänden, 238 mm an der Kommandobrücke. **Besatzung:** 500.

Cagni

Die *Ammiraglio Cagni,* oder kurz *Cagni,* ist eines von vier Unterseebooten der Klasse *Ammiragli,* die während des im Gang befindlichen Krieges 1941 auch für den Einsatz in fernen Gewässern bestimmt waren. Am 6. Oktober 1942 nahm das Boot Kurs auf Südafrika, wo sie Schiffe beim Transit zwischen Atlantik und Indischem Ozean abfangen sollte. Die *Cagni* war das einzige U-Boot seiner Klasse, das den Krieg überstand. Nach dem Krieg stand sie als Schulschiff im Dienste der Alliierten, wurde am 1. Februar 1948 ausgemustert und wenig später verschrottet.

TECHNISCHE DATEN Abmessungen: 87,9 x 7,97 x 5,86 m. **Wasserverdrängung:** aufgetaucht 1703 ts, untergetaucht 2185 ts. **Hauptantrieb:** 2 Dieselmotoren mit 4600 PS. **Sekundärantrieb:** 2 Elektromotoren mit 1800 PS. **Höchstgeschwindigkeit:** aufgetaucht 17 kn, untergetaucht: 8,5 kn. **Reichweite:** aufgetaucht 19.500 sm bei 7,5 kn, untergetaucht 107 sm bei 3,5 kn (10 sm bei 8,5 kn). **Bewaffnung:** 14 450-mm-Torpedorohre (8 im Bug, 6 im Heck), 2 100/47-mm-Kanonen, 2 13,2-mm-Zwillingsmaschinengewehre, 38 450-mm-Torpedos (22 im Bug und 16 im Heck). **Besatzung:** 78, davon 7 Offiziere.

Visitenkarte

Land
Italien

Typ
Unterseeboot

Klasse
Ammiragli

Werft
CRDA, Monfalcone, Italien

Stapellauf
20. Juli 1940

Calatafimi

Als drittes Schiff der Klasse *Curtatone* wurde die *Calatafimi* im Mai 1924 in Dienst gestellt und zuerst dem 3., danach dem 4. Geschwader mit Sitz in La Spezia zugewiesen. 1927 beherbergte sie das königliche Paar von Spanien an Bord, das zu Besuch in Italien weilte. Das Schiff erfüllte verschiedenste Aufgaben, die es nach Korinth, nach Nordafrika, Istanbul und Beirut führten. 1938 wurde die *Calatafimi* zusammen mit ihren Schwesterschiffen zum Torpedoboot deklassiert und nach La Spezia beordert, wo sie dem 16. Torpedobootgeschwader zugeteilt angehörte. Im Krieg gegen Griechenland wurde sie nach Brindisi abkommandiert, wo sie als Geleitschutz für Verbände in der Unteren Adria diente. Zum Zeitpunkt des Waffenstillstandes befand sie sich bei den Dodekanes (»Zwölfinseln«) in der Ägäis. Am 9. Mai 1943 wurde sie von den Deutschen im Hafen von Piräus gekapert und mit dem Kennzeichen TA 19 in ihre Flotte integriert. Am 9. August wurde sie auf offener See vor Samos vom griechischen Unterseeboot *Pipinos* torpediert und versenkt.

TECHNISCHE DATEN Abmessungen: 84,9 x 8 x 2,9 m. **Wasserverdrängung:** 1214 ts bei voller Beladung. **Antrieb:** 2 Kessel, 2 Turbinen, 2 Schrauben. **Leistung:** 22.000 PS. **Höchstgeschwindigkeit:** 32 kn. **Reichweite:** 1395 sm bei 10 kn. **Bewaffnung:** 4 102/45-mm-Kanonen, 2 76/40-mm-Geschütze, 6 450-mm-Torpedorohre. **Besatzung:** 108.

Visitenkarte

Land
Italien

Typ
Torpedobootjäger

Klasse
Curtatone

Werft
Orlando, Livorno, Italien

Stapellauf
7. März 1923

Carabiniere

Visitenkarte

Land
Italien

Typ
Hubschrauber tragende Fregatte

Klass
Alpino

Werft
Fincantieri, Riva Trigoso, Italien

Stapellauf
30. September 1967

Kennzeichen
F 581

Dieses Schiff war ursprünglich eine Fregatte mit Hubschrauberlandefläche der Klasse *Alpino*, das 1993/94 in ein Versuchsschiff umgebaut wurde, auf dem neue Ortungs- und Waffensysteme erprobt werden sollten. Die beiden Fregatten des Typs *Carabiniere* sind die ersten nach fortschrittlichen Konzepten gebauten der italienischen Marine. Mit in erster Linie zur U-Boot-Abwehr geeigneter Bewaffnung ausgestattet, können sie Unterseeboote suchen, ausmachen und jagen, wodurch sie sich zum Schutz von Konvois und Seestreitkräften eignen. Die *Carabiniere* ist das dritte Schiff dieses Namens der italienischen Marine. Die erste war ein Torpedobootjäger aus dem Jahr 1909, der bis zum 7. Mai 1925 im Einsatz stand. Bei der zweiten handelte es sich ebenfalls um einen Torpedobootjäger, der 1938 in Dienst gestellt wurde und mit insgesamt 159 Einsätzen intensiv in die Geschehnisse des Zweiten Weltkrieges eingebunden war. Nach 1945 diente der Jäger als Schulschiff und wurde am 17. Jänner 1965 ausgemustert.

TECHNISCHE DATEN Abmessungen: 113 x 13,3 x 4 m. **Wasserverdrängung:** 2743 ts. **Antrieb:** Gasturbine und 4 Dieselmotoren über 2 Wellen. **Höchstgeschwindigkeit:** 20 kn (Dieselmotoren), 28 kn (mit Turbine und Dieselmotoren). **Reichweite:** 4200 sm bei 18 kn. **Bewaffnung:** 6 76/62-mm-Kanonen, 2 Raketenwerfer, 2 Helikopter zur U-Boot-Abwehr, 1 Bombenwerfer zur U-Boot-Abwehr, 2 Dreifachtorpedorohre zur U-Boot-Abwehr (1967).

Caracciolo

Visitenkarte

Land
Italien

Typ
Unterseeboot

Klasse
Ammiragli

Werft
CRDA, Monfalcone, Italien

Stapellauf
16. Oktober 1940

Sie gehört wie ihre Schwesterschiffe *Saint Bon* (erste dieser Klasse), die *Cagni* und die *Millo* der Klasse *Ammiragli* an. Der im Marineregister eingetragene Name lautet eigentlich *Ammiraglio Caracciolo* und erinnert an Francesco Caracciolo, den napoleonischen Admiral der bourbonischen Marine, der von Horatio Nelson auf der Rah seines eigenen Schiffes hingerichtet wurde. Die *Caracciolo* versah hauptsächlich Transportdienste von und nach Nordafrika. Am 11. Dezember 1941 wurde sie vom britischen Torpedobootjäger *Farndale* torpediert und versank auf offener See 30 Meilen vor Bardia (Libyen).

TECHNISCHE DATEN Abmessungen: 87,9 x 7,97 x 5,86 m. **Wasserverdrängung:** aufgetaucht 1703 ts, untergetaucht 2185 ts. **Hauptantrieb:** 2 Dieselmotoren mit 4600 PS. **Sekundärantrieb:** 2 Elektromotoren mit 1800 PS. **Höchstgeschwindigkeit:** aufgetaucht 17 kn, untergetaucht: 8,5 kn. **Reichweite:** aufgetaucht 19.500 sm bei 7,5 kn, untergetaucht 107 sm bei 3,5 kn (10 sm bei 8,5 kn). **Bewaffnung:** 14 450-mm-Torpedorohre (8 am Bug, 6 am Heck), 2 100/47-mm-Kanonen, 2 13,2-mm-Zwillingsmaschinengewehre, 38 450-mm-Torpedos (22 im Bug und 16 im Heck). **Besatzung:** 78, davon 7 Offiziere.

Carlo Alberto

Sie war einer der ersten Panzerkreuzer Italiens. Das Schiff gehörte zur Klasse *Vettor Pisani,* die eine Weiterentwicklung der *Marco Polo* war. Allerdings gab es einige Unterschiede in der Bewaffnung, weswegen die *Carlo Alberto* für weniger bedeutende Aufgaben herangezogen wurde. 1902 wurde sie Guglielmo Marconi für seine Versuche mit Funkübertragungen zur Verfügung gestellt. Während des Ersten Weltkrieges wurde sie der Division Cagni als Unterstützung für die *MAS* (Schnellboote zur U-Boot-Bekämpfung) zugeteilt. 1917 wurde das Schiff zum Truppentransporter umfunktioniert und als Hilfsschiff mit dem Namen *Zenson* neu klassifiziert. 1920 erfolgte die Ausmusterung.

TECHNISCHE DATEN Abmessungen: 105,7 x 18 x 7,5 m. **Wasserverdrängung:** 6832 ts, 7170 ts bei voller Beladung. **Antrieb:** 8 Kessel, 2 gegenläufig arbeitende stehend eingebaute Dampfmaschinen mit dreifacher Dampfdehnung, 2 Schrauben. **Leistung:** 13.000 PS. **Höchstgeschwindigkeit:** 19 kn. **Reichweite:** 6000 sm bei 10 kn. **Bewaffnung:** 12 152/40-mm Kanonen, 6 120/40 mm Kanonen, 22 kleinere Geschütze, 2 Maschinengewehre, 5 450 mm-Torpedorohre. **Panzerung:** Rundumpanzerung, 150 mm in der Mitte, 110 mm an den Enden, 37 mm am geschützten Deck, 150 mm an der Kommandobrücke. **Besatzung:** 430.

Visitenkarte

Land
Italien

Typ
Panzerkreuzer

Klasse
Vettor Pisani

Werft
Arsenale, La Spezia, Italien

Stapellauf
23. September 1896

Carlo Bergamini

Die Fregatte *Carlo Bergamini* trägt den Namen des Admirals, der die italienischen Seestreitkräfte befehligte, und nach einem Angriff durch deutsche Flugzeuge am 9. September 1943 mit dem Panzerkreuzer *Roma* zwischen Asinara und der Straße von Bonifacio unterging. Die Fregatte ist das erste von vier Schiffen einer Klasse, zu der die Schwesterschiffe ***Virginio Fasan, Carlo Margottini*** und ***Luigi Rizzo*** gehören. Als diese Schiffe in Dienst gestellt wurden, waren sie sehr fortschrittlich, automatisiert und wiesen gute Leistungen auf. Ein neuer Typ Granatwerfer mit einem Rohr konnte 15 Granaten in der Minute in einen Umkreis von 92 m abfeuern. Nachdem sie zuerst als schnelle Korvetten klassifiziert wurden, waren sie die erste Geleiteinheit der Welt, die über Einrichtungen zur Aufnahme und Unterbringung von Hubschraubern für die U-Boot-Bekämpfung verfügten. Ende der 60er-Jahre wurden sie dahingehend verändert, dass die Landeplattform für die Helikopter erweitert wurde, indem man die beiden 76-mm-Geschütze am Heck demontierte.

TECHNISCHE DATEN Abmessungen: 94 x 11,4 x 3,1 m. **Wasserverdrängung:** 1526 ts. **Antrieb:** 4 Dieselmotoren, 2 Schrauben. **Höchstgeschwindigkeit:** 26 kn. **Reichweite:** 5240 sm bei 18 kn. **Bewaffnung:** 3 76-mm-Geschütze, 1 Granatwerfer zur U-Boot-Abwehr, 6 Torpedorohre zur U-Boot Abwehr, 1 Hubschrauber. **Besatzung:** 176.

Visitenkarte

Land
Italien

Typ
Fregatte

Klasse
Bergamini

Werft
CRDA, Monfalcone, Italien

Stapellauf
Juni 1960

Charles De Gaulle

Visitenkarte

Land
Frankreich

Typ
Flugzeugträger

Werft
DCN International, Brest, Frankreich

Stapellauf
7. Mai 1997

Kennzeichen
R 91

Die *Charles De Gaulle* ist Frankreichs 12. Flugzeugträger und sein erstes Schiff mit Atomantrieb. Bis zu ihrer Fertigstellung war es ein mühsamer Weg: Ihr Bau begann am 24. November 1987 und war von Beginn an von zahlreichen Zwischenfällen begleitet (bis zum Verlust einer Schiffsschraube bei einer Probefahrt), die ihre Auslieferung verzögerten. Schließlich wurde sie am 18. Mai 2001 in Dienst gestellt. Ihre Landefläche ist 261,5 m lang und 64,36 m breit. Die *Charles De Gaulle* kann 40 Flugzeuge aufnehmen, ihre optimale Bestückung sieht 32 »Rafale«-Kampfjets, 3 »E-2C Hawkeye« und 4 Hubschrauber vor.

TECHNISCHE DATEN Abmessungen: 261,5 x 31,4 x 8,35 m. **Wasserverdrängung:** 40.600 ts bei voller Beladung, 35.500 Standard. **Antrieb:** 2 »PWR Typ K15«-Kernreaktoren, 2 »GEC Alsthom«-Turbinen mit 76.200 PS. **Höchstgeschwindigkeit:** 27 kn. **Bewaffnung:** 2 vertikale »Sylver«-Raketenabschussvorrichtungen x 32 »Aster 15«-Raketen, 2 »Sadral«-Abschusssysteme x 12 »Mistral«-Raketen, 8 32-mm-»GIAT F2«-Kanonen, maximal 32 Flugzeuge. **Besatzung:** 1950 (davon 177 Offiziere), die Einschiffung von 800 Mann für Land-Wasser-Operationen ist möglich.

Clémenceau

Hierbei handelt es sich um den ersten nach dem Zweiten Weltkrieg in Frankreich gebauten Flugzeugträger. Die *Clémenceau* wurde 1955 auf Kiel gelegt und am 22. November 1961 in Dienst genommen. Ihre Dienstzeit dauerte 36 Jahre (1961–1997) und sie war an allen wichtigen militärischen Operationen beteiligt, an denen Frankreich in dieser Zeit teilnahm: in Dschibuti, im Libanon, an der Operation Prometheus im Iran-Irak-Konflikt, am Golfkrieg 1991, und 1993 während der Balkankrise. Im Zuge ihrer langen Laufbahn wurde sie mehrmals modernisiert (1977/78, 1985/86, 1988/89 und 1993). Am 25. September 1997 versetzte man sie schließlich in den Ruhestand.

Visitenkarte

Land
Frankreich

Typ
Flugzeugträger

Werft
DCN International, Brest, Frankreich

Stapellauf
21. Dezember 1957

Kennzeichen
R 98

TECHNISCHE DATEN Abmessungen: 265 x 51,2 x 7 m. **Wasserverdrängung:** 32.780 ts bei voller Beladung. **Antrieb:** 2 »GEC Alsthom«-Turbotriebwerke, 6 Kessel, 2 Schrauben. **Leistung:** 126.000 PS. **Höchstgeschwindigkeit:** 32 kn. **Bewaffnung:** 1961: 8 100-mm-Kanonen zur Flieger- und U-Boot-Abwehr, 1986: 2 »SATCP Crotale EDIR«-Raketenabschusssysteme (8 Raketen abschussbereit, 18 in Reserve), 4 100-mm-Einzelkanonen zur Flieger- und U-Boot-Abwehr, 5 12,7-mm-Maschinengewehre, 34 Flugzeuge (im Normalfall 20 »Etendard«, 10 »Alize«, 2 Super »Frelon«, 2 »Alouette III«). **Besatzung:** 1338 und 582 Angehörige der Luftstreitkräfte.

Conte di Cavour

Visitenkarte

Land
Italien

Typ
Flugzeugträger

Werft
Fincantieri, Riva Trigoso, Italien

Stapellauf
20. Juli 2004

Die *Conte di Cavour* lief am 20. Juli 2004 in Anwesenheit des italienischen Staatspräsidenten Carlo Azeglio Ciampi vom Stapel. Es war auch der Wunsch Ciampis, dass das neue Flaggschiff der italienischen Marine als Ehrerweisung für einen der »Gründerväter der Nation«, dessen Verdienst es unter anderem war, 1861 die Geburtsstunde der Königlichen Marine einzuläuten, *Conte di Cavour* getauft wird. Der Flugzeugträger, dessen Name ursprünglich *Andrea Doria* lauten sollte, nahm den Platz der *Giuseppe Garibaldi* als Flaggschiff ein. Er ist ein Juwel der modernen Technik mit den ausgeklügeltsten Einrichtungen auf den Gebieten der Elektronik und Telekommunikation. Das Schiff verfügt über den stärksten nicht atomaren Antrieb der Welt, dessen vier Turbinen 88 MW (120.000 PS) leisten. Die *Conte di Cavour* ist im Stande, alle der Kriegsmarine zur Verfügung stehenden Luftfahrzeuge aufzunehmen bzw. gemeinsam mit ihnen zu operieren: Hubschrauber (EH 101, NH 90 und SH 3D), AV-8B-Flugzeuge sowie in Zukunft Flugzeuge vom TYP JSF (Joint Strike Fighter). Das Flugdeck erstreckt sich vom Bug bis zum Heck, die Startbahn liegt parallel zur Längsachse des Schiffes und verfügt über einen *ski-jump* (Katapult), der den startenden Flugzeugen den höchstmöglichen Schub ermöglicht. Der Hangar ist so bemessen, dass er bis zu 12 Helikoptern oder wahlweise 8 Flugzeugen Platz bietet. Für den Transport vom Hangar zur Startbahn sorgen zwei 30-t-Aufzüge. Die Abmessungen des Flugdecks betragen 220 x 34 m (eine Nettofläche von 6800 m^2), jene der Starbahn 180 x 14 m. Die *Conte di Cavour* ist außerdem mit allem Notwendigen ausgerüstet, das man für Einsätze in einer durch ABC-(Atom-, bakterielle und chemische) Waffen verseuchten Umgebung braucht. Mit an Bord befindet sich außerdem eine vollautomatische Entmagnetisierungsvorrichtung *(degaussing)*, um die vom Schiff selbst verursachten magnetischen Anomalien zu verringern und somit das Risiko von Minenexplosionen zu vermindern. Ihre Reichweite liegt bei 7000 Seemeilen, dass heißt sie kann nonstop die Strecke zwischen Italien und dem Persischen Golf zurücklegen und dabei lediglich 50% des mitgeführten Brennstoffs verbrauchen. Nach der vollständigen Aufrüstung mit Waffensystemen wurde das Schiff im Jahr 2004 an die Kriegsmarine ausgeliefert.

TECHNISCHE DATEN Abmessungen: 244 x 39 x 8,7 m. **Wasserverdrängung:** 27.100 ts bei voller Beladung. **Antrieb:** 4 »AVIO«-Gasturbinen, 2 Schrauben. **Leistung:** 120.000 PS. **Höchstgeschwindigkeit:** 28 kn. **Reichweite:** 7000 sm bei 16 kn. **Luftfahrzeuge:** 20 Flugzeuge (8 »AV 88 Harrier«), 12 Hubschrauber. **Besatzung:** 1210.

Cossack

Visitenkarte

Land
Großbritannien

Typ
Torpedobootjäger

Klasse
Tribal

Werft
Vickers-Armstrong, Newcastle on Tyne, Großbritannien

Stapellauf
8. Juni 1937

Kennzeichen
L 03 (später F 03, G 03)

Die am 9. Juni 1936 auf Kiel gelegte und am 14. Juni 1938 in Dienst gestellte *Cossack* ist der berühmteste Torpedobootjäger der Klasse *Tribal,* die von der britischen Marine 1936/37 in Auftrag gegeben worden war. Dieser Ruhm rührt daher, dass sie in den neutralen norwegischen Gewässern von Jossingfjord das deutsche Schiff *Altmark,* ein Hilfsschiff des Panzerkreuzers *Admiral Spee,* kaperte und so die Befreiung von 300 gefangenen britischen Matrosen ermöglichte. Dieses Ereignis ging als der »Altmark-Fall« in die Geschichte ein (16. Februar 1940). Danach nahm sie 1941 in Norwegen an der zweiten Schlacht um Narvik sowie (erfolglos) an der Jagd und dem Angriff auf den Panzerkreuzer *Bismarck* teil. Ende 1941 geleitete sie einen Verband nach England, als sie westlich von Gibraltar vom deutschen Unterseeboot *U-563* getroffen wurde. Man versuchte sie zu bergen, doch die schlechten Wetterbedingungen verhinderten dies. Am 27. Oktober 1941 sank die *Cossack* mit 159 Mann Besatzung an Bord. Dieses Schiff war bereits das sechste der Royal Navy, das diesen Namen (der »Kosak« bedeutet) trug: das erste war ein Schiff aus dem Jahr 1806, das am Krieg gegen Frankreich teilnahm.

TECHNISCHE DATEN Abmessungen: 114,9 x 11,1 x 4 m. **Wasserverdrängung:** 1959 ts, 2519 bei voller Beladung. **Antrieb:** 3 Kessel, 2 »Parsons«-Turbinen mit Getriebe, 2 Schrauben. **Leistung:** 44.000 PS. **Höchstgeschwindigkeit:** 36,2 kn. **Bewaffnung:** 8 4,7"-Kanonen in Zwillingstürmen, 4 Torpedorohre, 2 Granatwerfer zur U-Boot-Abwehr, 2 Bombenwerfer zur U-Boot-Abwehr. **Besatzung:** 219.

Dante Alighieri

Visitenkarte

Land
Italien

Typ
Schlachtschiff

Werft
Real Cantiere di Castellammare di Stabia, Italien

Stapellauf
20. August 1910

Die vom Inspektor des Marinestabes Masdea geplante *Dante Alighieri* war der erste italienische *Dreadnought* und weltweit das erste Schlachtschiff, dessen Hauptgeschütze man in Dreiergruppen in vier gepanzerten Türmen axial angeordnet hatte. Auf diesem Schiff kamen die ersten Wasserflugzeuge der Marinefliegerei zum Einsatz. Alles in allem hatte es gute Leistungen, nämlich eine hohe Geschwindigkeit und ausreichende Bewaffnung. Die Panzerung war aber vor allem in Hinsicht auf ihre Stärke eher bescheiden. Das Schiff wurde 1909 auf Kiel gelegt und nahm 1913 seinen Dienst auf. 1928 wurde es ausgemustert. Es war das einzige Schiff der italienischen Marine, das den Namen des großen Dichters trug.

TECHNISCHE DATEN Abmessungen: 168,1 x 26,6 x 9,4 m. **Wasserverdrängung:** 19.500 ts, 21.800 bei voller Beladung. **Antrieb:** 23 Kessel, 3 Turbinen, 4 Schrauben. **Leistung:** 32.000 PS. **Höchstgeschwindigkeit:** 23 kn. **Reichweite:** 5000 sm bei 10 kn. **Bewaffnung:** 12 305/46-mm-Kanonen, 20 120/50-mm-Kanonen, 16 76/40-mm-Geschütze, 2 40/39-mm-Geschütze, 6 Maschinengewehre, 3 450-mm-Torpedorohre. **Panzerung:** maximal 250 mm vertikal, maximal 50 mm horizontal, 250 mm an den Türmen mit großkalibrigen Geschützen, 100 mm an den Batterietürmen, 280 mm an der Kommandobrücke. **Besatzung:** 970.

Dedalo (1901)

Sie war das erste Trägerschiff für Luftfahrzeuge der *Armada.* Ursprünglich handelte es sich um ein deutsches Handelsschiff, das während des Ersten Weltkrieges seinen Weg nach Spanien fand. Sechs solcher Lastschiffe wurden der Regierung in Madrid durch die Weimarer Republik als Wiedergutmachung für die Schäden überlassen, welche die deutsche Kriegsmarine der spanischen Handelsflotte durch Kampfhandlungen zugefügt hatte. Das letzte dieser Schiffe wurde Spanien 1919 abgetreten. Sein Originalname war *Neuenfels* und es wurde Ende des 19. Jahrhunderts von der englischen Werft Wigham, Richardson & Co. in Newcastle gebaut. Man taufte es zunächst in *España n.° 6* um. 1921 wurde das Schiff der *Armada Española* einverleibt und in einen Wasserflugzeugträger umgewandelt. Die *Dedalo* verfügte am Bug über einen Landemasten für kleine Luftschiffe und eine Wasserstoff-Betankungsanlage. Achterschiffs fanden bis zu 25 Wasserflugzeuge Platz, ein Teil an Deck, ein Teil in der Flugzeughalle, zu der auch eine Flugzeugwerkstätte gehörte. Die größte kriegerische Unternehmung der *Dedalo* war die Landung in Al-Hoceima während des Rifkrieges 1925. 1931 wurde das Schiff abgetakelt und 1936 verschrottet.

TECHNISCHE DATEN Abmessungen: 128 x 16,7 x 6,2 m. **Wasserverdrängung:** 10.800 ts. **Antrieb:** 1 gegenläufig arbeitende Dampfmaschine mit dreifacher Dampfdehnung, 1 Schraube. **Leistung:** 3000 PS. **Höchstgeschwindigkeit:** 12,5 kn. **Reichweite:** 2000 sm bei 11 kn. **Bewaffnung:** 2 105-mm-Kanonen. **Luftfahrzeuge:** 25 Wasserflugzeuge, 2 Luftschiffe. **Besatzung:** 398.

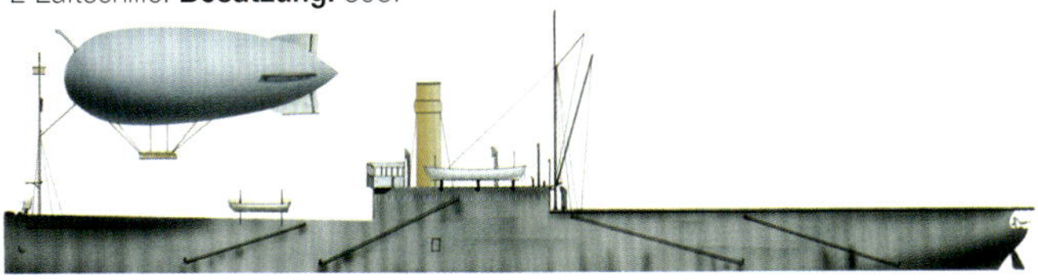

Visitenkarte

Land
Spanien

Typ
Wasserflugzeugträger

Werft
Wigham, Richardson & Co., Newcastle, Großbritannien

Stapellauf
1901

Dedalo (1943)

Der spanische Flugzeugträger *Dedalo* kann auf eine lange Geschichte von Umbauten verweisen. In den Vereinigten Staaten als leichter Kreuzer mit dem Namen *Wilmington* gebaut, wurde er kurz darauf in einen Flugzeugträger namens *Cabot* umgewandelt. Im Zweiten Weltkrieg diente er im Pazifik und wurde am 25. November 1944 bei einem Kamikazeangriff beschädigt. Nach der Reparatur blieb er ein Jahr lang in der Reserve und nahm zwischen 1948 und 1955 seinen Dienst als Flugzeugträger zur U-Boot-Abwehr wieder auf. Bevor das Schiff für fünf Jahre an Spanien verliehen wurde, musste es sich einer neuerlichen Modernisierung unterziehen. Am 30. August 1967 trat es in die Dienste der spanischen Marine und nach Ablauf der fünf Jahre ging es endgültig in den Besitz der spanischen Regierung über. Diese setzte das Schiff zuerst als Hubschrauberträger, später wieder als Flugzeugträger des Typs ASW (U-Boot-Bekämpfung) und V/STOL (für Senkrechtstarts und -landungen) ein. Nach über 40 Dienstjahren wurde die *Dedalo* in New Orleans abgetakelt und 1989 der Gesellschaft Cabot/Dedalo überlassen, der aus ihr ein Museumsschiff machen wollte. Doch die Absichten dieser Vereinigung scheiterten mangels finanzieller Mittel und das Schiff wurde letztendlich verschrottet (Ende 2000).

TECHNISCHE DATEN Abmessungen: 189,9 x 22 x 8,5 m. **Wasserverdrängung:** 16.185 ts bei voller Beladung. **Antrieb:** 4 »B&W«-Kessel, 4 »GE«-Turbinen, 4 Schrauben. **Leistung:** 100.000 PS. **Höchstgeschwindigkeit:** 31 kn. **Bewaffnung:** 26 »Bofords«-40-mm-Kanonen zur Fliegerabwehr. **Luftfahrzeuge:** Flugzeuge und Hubschrauber zusammen 33 Stück. **Besatzung:** 1112.

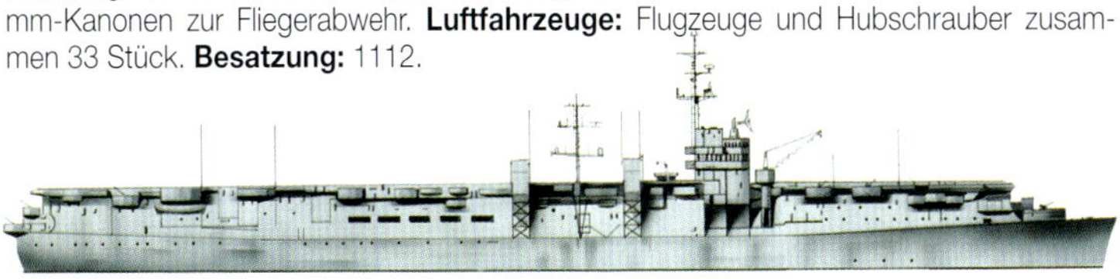

Visitenkarte

Land
Spanien

Typ
Flugzeugträger

Werft
New York Shipyards, Camden, USA

Stapellauf
4. April 1943

Kennzeichen
R 01

Delfino

Visitenkarte

Land
Italien

Typ
Unterseeboot

Werft
Arsenale Marina Militare, La Spezia, Italien

Stapellauf
1895

Die *Delfino* war das erste U-Boot der italienischen Marine. Sie war vom Ingenieur des Marinestabes, Giacinto Pullino, entworfen worden und wurde fast ausschließlich zu Versuchszwecken herangezogen. Zwischen 1902 und 1904 erfolgte eine umfassende Modernisierung, wobei das Schiff auch mit einem Fiat-Verbrennungsmotor für Fahrten an der Oberfläche versehen wurde. Die *Delfino* konnte zwei Torpedos mitführen und diese sowohl stillstehend als auch in Bewegung abfeuern. Während des Ersten Weltkrieges überwachte sie die Hafengewässer vor Venedig. 1919 wurde sie ausgemustert.

TECHNISCHE DATEN Abmessungen: 23,2 x 2,9 x 2,4 m. **Wasserverdrängung:** aufgetaucht 98 ts, untergetaucht 108 ts. **Antrieb:** 1 Elektromotor mit 65 PS, seit 1904 ein Benzinmotor für Oberflächenfahrten. **Höchstgeschwindigkeit:** aufgetaucht 6 kn, untergetaucht 5 kn. **Reichweite:** 24 sm bei 2 kn. **Bewaffnung:** seit 1904 ein 450-mm-Torpedorohr.

Deutschland

Visitenkarte

Land
Deutschland

Typ
Panzerkreuzer

Werft
Germaniawerft, Kiel, Deutschland

Stapellauf
19. November 1904

Sie gehörte der letzten Klasse von Kreuzern der Deutschen Reichsmarine an, die gebaut wurde, bevor die *Dreadnought* auf den Plan trat. Diese Klasse bestand aus fünf Schiffen, die der vorangegangenen *Braunschweig* ähnelten. Von dieser unterschieden sie sich jedoch durch die Form des Schornsteins, durch die Geschütze (28 mm statt 18) und durch höhere Leistung. Die Unterwasserpanzerung erwies sich jedoch als unzureichend und die zweite Waffenkammer als zu unsicher. Die *Deutschland* war am 6. August 1906 in Betrieb genommen worden. Von 1910 bis 1913 diente sie als Flaggschiff. Am 31. Mai 1916 führte sie das 2. Geschwader in die Schlacht von Jütland. Ab 1917 verwendete man sie als Kasernenschiff in Wilhelmshaven, 1922 wurde sie verschrottet.

TECHNISCHE DATEN Abmessungen: 127,6 x 22,2 x 8,2 m. **Wasserverdrängung:** 14.220 ts. **Antrieb:** gegenläufig arbeitende Dampfmaschinen mit dreifacher Dampfdehnung, 2 Schrauben. **Leistung:** 19.000 PS. **Höchstgeschwindigkeit:** 18,5 kn. **Reichweite:** 4850 sm bei 10 kn. **Bewaffnung:** 4 280-mm-Kanonen in 2 Türmen, 14 170-mm-Kanonen, 20 80-mm-Geschütze, 4 Maschinengewehre, 6 Torpedorohre. **Panzerung:** 241 mm vertikal, 97 mm horizontal, 280 mm bei den Geschützen, 300 mm an der Kommandobrücke. **Besatzung:** 745.

Dreadnought

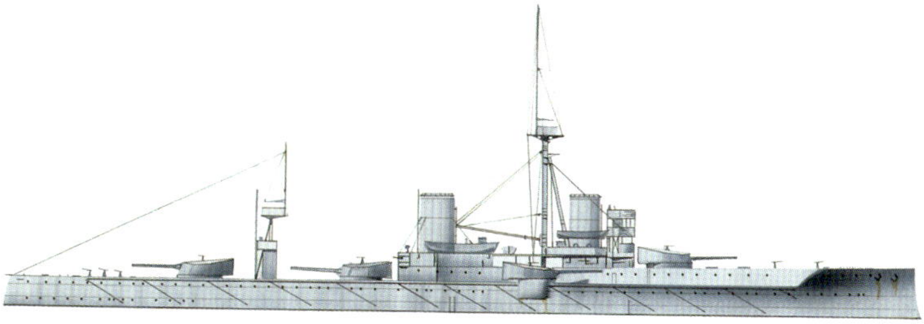

Visitenkarte

Land
Großbritannien

Typ
Panzerkreuzer

Werft
Portsmouth Dockyard, Großbritannien

Stapellauf
3. Februar 1906

Die *Dreadnought* wurde vom Ersten Seelord Admiral John Arbuthnot Fisher of Kilverstone entworfen. Ihr Erscheinen zeigte den Beginn einer neuen Ära in der Geschichte der Kriegsschiffe an, jene der großen »einkalibrigen« Panzerkreuzer, das sind Schiffe mit großkalibrigen, vereinheitlichten Kanonen. Für Fisher zählte die Feuerkraft mehr als die Beständigkeit der Panzerung. Durch die Gewichtseinsparung bei der Panzerung gewann man sogar an Geschwindigkeit. Diese einfache Idee, nämlich über mehr Angriffpotenzial und höhere Geschwindigkeit zu verfügen, revolutionierte die Kampftechnik und fand Anhänger auf der ganzen Welt. Die *Dreadnought* lief am 3. Februar 1906 vom Stapel, nur drei Monate nach Baubeginn, und schon das war ein erster Rekord. Bewaffnet war sie mit zehn 305-mm-Kanonen mit großer Schussweite, deren Feuerkraft jener von drei Schlachtschiffen der vorangegangenen Generation entsprach. Auch beim Antrieb gab es Neuerungen, so wurden die alten gegenläufig arbeitenden Dampfmaschinen mit dreifacher Dampfdehnung durch Dampfturbinen von Charles Parsons ersetzt, was die Geschwindigkeitsleistungen deutlich verbesserte. Die *Dreadnought* öffnete neue Wege, die zügig beschritten wurden und zu einer Reihe von schnell erzielten Fortschritten führten. Die Entwicklung war derart rasant, dass sie bei Ausbruch des Ersten Weltkriegs als Schlachtschiff bereits veraltet war. Die Royal Navy hatte bereits sechs modernere Schiffe des gleichen Typs bauen lassen. Die *Dreadnought,* von 1907 bis 1912 das Flaggschiff der *Home Fleet,* war nun dazu verurteilt, zweitrangige Aufgaben zu erfüllen. Nach dem Krieg schickte man sie nach Rosyth zur Reserve. Am 31. März 1920 wurde sie abgetakelt, 1922 verkauft und 1923 in Inverness (Schottland) verschrottet. Den Namen *Dreadnought,* der »unerschrocken«, »furchtlos« bedeutet, trugen noch weitere sechs Schiffe und ein Unterseeboot der Royal Navy.

TECHNISCHE DATEN Abmessungen: 160,6 x 25 x 8 m. **Wasserverdrängung:** 18.100 ts. **Antrieb:** 18 »Babcock & Wilcox«-Kessel, 4 »Parsons«-Getriebeturbinengruppen, 4 Schrauben. **Leistung:** 22.500 PS. **Höchstgeschwindigkeit:** 21,6 kn. **Reichweite:** 6620 sm bei 10 kn, 4910 sm bei 18,4 kn. **Bewaffnung:** 10 305-mm-Kanonen, 5 450-mm-Torpedorohre. **Panzerung:** vertikal 280-203 mm, horizontal maximal 76 mm, 280 mm bei den Geschützen und an der Kommandobrücke. **Besatzung:** 695–773.

Driade

Visitenkarte

Land
Italien

Typ
Korvette, Unterseebootjäger

Klasse
Minerva

Werft
Fincantieri, Riva Trigoso, Italien

Stapellauf
11. März 1989

Kennzeichen
F 551

Sie ist die erste Korvette der zweiten Baureihe der *Minerva*-Klasse. Mit dem gleichnamigen Typenschiff dieser Klasse trat sie 1987 in Dienst. Beide Schiffe wurden als Geleitschiffe konzipiert, die längere Patrouillenfahrten von mittlerer Reichweite unternehmen oder zur Verhinderung von Angriffen auf den Schiffsverkehr herangezogen werden können. Bei ihrer Planung legte man in Hinblick auf lange Einsätze auf See besonderes Augenmerk auf die Widerstandskraft, die Reichweite und die Zweckmäßigkeit. Der Name *Driade* kommt in der Schifffahrt recht häufig vor. Das erste Schiff mit diesem Namen im Kader der Kriegsflotte war eine Korvette der Klasse *Gabbiano*, die 1942 bei CRDA in Monfalcone vom Stapel lief.

TECHNISCHE DATEN Abmessungen: 80 x 10,3 x 5,5 m. **Wasserverdrängung:** 1300 ts. **Antrieb:** 2 »GMT 230.20«-Dieselmotoren, 2 an den Ruderblättern ausgerichtete Schrauben. **Leistung:** 11.000 PS. **Höchstgeschwindigkeit:** 24 kn. **Reichweite:** 3500 sm bei 18 kn. **Bewaffnung:** ein geschlossenes »OTO-Melara«-76/62-mm-Geschütz, eine achtfache »Albatros«-Boden-Luft-Kurzstrecken-Raketenabschussvorrichtung für »Aspide«-Raketen, 2 »ILAS 3«-Dreifach-Torpedorohre. **Besatzung:** 112 und 9 Offiziere.

Drottning Victoria

Visitenkarte

Land
Schweden

Typ
Panzerkreuzer zur Küstenverteidigung

Klasse
Sverige

Werft
Fincantieri, Riva Trigoso, Italien

Stapellauf
15. September 1917

Die *Drottning Victoria* (Königin Viktoria) gehörte zur Klasse *Sverige* und war das zweite von drei Schiffen dieser Klasse, die zu Beginn des Ersten Weltkriegs in Auftrag gegeben wurden. Schweden entschied sich damals wie Norwegen und Dänemark auch, eine Serie von Schlachtschiffen, oder besser gesagt Panzerkreuzern, zur Verteidigung der Küstenlinien zu bauen. Der erste Panzerkreuzer, der in Dienst trat, war 1917 das Typenschiff der Klasse *Sverige,* 1921 gefolgt von der *Drottning Victoria* und 1922 schließlich von der *Gustav V.* Diese drei Schiffe bildeten ein Geschwader, das große Beiträge zur Verteidigung der schwedischen Neutralität leistete, die zuerst durch von der Sowjetunion und dann von Deutschland bedroht wurde. 1944 verhinderten sie einen Landungsversuch der Deutschen auf der Insel Åland. Die Maschinen der *Drottning Victoria* unterliefen 1927 und 1934/35 Erneuerungen. Ende der 50er-Jahre wurde sie ausgemustert und 1959 verschrottet.

TECHNISCHE DATEN Abmessungen: 120,9 x 18,5 x 6,8 m. **Wasserverdrängung:** 7240 ts. **Antrieb:** Turbinen, 2 Schrauben. **Leistung:** 25.400 PS. **Höchstgeschwindigkeit:** 22,5 kn. **Bewaffnung:** 4 280-mm-Kanonen, 8 152-mm-Kanonen. **Panzerung:** 203-76 mm vertikal, 42 mm horizontal, 203-63 mm bei den Geschützen, 176 mm an der Kommandobrücke. **Besatzung:** 427.

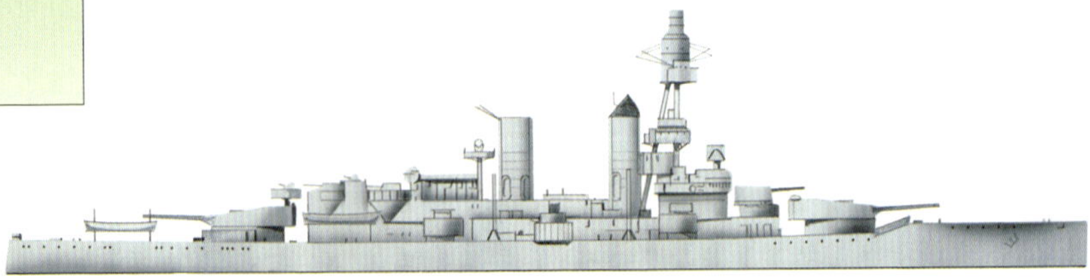

Dwight D. Eisenhower

Die *Dwight D. Eisenhower* ist der zweite Superflugzeugträger der Klasse *Nimitz* und wie ihr Namensgeber, der amerikanische Präsident, hat man auch ihr den Spitznamen »*Ike*« verpasst. Sie wurde am 15. August 1970 auf Kiel gelegt, 1975 vom Stapel gelassen und am 18. Oktober 1977 in Betrieb genommen. Ursprünglich gehörte sie der Atlantikflotte an, 1980 absolvierte sie ihre erste Fahrt im Mittelmeer. 1991 nahm sie an der Operation »Desert Storm« im Golfkrieg teil. Sie war das erste amerikanische Schiff, das bei einem Einsatz weibliches Personal an Bord hatte (1994). Im Lauf der Jahre wurde sie mehrmals von der Herstellerwerft überholt, wo man wichtige technische Erneuerungen und Modernisierungen vornahm (1985, 1993, 1995 und 2003). Voraussichtlich wird sie bis 2015 in Dienst bleiben.

Oben: eine F/A-18 Hornet hebt vom Flugdeck des Trägers ab.

TECHNISCHE DATEN Abmessungen: 332 x 40,8 x 11,5 m. **Wasserverdrängung:** 91.500 ts. **Antrieb:** 2 Kernreaktoren, 4 Turbinen. **Leistung:** 280.000 PS. **Höchstgeschwindigkeit:** 33 kn. **Reichweite:** 280.000 Meilen. **Bewaffnung:** 3 »LM Sea Sparrow«, 3 »Phalanx CIWS«-20-mm, 80 Flugzeuge. **Besatzung:** 3200 und 2800 Angehörige der Luftstreitkräfte.

Visitenkarte

Land
USA

Typ
Flugzeugträger mit Atomantrieb

Klasse
Nimitz

Werft
Newport News Shipbuilding, Newport News, USA

Stapellauf
11. Oktober 1975

Kennzeichen
CVN 69

Eagle (1918)

Visitenkarte

Land
Großbritannien

Typ
Flugzeugträger

Werft
Armstrong Whitworth, Elswick on Tyne und Arsenal von Portsmouth, Großbritannien

Stapellauf
8. Juni 1918

Die *Eagle* war das erste Schiff der Welt, dass eigens gebaut wurde, um ein Flugzeugträger zu werden, obwohl es 1913 als Panzerkreuzer mit dem Namen *Almirante Cochrane* für die chilenische Marine auf Kiel gelegt wurde. Das Schiff wurde jedoch von der britischen Marine fertig gestellt, die aus ihm einen Flugzeugträger machte, einem der ersten mit vom Bug bis zum Heck durchgehenden Flugdeck und seitlichem Turm. Sie wurde 1924 in Dienst gestellt und erreichte am 7. Juni desselben Jahres die Mittelmeerflotte, bei der sie bis 1931 blieb. 1933/34 und von 1937 bis 1939 wurde sie nach China geschickt, doch mit Ausbruch des Zweiten Weltkriegs kehrte sie in das Mittelmeer zurück und war in Alexandria in Ägypten stationiert. Nach einigen Wartungs- und Nachbesserungsarbeiten nahm sie 1942 beim Verband H in Gibraltar ihren Dienst wieder auf. Während sie einen Konvoi mit Kurs auf Malta geleitete, wurde sie am 11. August 1942 vom deutschen Unterseeboot *U-73* torpediert und versenkt.

TECHNISCHE DATEN Abmessungen: 203,3 x 32 x 7,3 m. **Wasserverdrängung:** 26.500 ts. **Antrieb:** 32 Kessel, 4 Turbinengruppen, 4 Schrauben. **Leistung:** 50.000 PS. **Höchstgeschwindigkeit:** 24 kn. **Bewaffnung:** 9 152-mm-Kanonen, 5 101-mm-Kanonen zur Fliegerabwehr, 4 76-mm-Geschütze, 21 Flugzeuge. **Vertikale Panzerung:** 114 mm an den Bordwänden, 25 mm bei den Geschützen. **Horizontale Panzerung:** 37 mm am Hauptdeck und an der Flugzeughalle, 25 mm am Flugdeck. **Besatzung:** 744.

Eagle (1946)

Visitenkarte

Land
Großbritannien

Typ
Flugzeugträger

Werft
Harland & Wolf, Irland

Stapellauf
19. März 1946

Kennzeichen
R 05

Die *Eagle* war einer von vier Flugzeugträgern der Klasse *Audacious,* für deren Bau sich die britische Marine 1942 entschieden hatte. Auf Grund des Kriegsendes wurde jedoch ein Schiff, die *Afrika,* gar nicht erst auf Kiel gelegt, der Bau des zweiten abgebrochen und jenes Schiff, das der Klasse den Namen verleihen sollte (die *Audacious*) wurde in *Eagle* umgetauft. Das vierte Schiff war die *Ark Royal.* Das bemerkenswerteste Merkmal der *Eagle* war die Brücke, die beinahe ein Viertel der Länge des Rumpfes einnahm, eine der größten jemals gebauten. 1951 in Dienst genommen, wurde sie 1956 ins Mittelmeer abkommandiert, um an den anglofranzösischen Militäroperationen während der Suezkrise teilzunehmen. Im Oktober 1959 traf sie im Arsenal von Devonport ein, das sie 1964 komplett verändert wieder verließ. Sie verfügte nun über ein neues, abgewinkeltes Flugdeck und modernere Waffensysteme mit sechs Abschussvorrichtungen für »Sea Cat«-Fliegerabwehrraketen. 1970 wurde sie ein weiteres Mal modifiziert, um Hubschrauber zur U-Boot-Bekämpfung aufnehmen zu können. 1978 wurde sie verschrottet.

TECHNISCHE DATEN Abmessungen: 245 x 34,34 x 10,2 m. **Wasserverdrängung:** 46.000 ts. **Antrieb:** 8 Kessel, 4 Turbinengruppen, 4 Schrauben. **Leistung:** 152.000 PS. **Höchstgeschwindigkeit:** 31,5 kn. **Reichweite:** 6000 sm bei 24 kn. **Bewaffnung:** 16 12-mm-Kanonen zur Fliegerabwehr, 58 40-mm-Maschinengewehre, 2 hydraulische Katapulte, 80-110 Flugzeuge. **Besatzung:** 2750.

Ekaterina II

Visitenkarte

Land
Russland

Typ
Panzerkreuzer

Werft
Arsenal der Reichsmarine Nikolaiev (Nikolaiev Navy Yard), New York, USA

Stapellauf
Mai 1886

Die *Ekaterina II* lieh einer Klasse von vier Schiffen ihren Namen, die für die Schwarzmeerflotte bestimmt waren und kleine Unterschiede beim Antrieb, bei der Bewaffnung und bei der Panzerung aufwiesen. Die 505-mm-Kanonen waren in drei getarnten Zwillingstürmen untergebracht – zwei an den Seiten des Bugs und einer zentral am Achterdeck, sodass die Schanzwände von oben betrachtet ein Dreieck bildeten. Als Panzerkreuzer 2. Klasse neu eingestuft, erfolgte 1907 die Abtakelung. Die *Ekaterina II* wurde zum Übungsziel erklärt und im gleichen Jahr in der Bucht von Tendra im Schwarzen Meer versenkt.

TECHNISCHE DATEN Abmessungen: 103,5 x 21 x 8,8 m. **Wasserverdrängung:** 11.224 ts. **Antrieb:** gegenläufig arbeitende, stehend eingebaute Dampfmaschinen mit dreifacher Dampfdehnung, 2 Schrauben. **Leistung:** 9100 PS. **Höchstgeschwindigkeit:** 15 kn. **Bewaffnung:** 6 305-mm-Kanonen, 7 152-mm-Kanonen. **Panzerung:** vertikal 406-152 mm, horizontal 38+57 mm, 305 mm an der Schanzwand, 228-203 mm an der Brücke. **Besatzung:** 633.

Engadine (1911)

Visitenkarte

Land
Großbritannien

Typ
Wasserflugzeugträger

Werft
William Denny & Bros. Dumbarton, Großbritannien

Stapellauf
23. September 1911

Die *Engadine* war ein Fährschiff, das auf der Strecke Folkstone-Boulogne über den Ärmelkanal Dienst machte. Bei Ausbruch des großen Krieges requirierte die britische Admiralität zahlreiche Fähren, darunter auch die *Engadine* und ihr Schwesterschiff *Riviera* (11. August 1914). Im Arsenal von Chatham wurden die beiden Schiffe zu Wasserflugzeugträgern umfunktioniert und mit Hangars und Kränen für die Bergung der Flugzeuge aus dem Wasser ausgestattet. Die *Engadine* hatte vier Wasserflugzeuge vom Typ Short 184 an Bord, und am Weihnachtstag des Jahres 1914 nahm sie an einem Angriff auf die deutsche Luftschiffbasis in Cuxhaven teil. Das war der erste Angriff auf Bodenziele, der jemals von auf Schiffen stationierten Wasserflugzeugen durchgeführt wurde. 1916 war die *Engadine* an der Schlacht um Jütland beteiligt und eines ihrer Flugzeuge erspähte als erstes die deutsche Flotte. Gegen Ende des Krieges operierte sie auch im Mittelmeer. Nach Kriegsende wurde das Schiff 1919 an seine früheren Eigentümer, das Fährunternehmen South Eastern und die »Chatham Railway«, zurück verkauft und es nahm seinen Dienst auf dem Ärmelkanal wieder auf. 1933 diente es in *Corregidor* umgetauft als Linienfährschiff auf den Philippinen, bis es im Dezember 1941 auf eine Mine in der Bucht von Manila auflief.

TECHNISCHE DATEN Abmessungen: 96,3 x 12,5 x 4,8 m. **Wasserverdrängung:** 1700 ts. **Antrieb:** 6 Kessel, Dampfturbinen, 3 Schrauben. **Leistung:** 6000 PS. **Höchstgeschwindigkeit:** 21 kn. **Luftfahrzeuge:** 3 Wasserflugzeuge. **Besatzung:** 250.

Engadine (1966)

Visitenkarte

Land
Großbritannien

Typ
Hubschrauber-Hilfsschiff

Werft
Henry Robb Ltd., Leith, Großbritannien

Stapellauf
15. September 1966

Kennzeichen
K 08

Die im August 1965 auf Kiel gelegte und zwei Jahre später in Dienst gestellte *Engadine* wurde für die »Royal Fleet Auxiliary« als Hilfsschiff für die zu den Schiffen ihrer Flotte gehörigen Hubschrauber gebaut. Sie war für die Wartung und Reparatur von Helikoptern ausgestattet und konnte zwei bis sechs davon aufnehmen. Außerdem verfügte sie über eine automatische Motorsteuerung. Das Schiff war in Portland stationiert, wo es praktisch während seiner gesamten 25-jährigen Laufbahn blieb. Die bedeutendsten Eckdaten seiner aktiven Zeit markieren die Libanonkrise 1976 (hier war die *Engadine* im Ernstfall für die Evakuierung britischer Staatsangehöriger vorgesehen) sowie der Falklandkrieg gegen Argentinien (wobei sie als schwimmende Werkstätte für die Reparatur von Flugzeugen diente). Später setzte man sie für die U-Boot-Abwehr-Schulung von Piloten ein. Mit dem Dienstantritt der moderneren *Argus* Ende der 80er-Jahre erwies sich die *Engadine* als veraltet, weshalb sie 1989 ausgemustert und 1996 in Indien verschrottet wurde.

TECHNISCHE DATEN Abmessungen: 179,3 x 17,6 x 6,7 m. **Wasserverdrängung:** 8000 ts bei voller Beladung. **Antrieb:** 2 »Walsend Slipway«-Dieselmotoren mit 5 Zylindern, 1 Schraube. **Leistung:** 4400 PS. **Höchstgeschwindigkeit:** 16 kn. **Luftfahrzeuge:** 4 Hubschrauber. **Besatzung:** 81.

Enrico Toti

Visitenkarte

Land
Italien

Typ
Unterseeboot

Werft
CRDA, Monfalcone, Italien

Stapellauf
12. März 1967

Kennzeichen
S 506

Die *Enrico Toti* war das erste nach dem letzten Krieg in Italien gebaute Unterseeboot. Sie ist die erste von vier Einheiten, die eine Klasse bildeten. Die ersten drei, die *Enrico Toti,* die ***Attilio Bagnolini*** und die ***Enrico Dandolo*** traten 1968 in Dienst. Die letzte, die ***Lazzaro Mocenigo*** folgte 1969. Es handelte sich um U-Boote des Typs SSK (Submarine-Submarine Killer), das heißt, sie dienten zur Verfolgung und Zerstörung anderer U-Boote. Ziel waren vor allem die großen atombetriebenen Unterseeboote mit Raketenabschussvorrichtungen, die in jenen Tagen zu den Furcht erregendsten Waffen des Ostblocks zählten. Die U-Boote der Klasse *Toti* waren so konstruiert, dass sie in flachen Gewässern, entlang der Küste und in engen Becken manövrieren konnten. Die in einer Kuppel am Bug untergebrachten Sonar- und Echolotanlagen (die eigentlichen »Augen« eines U-Bootes) stellten die wesentlichen Merkmale dieser neuen Unterseebootklasse dar. Ebenso das neue Waffensystem, das aus lenkbaren Torpedos mit Sprengköpfen, die ihr Ziel selbst suchen, bestand. 1999 wurde die *Toti* in den Ruhestand versetzt.

TECHNISCHE DATEN Abmessungen: 46,2 x 4,7 x 4 m. **Wasserverdrängung:** aufgetaucht 524 ts, untergetaucht 581 ts. **Antrieb:** 2 Dieselmotoren für Oberflächenfahrten, 1 Elektromotor für Tauchfahrten, 1 Schraube. **Leistung:** 1080 + 900 PS. **Höchstgeschwindigkeit:** aufgetaucht 14 kn, untergetaucht 15 kn. **Reichweite:** 3000 sm bei 5 kn. **Bewaffnung:** 4 533-mm-Torpedorohre zur U-Boot-Bekämpfung. **Besatzung:** 22.

Enrico Tazzoli (1935)

Die drei Unterseeboote der Klasse Calvi von links: die Pietro Calvi, die Giuseppe Finzi und die Enrico Tazzoli.

Visitenkarte

Land
Italien

Typ
hochseetaugliches Unterseeboot

Klasse
Pietro Calvi

Werft
OTO (Odero Terni Orlando), La Spezia, Italien

Stapellauf
13. Oktober 1935

Die *Enrico Tazzoli* war das dritte U-Boot der Klasse *Pietro Calvi* (benannt nach den Männern aus Mantua, die im Kampf für das »Resorgimento« – der italienischen Einheitsbewegung des 19. Jh. – ihr Leben ließen). Sie war jenes U-Boot, das im Zweiten Weltkrieg im Atlantik die meisten Schiffe versenkt hatte: 18. Dieses Boot wies eine große Wasserverdrängung auf und war ausgesprochen erfolgreich. Nach seiner Fertigstellung 1936 wurde es umgehend nach Spanien entsandt, wo der Bürgerkrieg tobte. Im Oktober 1940 nahm die *Enrico Tazzoli* an ihrer ersten Geschwaderoperation teil und versenkte den jugoslawischen Dampfer *Orao*. Am 30. Dezember desselben Jahres wurde sie durch die Wasserbomben eines britischen Torpedobootjägers beschädigt und im italienischen Atlantikstützpunk Bordeaux repariert. Dort wurde auch der Turm verkleinert. Trotz wiederholter Erfolge wurde sie 1943 zu einer Versorgungseinheit im Dienste des deutschen Kommandos umfunktioniert. Am 15. Mai 1943 brach sie zu ihrem letzten Einsatz auf. Sie sollte an der Küste Angolas mit dem U-Boot *Giuliani* zusammentreffen, kam dort aber niemals an. Man vermutet, dass sie während eines Fliegerangriffs am 16. Mai 1943 im Golf von Biskaya verloren ging. Die *Tazzoli* stellte den Rekord bezüglich des längsten, ununterbrochenen Einsatzes auf See auf: 80 Tage.

TECHNISCHE DATEN Abmessungen: 84,3 x 7,7 x 5,2 m. **Wasserverdrängung:** aufgetaucht 1550 ts, untergetaucht 2060 ts. **Antrieb:** 2 Dieselmotoren für Oberflächenfahrten, 1 Elektromotor für Tauchfahrten, 2 Schrauben. **Höchstgeschwindigkeit:** aufgetaucht 17,1 kn, untergetaucht 7,9 kn. **Reichweite:** aufgetaucht 11.400 sm bei 4 kn, untergetaucht 120 sm bei 3 kn. **Bewaffnung:** 8 533-mm-Torpedorohre, 2 120/45-mm-Kanonen, 4 13,2-mm-Maschinengewehre zur Fliegerabwehr, 14 Minen. **Besatzung:** 72.

Enrico Tazzoli (1942)

Visitenkarte

Land
Italien

Typ
Unterseeboot

Werft
Electric Boat, Groton, USA

Stapellauf
3. April 1942

Beim Eintritt Italiens in die NATO überließ die Marine der Vereinigten Staaten der italienischen einige U-Boote der Klassen *Gato* und *Baleo*. Unter ihnen befand sich auch die *Barb*, die 1954 im Stützpunkt New London in Conneticut feierlich übergeben und auf den Namen *Enrico Tazzoli* umgetauft wurde. Die *Barb* war 1943 in Dienst getreten und hatte 17 Handelsschiffe mit einem Gesamtgewicht von 96.000 Bruttoregistertonnen versenkt. Am 17. September 1944 hatte sie den japanischen Flugzeugträger *Unyo* torpediert und versenkt. Bevor man sie der italienischen Marine aushändigte, wurde sie nach der Formel GUPPY (Greater Underwater Propulsive Power) komplett überholt. Die *Tazzoli* und ihr Schwesterschiff *Leonardo da Vinci* (die frühere *Dace*) bildeten eine Klasse hochseetauglicher Unterseeboote, erwiesen sich als wertvoll in der Schulung von Personal, das seinen Dienst auf U-Booten neuerer Konstruktion versehen sollte. Die *Enrico Tazzoli* wurde am 1. September 1973 abgetakelt.

TECHNISCHE DATEN Abmessungen: 93,7 x 8,3 x 5,2 m. **Wasserverdrängung:** aufgetaucht 1848 ts, untergetaucht 2450 ts. **Antrieb:** 4 Dieselmotoren für Oberflächenfahrten, 4 Elektromotoren für Tauchfahrten, 2 Schrauben. **Leistung:** 6000 PS (Dieselmotor). **Höchstgeschwindigkeit:** aufgetaucht 18,6 kn, untergetaucht 10 kn. Brennstoff: 260 t Naphtha. **Reichweite:** aufgetaucht 14.980 sm bei 11 kn, untergetaucht 150 sm bei 4 kn. **Bewaffnung:** 10 533-mm-Torpedorohre. **Besatzung:** 74.

Enterprise (1936)

Visitenkarte

Land
USA

Typ
Flugzeugträger

Klasse
Yorktown

Werft
Newport News Shipbuilding & Drydock, Newport News, USA

Stapellauf
3. Oktober 1936

Kennzeichen
CV 6

Dieser Flugzeugträger war der zweite von drei der Klasse *Yorktown*, einem der erfolgreichsten Konzepte auf dem Gebiet des Kriegsschiffbaus. Entsprechend des diesbezüglichen Ruhmes, den sich die Amerikaner erworben hatten, verfügten diese U-Boote über hervorragende Fahreigenschaften und gute Manövrierbarkeit. Das Streben nach maximaler Schlagkraft der Luftangriffe durch die mitgeführten Flugzeuge ging jedoch etwas zu Lasten der Panzerung und der Bewaffnung. Das war die Achillesferse dieser Klasse. Nicht von ungefähr wurden sowohl die *Yorktown* als auch die *Hornet*, zuerst bei Midway und dann bei Santa Cruz durch japanische Torpedos schwer beschädigt. Nach den in den Pazifikschlachten gemachten Erfahrungen wurde dieser Mangel bei allen amerikanischen Flugzeugträgern behoben. Die *Enterprise* wurde 1938 in Dienst gestellt und nahm als Begleitschiff der *Hornet* am Bombardement von Tokyo am 18. April 1942 teil. Außerdem war sie in die Schlachten um Midway, um die Salomonen, um Santa Cruz und um Guadalcanal involviert. Nach einem Kamikazeangriff kehrte die *Enterprise* zur Reparatur in ihre Heimat zurück. Sie war weltweit das am höchsten dekorierte Kriegsschiff des Zweiten Weltkriegs. 1956 außer Dienst gestellt, brachte man sie 1958 zur Verschrottung.

TECHNISCHE DATEN Abmessungen: 246,7 x 25,4 x 6,6 m. **Wasserverdrängung:** 19.900 ts. **Antrieb:** 4 Gruppen Getriebeturbinen, 4 Schrauben. **Höchstgeschwindigkeit:** 33 kn. **Reichweite:** 10.400 sm bei 15 kn. **Bewaffnung:** 8 127-mm-Kanonen, maximal 96 Flugzeuge. **Vertikale Panzerung:** 102 mm. **Horizontale Panzerung:** 76 mm. **Besatzung:** 1889 in Friedenszeiten, 2919 im Kampfseinsatz.

Enterprise (1960)

Visitenkarte

Land
USA

Typ
Flugzeugträger

Klasse
Yorktown

Werft
Newport News Shipbuilding Co., Newport News, USA

Stapellauf
September 1960

Kennzeichen
CVN-65

Die *Enterprise,* das achte Schiff der US-Marine dieses Namens, war der erste Flugzeugträger der Welt mit Atomantrieb und bis 1972 auch das größte Kriegsschiff weltweit. Sie wurde am 4. Februar 1958 in der Newport News Werft in Virginia auf Kiel gelegt und am 25. November 1961 in Dienst gestellt. 1979 und 1994 unterzog man sie derart radikaler Erneuerungen, dass sie beinahe nicht mehr zu erkennen war. Dies spricht andererseits aber dafür, dass ihr Grundkonzept auch heute noch Gültigkeit hat. *»Big E«*, wie sie von den Amerikanern liebevoll genannt wird, hat während ihrer langen Dienstzeit Einsätze absolviert, die in die Geschichte eingingen, darunter die Blockade von Kuba 1962 (ihr erster Einsatz) und der Angriff auf den Vietkong am 2. Dezember 1965. Dabei stellten ihre Flugzeuge den Rekord von 165 Starts an einem Tag auf. Dies war auch der erste Anlass, bei dem ein atombetriebenes Schiff in Kriegshandlungen verwickelt war. Nach ihrer letzten Überholung absolvierte die *Big E* ihren 15. Einsatz, der sie vom Mittelmeer in den Persischen Golf führte. Auch dabei war ein Rekord fällig. Sie schaffte die Reise von der Adria in den Persischen Golf in weniger als sechs Tagen, um die Streitkräfte im Kampf gegen den Irak zu unterstützen. 2001 kam sie in Afghanistan zum Einsatz, 2003 erneut im Irak. Am 29. Februar 2004 kehrte die *Enterprise* zum Norfolk Naval Shipyard in Portsmouth (Virginia) zurück, um sich neuerlich einem Revisionsprogramm zu unterziehen.

TECHNISCHE DATEN Abmessungen: 342,3 x 78,3 x 11,9 m. **Wasserverdrängung:** 94.000 ts bei voller Beladung. **Antrieb:** 8 Kernreaktoren, 4 Schrauben auf 5 Ruderblättern. **Leistung:** 280.000 PS. **Höchstgeschwindigkeit:** 33 kn. **Reichweite:** 800.000 sm bei 25 kn. **Bewaffnung:** 3 »Sea Sparrow«-Raketenabschussvorrichtungen, 3 20-mm-»Phalanx CIWS Mk-15«-Maschinengewehrtürme mit je 6 Läufen, 4 Katapulte, 80 Flugzeuge. **Vertikale Panzerung:** 150 mm. **Besatzung:** 3220, davon 170 Offiziere und 2500 Angehörige der Luftstreitkräfte.

Eritrea

Visitenkarte

Land
Italien

Typ
Kolonialschiff

Werft
Real Cantiere di Castellammare di Stabia, Italien

Stapellauf
28. September 1936

Die nach den Plänen des Generals des Marinestabes, Icilio D'Esposito gebaute *Eritrea* war zur Verwendung als Hilfsschiff für Unterseeboote und als Minenleger bestimmt. Sie sollte in Massaua Dienst versehen, wo sie im Mai 1938 unter dem Oberkommando der Marine in Ostafrika vor Anker ging. Am 8. Februar 1941 erhielt sie den Befehl, Massaua in Anbetracht der bevorstehenden britischen Invasion zu verlassen, Kurs auf Japan zu nehmen und dabei die englische Seeblockade im Roten Meer zu durchbrechen. Diese Fahrt verlief extrem abenteuerlich, der Kommandant des Schiffes, Fregattenkapitän Marino Jannucci, meisterte sie jedoch ausgezeichnet. Im Juni 1943 wurde sie als Hilfsschiff für die italienischen Transport-U-Boote nach Singapur beordert. Nach dem 8. September flüchtete sie jedoch – immer noch unter dem Kommando Januccis – nach Indien, wo sie von den Engländern beschlagnahmt wurde. Gemäß den Auflagen des Friedensvertrages wurde das Schiff 1948 den Franzosen zugesprochen, die es in *Francis Garnier* umtauften und als Kolonialschiff einsetzten.

TECHNISCHE DATEN Abmessungen: 96,9 x 13,3 x 4,7 m. **Wasserverdrängung:** 2969 ts. **Antrieb:** 2 Kessel, 2 Dieselmotoren, 2 Elektromotoren, 2 Schrauben. **Leistung:** 9100 PS. **Höchstgeschwindigkeit:** 20 kn. **Reichweite:** 6950 sm bei 11,8 kn. **Bewaffnung:** 4 120/45-mm-Kanonen, 2 40/39-mm-Geschütze zur Fliegerabwehr, 4 13,2-mm-Maschinengewehre. **Besatzung:** 234.

Essex

Visitenkarte

Land
USA

Typ
Flugzeugträger

Klasse
Essex

Werft
Arsenal von Philadelphia, USA

Stapellauf
31. Juli 1942

Die *Essex*, das vierte Schiff der US Navy dieses Namens, war das erste einer Klasse von 24 Schiffen, die den eisernen Kern der Flugzeugträgerflotte der Vereinigten Staaten während des Zweiten Weltkriegs bildeten. Ihre Basis bildete – mit entsprechenden Veränderungen – die Klasse *Yorktown*. Die hervorstechendste Veränderung bei der *Essex* war ein seitlicher Aufzug außenbords, der mittschiffs angebracht war. Er ermöglichte es, die Flugzeuge nach der Landung in die Flugzeughalle hinabzuführen, ohne sich mit weiteren Manövern aufzuhalten. Das am 28. April 1941 auf Kiel gelegte Schiff trat 1943 in Dienst. Nach dem Krieg wurde es weitgehend neu adaptiert und als Flugzeugträger für Angriffsaktionen neu klassifiziert. 1956 unterzog man das Schiff neuerlicher Modifikationen und Verbesserungen (darunter das abgewinkelte Flugdeck), die in der Werft Puget Sound Naval Shipyard in Bremerton (Washington) durchgeführt wurden. Am 30. Juni 1969 ausgemustert, verschrottete man sie 1973 in Kearny (New Jersey).

TECHNISCHE DATEN (1942) **Abmessungen:** 249,9 x 28,3 x 8,7 m. **Wasserverdrängung:** 36.380 ts bei voller Beladung. **Antrieb:** 8 Kessel, 4 Turbinengruppen, 4 Schrauben. **Leistung:** 150.000 PS. **Höchstgeschwindigkeit:** 32,7 kn. **Bewaffnung:** 4 127-mm-Kanonen, 72 40-mm-Maschinengewehre, 52 20-mm-Maschinengewehre, 2 dampfgetriebene Katapulte, 3 Aufzüge, 90 Flugzeuge. **Panzerung:** vertikal 51–76 mm an den Bordwänden, horizontal 76 mm am Flughallendeck, 37 mm am Flugdeck. **Besatzung:** 2100 (2800 im Kampfeinsatz).

Europa (1895)

1915 beschloss die Königliche Italienische Marine, einen Wasserflugzeugträger anzuschaffen und man entschied sich, ein Handelsschiff anzukaufen, das für die beabsichtigten Zwecke umgebaut werden sollte. Die Wahl fiel auf den Dampfer *Quarto,* der im Besitz des Reeders Tito Campanella stand. Das Schiff hatte eine reiche Vergangenheit: Es war in Schottland für eine Transatlantik-Transportgesellschaft gebaut und 1895 auf den Namen *Manila* getauft worden. 1898 kaufte die Donaldson-Linie das Schiff und taufte es in *Salacia* um. 1911 verkaufte die Firma Donaldson das Schiff an einen deutschen Reeder, der es schließlich an Campanella abtrat. Die Umbauarbeiten, die auch die Montage zweier Hangars (einer am Bug, einer am Heck) umfassten, wurden im Arsenal von La Spezia ausgeführt. Am 6. Oktober 1915 trat das Schiff unter dem Namen *Europa* und der offiziellen Klassifizierung als Hilfsschiff 1. Klasse für den Transport von Wasserflugzeugen und die Unterstützung von Unterseebooten in Dienst. Die Flugzeuge der *Europa* flogen 1884 Kampfeinsätze, darunter über 1500 Aufklärungsflüge über feindlichem Gebiet. Das Schiff wurde 1920 außer Dienst gestellt.

TECHNISCHE DATEN Abmessungen: 119,5 x 14,1 x 5,9 m. **Wasserverdrängung:** 6400 ts bei voller Beladung. **Antrieb:** 3 Kessel, 1 gegenläufig arbeitende Dampfmaschine mit dreifacher Dampfdehnung, 1 Schraube. **Leistung:** 3000 PS. **Höchstgeschwindigkeit:** 12 kn. **Bewaffnung:** 2 76/30-mm-Geschütze zur Flieger- und Schiffsabwehr, 8 Wasserflugzeuge. **Besatzung:** 250.

Visitenkarte

Land
Italien

Typ
Wasserflugzeugträger

Werft
Charles Connel & C., Glasgow, Großbritannien

Stapellauf
4. August 1895

Forrestal

Die *Forrestal* war der erste Superflugzeugträger der Vereinigten Staaten und der erste einer Klasse, zu der zwischen 1955 und 1959 noch drei weitere stießen: ***Saratoga, Ranger*** und ***Independence.*** Die Klasse *Forrestal* markierte einen bedeutenden Fortschritt in der Konstruktion von Flugzeugträgern, wenngleich die wichtigsten Neuerungen, wie das abgewinkelte Flugdeck und die dampfbetriebenen Katapulte, bereits zuvor von der britischen Marine eingeführt worden waren. Der komplett vom Rumpf umschlossene »Sturmbug« war hingegen bereits vor dem Krieg an der Klasse *Lexington* erprobt worden. 1967 erlitt die Forrestal im Golf von Tonkin (Vietnam) bei einem Unfall schwere Schäden, der von einem Flugzeug der eigenen Flotte verursacht wurde und zahlreiche Opfer forderte. 1992 setzte man sie zur Schulung von Piloten und Wartungsmannschaften ein. 1993 wurde sie abgetakelt und der Flugzeugträger blieb in Erwartung seines weiteren Schicksals in der Marinewerft von Philadelphia: Man hofft, die *Forrestal* in ein Museumsschiff umwandeln zu können.

TECHNISCHE DATEN Abmessungen: 315 x 76,8 x 11,3 m. **Wasserverdrängung:** 78.000 ts. **Antrieb:** 8 »Babcock«-Kessel, 4 »Westinghouse«-Getriebeturbinen, 4 Schrauben. **Leistung:** 280.000 PS. **Höchstgeschwindigkeit:** 33 kn. **Reichweite:** 8000 sm. **Bewaffnung:** 3 »LM8 Sea Sparrow«, 4 127-mm-Kanonen, 80 Flugzeuge. **Besatzung:** 5500.

Visitenkarte

Land
USA

Typ
Flugzeugträger

Werft
Newport News Shipbuilding and Drydock Co., Newport News, USA

Stapellauf
Dezember 1954

Kennzeichen
CV 59

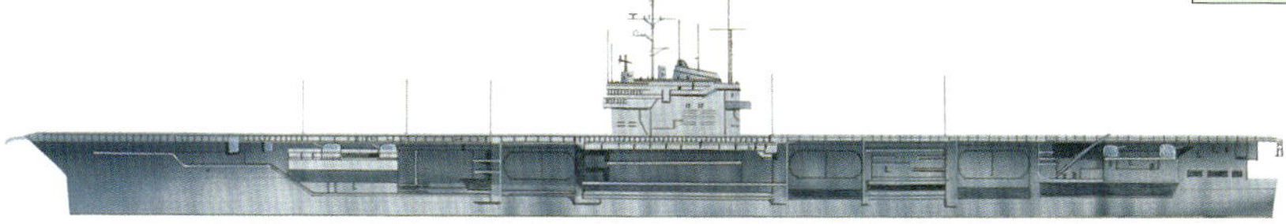

Furious

Visitenkarte

Land
Großbritannien

Typ
Flugzeugträger

Werft
Armstrong Whitworth, Newcastle-on-Tyne, Großbritannien

Stapellauf
15. August 1916

Ein wahrhaft historisches Schiff! Die *Furious* war nämlich der erste Flugzeugträger der Welt und das einzige Schiff, das in beiden Weltkriegen gekämpft hatte. Sie wurde 1914 als Schlachtkreuzer geplant, als die Arbeiten aber noch nicht abgeschlossen waren, entschied man, sie in einen schnellen Flugzeugträger umzugestalten. Der Turm mit den 457-mm-Geschützen am Heck wurde daher entfernt und bugseitig von der Kommandobrücke eine Flugzeughalle errichtet, deren Dach als Flugdeck für den Start der Fluggeräte fungierte. Dieses Flugdeck mit den Maßen 69,5 x 12,2 m reichte aus, um jedem Wasserflugzeug oder Flugzeug jener Zeit den Start zu ermöglichen. Die *Furious* trat am 4. Juni 1917 in Dienst und am 2. August desselben Jahres gelang die erste Landung der Geschichte auf einem fahrenden Schiff. Während ihrer langen Laufbahn (1917–1948) wurde die *Furious* zahlreichen Veränderungen unterzogen: 1922 erhielt sie ein durchgehendes Flugdeck (ursprünglich hatte sie zwei getrennte) und 1939 wurde das Schiff neuerlich modifiziert. Auf der rechten Seite des Flugdecks wurde eine kleine Insel angebracht, welche die Feuerleitstelle beherbergte und die angehoben werden konnte. Außerdem erhielt sie einen Ausguck und Funkpeilung, um die Flugzeuge zum Schiff zurück zu dirigieren. Die ursprüngliche Bewaffnung mit zehn 140-mm-Kanonen wurde durch zwölf 101-mm-Kanonen ersetzt. 1941/42 wurde die *Furious* wieder modernisiert, diesmal wurde das Flugdeck vergrößert. Nun konnte sie maximal 36 Flugzeuge aufnehmen. Während des Zweiten Weltkriegs operierte die *Furious* im Atlantik, im Nordmeer und im Mittelmeer. Ihre letzte Kriegshandlung (April–August 1944) bestand in der Teilnahme an den Angriffen auf die *Tirpitz,* die in den Kaa Fjord in Norwegen geflüchtet war. Am 15. September wurde sie als für den weiteren Dienst untauglich erklärt und der Reserve zugeteilt. 1948 takelte man sie ab und überführte sie 1949 zur Verschrottung.

TECHNISCHE DATEN Abmessungen: 229,8 x 27,3 x 7,3 m. **Wasserverdrängung:** 22.450 ts. **Antrieb:** 4 Turbinengruppen, 6 Kessel, 3 Schrauben. **Leistung:** 90.000 PS. **Höchstgeschwindigkeit:** 31 kn. **Reichweite:** 6000 sm bei 20 kn. **Bewaffnung:** 12 101-mm-Kanonen, 36 Flugzeuge. **Besatzung:** 860 und 370 Angehörige der Luftstreitkräfte (1945).

Unten: Die Furious *auf einem seltenen Foto, das rund um 1918 aufgenommen wurde.*

Fuji

In Erwartung eines Krieges mit China bestellte Japan um 1893 zwei moderne Schlachtschiffe in Großbritannien, die nach den Plänen von G. Macrow gebaut wurden. Die *Fuji* und ihr Schwesterschiff ***Yashima*** stellten eine Weiterentwicklung der englischen Klasse *Royal Sovereign* dar. Die beiden Panzerkreuzer wurden nicht rechtzeitig für den Krieg gegen China ausgeliefert, kamen jedoch in jenem zehn Jahre später gegen Russland zum Einsatz. In der Schlacht von Tsuschima (27. Mai 1905), in der die japanische Flotte die russische schlug, versenkte die *Fuji* den Panzerkreuzer *Borodino.* 1923 wurde sie außer Dienst gestellt.

TECHNISCHE DATEN Abmessungen: 125,5 x 22,4 x 8 m. **Wasserverdrängung:** 12.320 ts, 12.533 bei voller Beladung. **Antrieb:** 14 Kessel, 2 Dampfmaschinen mit dreifacher Dampfdehnung. **Leistung:** 14.000 PS. **Höchstgeschwindigkeit:** 18,5 kn. **Bewaffnung:** 4 305/40-mm-Kanonen, 10 152/40-mm-Kanonen, 20 76/40-mm-Geschütze, 5 457-mm-Torpedorohre. **Besatzung:** 637.

Visitenkarte

Land
Japan

Typ
Panzerkreuzer

Klasse
Fuji

Werft
Thames Iron Works, Poplar, Großbritannien

Stapellauf
31. März 1896

Fuso

Als Folge des Marineplans von 1875, den man in Voraussicht eines möglichen Krieges mit Korea gefasst hatte, gab Japan den Bau zweier gepanzerter Dampfkorvetten und eines Panzerkreuzers mit zentralen Geschützen bei verschiedenen britischen Werften in Auftrag. Der Panzerkreuzer wurde von Sir Edward Reed entworfen und *Fuso* getauft. Er wurde in der Schlacht von Yulo beschädigt und erlitt 1897 bei einer Kollision mit dem Panzerkreuzer *Matsushima* weitere Schäden. 1903 wurde das Schiff neu klassifiziert und zur Verteidigung der Küsten eingesetzt. 1905 erfolgte die Ausmusterung, 1910 die Verschrottung.

TECHNISCHE DATEN Abmessungen: 67 x 14,6 x 5,5 m. **Wasserverdrängung:** 3777 ts. **Antrieb:** liegend eingebaute, gegenläufig arbeitende Dampfmaschinen, 2 Schrauben. **Leistung:** 3932 PS. **Höchstgeschwindigkeit:** 13 kn. **Bewaffnung:** 4 236-mm-Kanonen. **Panzerung:** vertikal 228–102 mm, 203 mm an den Geschützen, 178 mm an den Schotten. **Besatzung:** 250.

Visitenkarte

Land
Japan

Typ
Panzerkreuzer

Werft
Samuda & Brothers, London, Großbritannien

Stapellauf
14. April 1877

Garibaldi (1860)

Visitenkarte

Land
Italien

Typ
Schraubendampfer

Werft
Real Cantiere di Castellammare di Stabia, Italien

Stapellauf
28. Jänner 1860

Die *Garibaldi* wurde am 17. März 1861 Bestandteil der neuentstandenen italienischen Marine. Sie war am 28. Juni 1860 in der Werft von Castellammare di Stabia vom Stapel gelaufen und wurde im Juli des darauf folgenden Jahres unter dem Namen ***Borbona*** in den Dienst der napoleonischen Marine gestellt. Klassifiziert war sie als Fregatte ersten Ranges mit Schiffsschraube. Sie war mit drei Masten, quadratischen Segeln und einem Bugspriet versehen. Außerdem verfügte sie über eine Heißdampfanlage und eine Dampfmaschine mit vier Steilrohrkesseln und einer gegenläufig arbeitenden Dampfmaschine. 1878 wurde sie als Korvette neu klassifiziert. Sie unternahm zwei Weltumschiffungen und ging als Protagonistin eines berühmten Vorgangs in die Militärchroniken ein: Sie durchbrach die britische Blockade des Suezkanals und drang wieder ins Mittelmeer vor, um Frauen und Kinder in die Heimat zurückzubringen, die Ägypten wegen der internationalen Krise verließen. 1890 wurde sie in ein Lazarettschiff umgewandelt und in *Saati* umgetauft. 1894 wurde es ausgemustert, 1899 verschrottet.

TECHNISCHE DATEN Abmessungen: 68,2 x 15,2 x 7,1 m. **Wasserverdrängung:** 3980 ts bei voller Beladung. **Antrieb:** 4 Kessel, 1 gegenläufig arbeitende Dampfmaschine, 1 Schraube. **Leistung:** 1175 PS. **Höchstgeschwindigkeit:** 9 kn. **Bewaffnung:** 16 200-mm-Kanonen, 16 160-mm-Kanonen, 6 80-mm-Kanonen. **Besatzung:** 492.

Garnet

Visitenkarte

Land
Großbritannien

Typ
Schraubendampfer

Klasse
Emerald

Werft
Pembroke Dockyard, Großbritannien

Stapellauf
30. Juni 1877

Die *Garnet* gehörte zur Klasse *Emerald,* die aus sechs Schiffen bestand, deren Aufbau einen eisernen Rumpf und eine hölzerne Schiffsverkleidung aufwies. Die Form des Rumpfes war von der Theorie beeinflusst, dass ein schnittiger Bug für optimale Geschwindigkeit sorgt. Diese Annahme wurde durch die großartigen Leistungen der Klipper für den Teetransport bekräftigt. Die Schiffe der Klasse *Emerald* tendierten allerdings dazu, über Bug ins Meer einzutauchen, wenn sie unter Segeln fuhren und kaum mehr als 12 Knoten Fahrt zu machen. Die *Garnet* wurde 1904 verkauft.

TECHNISCHE DATEN Abmessungen: 67 x 12,2 x 5,5 m. **Wasserverdrängung:** 2154 ts. **Antrieb:** liegend eingebaute, gegenläufig arbeitende Dampfmaschinen, 1 Schraube. **Leistung:** 2000 PS. **Höchstgeschwindigkeit:** 12 kn. **Bewaffnung:** 12 64-Pfünder-Kanonen. **Besatzung:** 230.

General Garibaldi

Visitenkarte

Land
Argentinien

Typ
Panzerkreuzer

Werft
Cantiere Ansaldo, Genua, Italien

Stapellauf
27. Mai 1895

Um 1890 durchlebte Argentinien eine Phase der politischen Spannungen mit dem benachbarten Chile und trug der Notwendigkeit Rechnung, die eigene Flotte zu modernisieren. Im Land lebte der Finanzier Ferdinando Maria Perrone, Mehrheitsaktionär der Werft Ansaldo in Genua. Dank seiner Vermittlung erklärte sich die italienische Marine bereit, zwei Panzerkreuzer an Argentinien zu verkaufen, die nach den Plänen des Inspektors des Marinestabes, Edoardo Masdea, in der Werft Ansaldo auf Kiel gelegt worden waren. Die beiden Schiffe waren die *Giuseppe Garibaldi* und die *Varese,* die von der Armada Argentina in *General Garibaldi* und ***General San Martin*** umgetauft wurden. Die italienische Marine nahm dann 1898 den Bau zweier Schiffe mit denselben Namen auf. In den folgenden Jahren erwarb Argentinien noch weitere drei Schiffe dieser Klasse, die sie ***General Pueyrredon*** *(auf dem Foto oben),* ***Mariano Moreno*** und ***Bernardino Rivadavia*** taufte. Die letzten beiden, 1902 gekauften Panzerkreuzer wurden später an Japan veräußert, die sie unter den Namen ***Nishin*** und ***Kasuga*** im Krieg gegen Russland einsetzten. Die *General Garibaldi* blieb bis zum 20. März 1934 im Dienst der argentinischen Marine und wurde 1935 verschrottet.

TECHNISCHE DATEN Abmessungen: 104,9 x 18,2 x 7,1 m. **Wasserverdrängung:** 6950 ts. **Antrieb:** liegend eingebaute, gegenläufig arbeitende Dampfmaschinen mit dreifacher Dampfdehnung, 2 Schrauben. **Höchstgeschwindigkeit:** 19,9 kn. **Reichweite:** 9900 sm bei 10 kn. **Bewaffnung:** 1 254/40-mm-Kanone, 2 203/45-mm-Kanonen, 14 152/40-mm-Kanonen, weitere kleinkalibrigere Waffen. **Panzerung:** vertikal 150–79 cm, 150 mm bei den Batterien, 150 mm an den Türmen, 150 mm an der Kommandobrücke. **Besatzung:** 555.

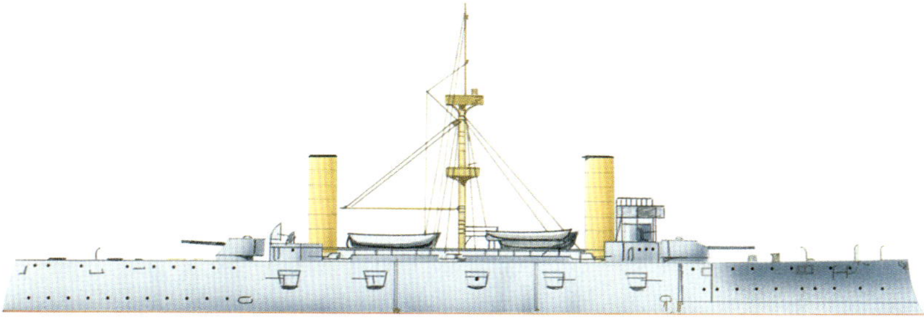

George Washington

Visitenkarte

Land
USA

Typ
CVN-Flugzeug-träger

Werft
Newport News Shipbuilding & Drydock Co., Newport News, USA

Stapellauf
12. Juli 1990

Kennzeichen
CVN 37

Die am 4. Juli 1992, dem amerikanischen Unabhängigkeitstag, in Dienst genommene *George Washington* gehört zur Klasse der atombetriebenen Super-Flugzeugträger, die von der *Nimitz* eröffnet wurde. Es handelt sich um die größten Kriegsschiffe der Welt und die meisten sind mit Atomantrieb ausgestattet. Die *Washington* ist das sechste von neun Schiffen, die bisher von der US Navy vom Stapel gelassen wurden. Wie ihre Schwesterschiffe ist auch sie eine gespenstische Kampfmaschine, die über die schwerste Bewaffnung und mit ihren Jagd- und Bombenflugzeugen über eine enorme Offensivstärke verfügt. Beeindruckend ist auch die Reichweite dieses Schiffes, es kann eine Million Seemeilen zurücklegen, ohne Nachschub zu fassen. 2003 hat es an den Operationen beim Einmarsch in den Irak teilgenommen. Sein Stützpunkt liegt in Norfolk, Virginia.

TECHNISCHE DATEN Abmessungen: 332,8 x 40,8 x 13 m. **Wasserverdrängung:** 104.017 ts bei voller Beladung. **Antrieb:** 2 Kernreaktoren des Typs »A4W«, 4 Turbinen, 4 Schrauben. **Leistung:** 280.000 PS. **Höchstgeschwindigkeit:** 35 kn. **Reichweite:** 1.000.000 sm. **Bewaffnung:** 3 »Sea Sparrow«-Raketenabschussvorrichtungen, 4 »Phalanx CIWS«-Geschütze mit 6 20-mm-Läufen, 86 Flugzeuge. **Besatzung:** 3200 und 2878 Angehörige der Luftstreitkräfte.

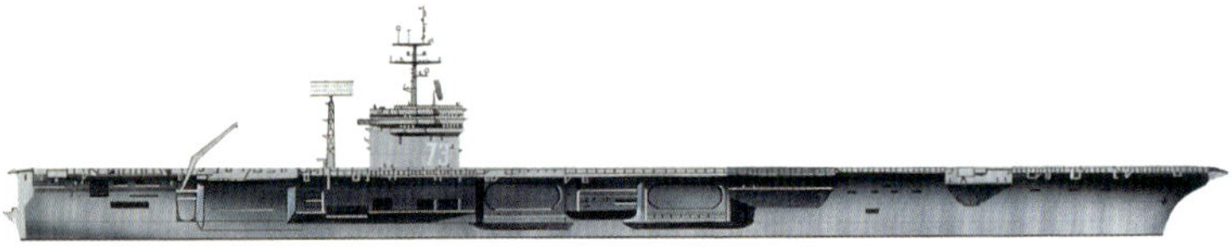

Giulio Germanico

Visitenkarte

Land
Italien

Typ
leichter Kreuzer

Klasse
Capitani Romani

Werft
Real Cantiere di Castellammare di Stabia, Italien

Stapellauf
26. Juli 1941

Die *Giulio Germanico* gehört zur Klasse der leichten Kreuzer *Capitani Romani,* die aus 12 Schiffen bestand. Obwohl sie 1939 auf Kiel gelegt wurden, konnten während des Krieges nur drei Schiffe fertig gestellt werden: ***Attilo Regolo, Scipione l'Africano*** und ***Pompeo Magno.*** Die ersten beiden wurden auf Grund des Friedensvertrages 1848 an Frankreich abgetreten. Die *Pompeo Magno* und die *Giulio Germanico* (Letztere nach dem Krieg aus der herstellenden Werft zurückerobert) kehrten in das Wiederaufbau- und Modernisierungsprogramm der 1950 vom Stapel gelaufenen Flotte zurück. Die beiden leichten Kreuzer wurden komplett neu aufgebaut und 1957 als Führerzerstörer neu klassifiziert und in *San Giorgio* und *San Marco* umgetauft. Beide Schiffe fuhren zahlreiche Einsätze sowohl im nationalen Interesse als auch in den Geschwadern der Alliierten. Sie unternahmen Auslandsreisen und waren Sitz des Marinekommandos. Die *San Marco,* die frühere *Giulio Germanico* wurde 1971 außer Dienst gestellt.

TECHNISCHE DATEN Abmessungen: 148,7 x 14,4 x 4,9 m. **Wasserverdrängung:** 5035 ts, 5420 ts bei voller Beladung. **Antrieb:** 4 Kessel, 4 Turbinen, 4 Schrauben. **Leistung:** 110.000 PS. **Höchstgeschwindigkeit:** 40 kn. **Reichweite:** 4352 sm bei 18 kn. **Bewaffnung:** 8 135/45-mm-Geschütze, 8 37/54-mm-Geschütze, 8 20/65-mm-Maschinengewehre, 8 533-mm-Torpedorohre. **Besatzung:** 418.

Giulio Cesare (1911)

Von Edoardo Masdea entworfen und 1910 auf Kiel gelegt, gehörte die *Giulio Cesare* zusammen mit dem gleichnamigen Typenschiff und der *Leonardo da Vinci* zur Klasse *Conte di Cavour.* Keines dieser drei Schiffe kam im Ersten Weltkrieg zum Einsatz. Die *Giulio Cesare* unterlief 1926 einer vorläufigen Renovierung, am 25. Oktober 1933 kommandierte man sie für einen kompletten Umbau in die Werft Cantiere Navali del Tirreno in Genua ab. Am 1. Oktober 1937 lief sie erneut vom Stapel und nahm Kurs auf Taranto, wo sie bis zum Beginn der kriegerischen Auseinandersetzungen an die 5. Division angegliedert blieb. Am 9. Juli 1940 nahm sie an der Schlacht um Punta Stilo teil und wurde von einer 381er-Granate getroffen, die das englische Schiff *Warspite* abgefeuert hatte. Anschließend beteiligte sie sich an der Schlacht um Kap Teulada (26. November 1940) und an der ersten Schlacht in den Syrten (16. Dezember 1941). Nach dem Waffenstillstand verlegte man sie nach Malta, wo sie bis zum Kriegsende blieb. In Befolgung der Vereinbarungen des Friedensvertrags musste sie am 15. Dezember 1949 an die Sowjetunion abgetreten werden, die sie vorläufig mit dem Kennzeichen Z. 11 versah und dann auf *Novorossiisk* taufte. Am 25. Oktober 1955 sank sie in der Reede von Sewastopol, vielleicht weil sie auf eine Mine aufgelaufen war.

TECHNISCHE DATEN Abmessungen: 186,4 x 28 x 10,4 m. **Wasserverdrängung:** 28.000 ts, 29.100 bei voller Beladung. **Antrieb:** 8 Kessel, 2 Turbinen, 2 Schrauben. **Leistung:** 93.000 PS. **Höchstgeschwindigkeit:** 28 kn. **Reichweite:** 3100 sm bei 20 kn. **Bewaffnung:** 10 320/44-mm-Kanonen, 12 120/50-mm-Kanonen, 8 100/47-mm-Kanonen, 8 37/54-mm-Maschinengewehre sowie 12 20/65-mm-Maschinengewehre. **Panzerung:** vertikal 250 mm, horizontal 135 mm, 260 mm an der Kommandobrücke. **Besatzung:** 1236.

Visitenkarte

Land
Italien

Typ
Schlachtschiff

Klasse
Conte di Cavour

Werft
Ansaldo, Genua, Italien

Stapellauf
15. Oktober 1911

Giuseppe Garibaldi (1899)

Visitenkarte

Land
Italien

Typ
Panzerkreuzer

Klasse
Giuseppe Garibaldi

Werft
Ansaldo, Sestri Levante, Italien

Stapellauf
29. Juni 1899

Die *Giuseppe Garibaldi* war der erste aus einer Reihe von Panzerkreuzern, die – auch weltweit betrachtet – viel Erfolg hatten. Zehn Stück wurden gebaut, sieben gingen ans Ausland. Dieser neue Typ Kriegsschiff, der die herkömmliche Geschwindigkeit von Kreuzern mit der Bewaffnung und Panzerung leichter Panzerkreuzer in sich vereinte, war der Wunsch von Benedetto Brin, der dieses Projekt dem Generalleutnant des Marinestabes, Edoardo Masdea, anvertraute. Die ersten beiden von der italienischen Marine bestellten Schiffe wurden in den Werften Ansaldo in Sestri und Orlando in Livorno auf Kiel gelegt und noch an Land an Argentinien verkauft, die sie in *General Garibaldi* (siehe dort) und *General San Martin* umtauften. 1895 legte man daher in denselben Werften zwei weitere neue Kreuzer für die italienische Marine auf Stapel, doch auch diese beiden wurden vor ihrer Fertigstellung weitergegeben, eine an Argentinien *(General Belgrano)* und Spanien *(Cristobal Colón)*. Erst 1898 gelang der Bau dreier weiterer Schiffe, die tatsächlich bei der italienischen Marine landen sollten. Zu den geplanten Schiffen *Giuseppe Garibaldi* und *Varese* gesellte sich noch die ***Francesco Ferruccio,*** die im Arsenal von Venedig gefertigt wurde. Das Typenschiff *Garibaldi* lief am 29. Juni 1899 vom Stapel und erhielt am 23. Februar 1902 die Kriegsflagge. Bei diesem Anlass wurde erstmals das von Antonio Fogazzaro verfasste *Seemannsgebet* vorgetragen. Die *Giuseppe Garibaldi* erfüllte wichtige Aufgaben im Mittelmeer. Sie nahm am Krieg gegen die Türkei teil und operierte in den Gewässern Libyens, der Ägäis und der Levante. Am 24. Februar 1912 versenkte sie gemeinsam mit ihrem Schwesterschiff *Francesco Ferruccio* das türkische Kanonenboot *Avnillah* auf offener See vor Beirut. Kurz nach Ausbruch des Ersten Weltkriegs wurde die *Giuseppe Garibaldi,* während sie gerade die Eisenbahnlinie Ragusa-Cattaro mit Beschuss belegte, vom Torpedo des österreichischen U-Boots *U-4* getroffen und sank (18. Juli 1915).

TECHNISCHE DATEN Abmessungen: 104,9 x 18,2 x 7,1 m. **Wasserverdrängung:** 6950 ts. **Antrieb:** liegend eingebaute, gegenläufig arbeitende Dampfmaschinen mit dreifacher Dampfdehnung, 2 Schrauben. **Höchstgeschwindigkeit:** 19,9 kn. **Reichweite:** 9900 sm bei 10 kn. **Bewaffnung:** 1 254/40-mm-Kanone, 2 203/45-mm-Kanonen, 14 152/40-mm-Kanonen, weitere kleinkalibrigere Waffen. **Panzerung:** vertikal 150–79 mm, 150 mm bei den Batterien, 150 mm am Rammbug, 150 mm an den Türmen, 150 mm an der Kommandobrücke. **Besatzung:** 555.

Giuseppe Garibaldi (1936)

Die *Giuseppe Garibaldi* war der zweite Kreuzer der italienischen Kriegsmarine, der diesen Namen trug. Er gehörte zusammen mit der *Luigi di Savoia Duca degli Abruzzi* zur Klasse *Condottieri,* einem neuen Schiffstyp und war die jüngste Weiterentwicklung dieser Klasse. Sie waren zwei der besten, gleichartigen Schiffe ihrer Epoche. 1937 fertig gestellt nahmen sie im Zweiten Weltkrieg an einigen der wichtigsten Operationen im Mittelmeer teil, wie der Schlacht um Punta Stilo (9. Juli 1940), der Schlacht um Matapan (28./29. März 1941) und jener von Mitte Juni (14./15. Juni 1942) gegen den englischen Geleitzug des *Vigorous*-Konvois mit Kurs auf Malta. Nach dem Waffenstillstand diente sie als Schiff der Alliierten im Atlantik. Ihre Bewaffnung bestand aus 10 152/55-mm-Kanonen, 8 100/47-mm-Kanonen, 8 37/54-mm-Maschinengewehren und 12 20/65-mm-Maschinengewehren, die während des Krieges als Ersatz für die 13,2-mm-Maschinengewehre montiert wurden. Außerdem verfügte sie über 6 533-mm-Torpedorohre (1945 entfernt) und 2 Bombenwerfern. 1947 kamen 2 100-mm-Geschütze dazu und um 1950/51 wurden Modernisierungen vorgenommen. 1953 entschied man sich für eine radikale Umrüstung der *Garibaldi,* um sie zu einem Kreuzer mit Raketenabschussvorrichtung umzuwandeln. Die Arbeiten wurden im Arsenal von La Spezia durchgeführt und 1961 abgeschlossen. Das Ergebnis war ein völlig anderes Schiff, das auf Grund der eingebauten Technologie als innovativ bezeichnet werden muss. Die Bewaffnung umfasste eine doppelte Abschussvorrichtung für Boden-Luft-Raketen des Typs »Terrier«, die am Achterdeck montiert war, sowie eine Abschussvorrichtung für ballistische »Polaris«-Boden-Boden-Raketen. Politische Beweggründe verhinderten aber den vorgesehenen Erwerb der »Polaris«-Raketen und die *Garibaldi* setzte ihre Laufbahn als Sitz des Kommandos des Marinegeschwaders fort und nahm an Schulungsmaßnahmen aller Arten im Mittelmeer und jenseits des Ozeans teil. Das Vorhandensein des »Terrier«-Waffensystems sorgte allerdings dafür, dass sie der erste mit einer Raketenabschussvorrichtung ausgestattete Kreuzer einer europäischen Marine war. 1971 wurde sie außer Dienst gestellt.

Visitenkarte

Land
Italien

Typ
Kreuzer

Klasse
Condottieri

Werft
Cantiere Riuniti dell'Adriatico, Triest, Italien

Stapellauf
21. April 1936

Kennzeichen
551

TECHNISCHE DATEN (nach dem Umbau 1957–1961) **Abmessungen:** 187 x 18,9 x 6,7 m. **Wasserverdrängung:** 11.350 ts bei voller Beladung. **Antrieb:** 6 Kessel, 2 Turbinen, 2 Schrauben. **Leistung:** 100.000 PS. **Höchstgeschwindigkeit:** 30 kn. **Reichweite:** 4500 sm bei 20 kn. **Bewaffnung:** 4 »Polaris«-Raketenabschusssysteme, eine doppelte »Terrier«-Abschussvorrichtung für Boden-Luft-Raketen, 4 135/45-mm-Kanonen, 8 76/62-mm-Geschütze. **Panzerung:** horizontal 40 mm, vertikal 100 mm, 135 mm bei der Artillerie, 140 mm an der Kommandobrücke. **Besatzung:** 665.

Giuseppe Garibaldi (1983)

Visitenkarte

Land
Italien

Typ
Luftfahrzeuge tragender Kreuzer

Werft
CNI, Monfalcone, Italien

Stapellauf
4. Juni 1983

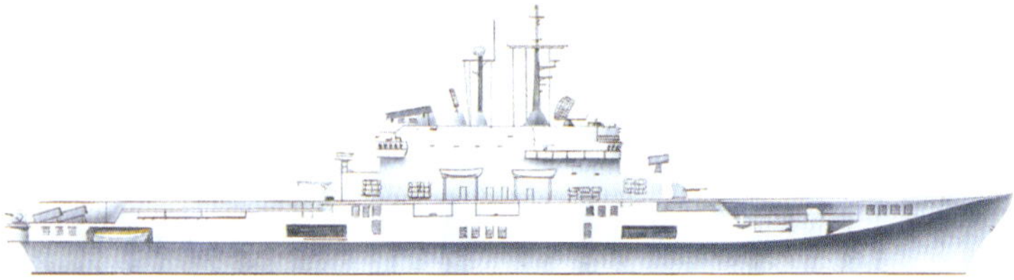

Die *Giuseppe Garibaldi* – das vierte Schiff der italienischen Marine mit diesem Namen – wurde 1980 auf Kiel gelegt und trat am 30. November 1985 als Flaggschiff der italienischen Marine in Dienst. Als Luftfahrzeuge tragender Kreuzer ist sie eigentlich ein leichter Flugzeugträger, der sich sowohl für Hubschrauber als auch für Senkrechtstarter und/oder Kurzstartflugzeuge (V/STOL) eignet. Es handelt sich um das erste Schiff mit durchgehendem Flugdeck der italienischen Marine. Das Flugdeck befindet sich auf einer Höhe von 12,65 m über der Wasserlinie und erstreckt sich über eine Länge von 173,8 m und eine Breite, die der maximalen Breite des Schiffes entspricht. Die Flugzeughalle misst 108 m Länge, 15 m Breite und 6 m Höhe. Ganz vorne am Bug gibt es ein Katapult *(sky-jump)* mit über 6° Steigung, um den Start der Flugzeuge zu erleichtern. Auf dem Flugdeck können sechs Flugzeuge gleichzeitig operieren. Insgesamt können, je nach Aufgabe, bis zu 18 Luftfahrzeuge in unterschiedlicher Zusammensetzung aus Flugzeugen und Hubschraubern eingesetzt werden. Die *Garibaldi* kann für Bodenangriffe, zur Fliegerabwehr und zur U-Boot-Abwehr und -Jagd herangezogen werden. Sie war aktiv an Einsätzen der NATO, vom Golfkrieg über den Bosnienkrieg bis zum Sturm auf Afghanistan im November 2002, beteiligt.

TECHNISCHE DATEN Abmessungen: 180,2 x 33,4 x 8,2 m. **Wasserverdrängung:** 10.100 ts, 13.380 ts bei voller Beladung. **Antrieb:** 4 Gasturbinen, 2 Schrauben. **Leistung:** 80.000 PS. **Höchstgeschwindigkeit:** 30 kn. **Reichweite:** 7000 sm bei 20 kn. **Bewaffnung:** 4 »Teseo«-Raketenabschussvorrichtungen, ein achtfaches »Albatros«-Abschusssystem für Boden-Luft-Raketen des Typs »Aspide«, 3 »Dardo«-Systeme zur Flieger- und Schiffsabwehr mit 40/70-mm-»Breda«-Maschinengeschütz, 2 105-mm-»Scar«-Raketenwerfer, 18 Luftfahrzeuge. **Besatzung:** 825.

Giuseppe Miraglia

Visitenkarte

Land
Italien

Typ
Hilfsschiff für Seeflieger

Werft
Regio Arsenale di La Spezia, Italien

Stapellauf
20. Dezember 1923

Sie wurde am 5. März 1921 als Frachtschiff für die staatliche Eisenbahn auf Kiel gelegt und noch während der Bauphase von der italienischen Marine erworben. Diese rüstete sie als kleinen Seeflieger-Stützpunkt für die Wartung und Reparatur von Luftschiffen aus, die auf den größeren Schiffen der Flotte untergebracht waren. Sie trat am 1. November 1927 in Dienst und wurde nach dem Kapitänleutnant Giuseppe Miraglia, Träger der silbernen Tapferkeitsmedaille, benannt, der 1915 gefallen war. Das Schiff war mit zwei Katapulten und einer »Hein«-Vorrichtung zur Bergung der Flugzeuge während der Fahrt ausgestattet. 20 Flugzeuge konnten eingeschifft und transportiert werden. Die *Miraglia* erfüllte zahlreiche Transportaufgaben nach Libyen und Äthiopien für die Luftstreitkräfte. Sie hätte einen Schritt in Richtung der Konstruktion eines wirklichen Flugzeugträgers darstellen sollen, doch wurde dieser Weg nicht eingeschlagen. Während des Zweiten Weltkriegs verwendete man sie als Kasernenschiff in Taranto. Unmittelbar nach dem Krieg kam sie als Transportschiff für die Rückführung italienischer Kriegsgefangener in ihre Heimat zum Einsatz. Nach einigen anderen Verwendungen von lokaler Bedeutung wurde sie 1950 außer Dienst gestellt.

TECHNISCHE DATEN Abmessungen: 121,2 x 15 x 6,2 m. **Wasserverdrängung:** 4960 ts, 5913 ts bei voller Beladung. **Antrieb:** 8 Kessel, 4 Turbinen, 4 Schrauben. **Leistung:** 12.000 PS. **Höchstgeschwindigkeit:** 21 kn. **Bewaffnung:** 4 102/35-mm-Kanonen, 20 Luftfahrzeuge. **Besatzung:** 196.

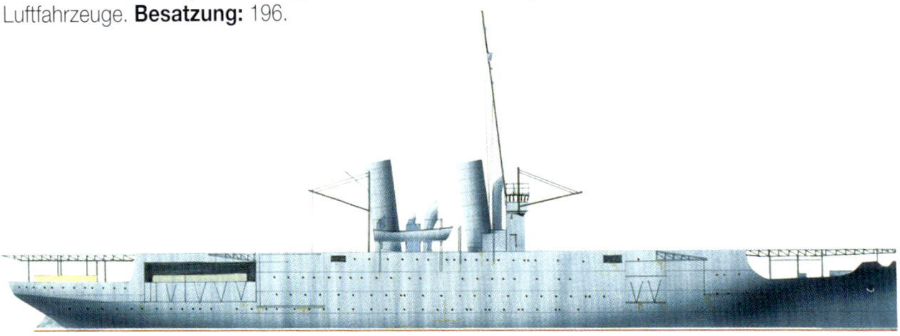

Glauco (1905)

Visitenkarte

Land
Italien

Typ
Unterseeboot

Klasse
Clauco

Werft
Arsenal von Venedig, Italien

Stapellauf
9. Juli 1905

Nach den Versuchen mit der *Delfino* entschied sich die italienische Marine 1903 für die Anschaffung einer U-Boot-Einheit. Mit der Planung wurde der Major des Marinestabes Laurenti betraut, die Umsetzung erfolgte im Arsenal von Venedig. Die erste U-Boot-Klasse Italiens bestand neben dem Typenschiff *Clauco* aus der ***Squalo***, der ***Narvalo***, der ***Otaria*** und der ***Tricheco***, die zwischen 1905 und 1909 vom Stapel liefen. Da zu jener Zeit keine erprobten Dieselmotoren zur Verfügung standen, wurden die Boote mit Ottomotoren versehen, was ihnen den Spitznamen »Tankwart« einbrachte. Die Maschinen erwiesen sich als wenig verlässlich und der große Benzinverbrauch limitierte ihre Einsatzmöglichkeiten beträchtlich. Die Schiffe der *Glauco*-Klasse können als Experiment angesehen werden, das der zukünftigen Entwicklung der italienischen Unterwasserstreitkräfte diente. Die *Clauco* wurde am 1. November 1916 ausgemustert.

TECHNISCHE DATEN Abmessungen: 36,8 x 4,3 x 2,5 m. **Wasserverdrängung:** aufgetaucht 160 ts, untergetaucht 243 ts. **Antrieb:** 2 Benzinmotoren für Oberflächenfahrten, 2 Elektromotoren für Tauchfahrten. **Leistung:** 600 + 170 PS. **Höchstgeschwindigkeit:** aufgetaucht 13,5 kn, untergetaucht 6,5 kn. **Reichweite:** aufgetaucht 220 sm bei 10 kn, untergetaucht 45 sm bei 4 kn. **Bewaffnung:** 3 450-mm-Torpedorohre.

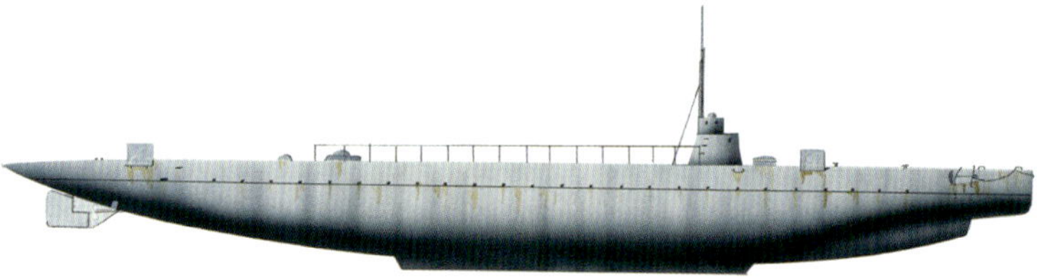

Glauco (1936)

Visitenkarte

Land
Italien

Typ
hochseetaugliches Unterseeboot

Klasse
Glauco

Werft
CRDA, Monfalcone, Italien

Stapellauf
5. Jänner 1936

1931 im Auftrag Portugals mit dem Namen *Delfim* auf Kiel gelegt, wurde sie von der italienischen Marine übernommen, die sie am 20. September 1935 in Dienst nahm. Im Dezember desselben Jahres wurde sie zu ihrer ersten Mission nach Spanien abkommandiert, musste aber zum Stützpunkt zurückkehren, weil eine Havarie an der Steuerungseinrichtung aufgetreten war. Bei Kriegsausbruch war sie in La Spezia beim 12. Geschwader der 1. U-Boot-Gruppe stationiert. Man entsandte sie zum italienischen Stützpunkt in Bordeaux, von wo aus sie Einsätze in den Gewässern westlich vor Schottland fuhr. Am 26. Juni verließ die *Glauco* Bordeaux, um ins Mittelmeer zurückzukommen. Tags darauf wurde sie 330 Meilen vor Kap Spartel (Marokko) vom englischen Torpedobootzerstörer *Whishart* abgefangen. Getroffen und schwer beschädigt musste sie auftauchen. Wenig später beschloss man die Selbstversenkung, um zu verhindern, dass das Boot in feindliche Hände fiel. Die *Glauco* und ihre Schwester ***Otaria*** waren solide, schnelle und wendige Langestreckenboote vom Typ *Bernardis* mit einfachem Rumpf und Gegenkiel.

TECHNISCHE DATEN Abmessungen: 73 x 7,2 x 5,3 m. **Wasserverdrängung:** aufgetaucht 1055 ts, untergetaucht 1325 ts. **Antrieb:** 2 Dieselmotoren, 2 Elektromotoren. **Leistung:** 3000 + 1100 PS. **Höchstgeschwindigkeit:** aufgetaucht 17,1 kn, untergetaucht 8 kn. **Reichweite:** aufgetaucht 9760 sm bei 8 kn, untergetaucht 110 sm bei 3 kn. **Bewaffnung:** 2 100/47-mm-Kanonen, 2 13,2-mm-Maschinengewehre, 8 533-mm-Torpedorohre. **Besatzung:** 57.

Gloire

Die *Gloire* war das erste gepanzerte Schlachtschiff der Welt. Die ursprünglich montierten 162-mm-Kanonen mit gezogenem Lauf erbrachten nicht die gewünschte Leistung und wurden deshalb bald durch Hinterladergeschütze des gleichen Kalibers ersetzt. Die *Gloire* wurde 1879 ausgemustert.

TECHNISCHE DATEN Abmessungen: 77,9 x 17 x 8,5 m. **Wasserverdrängung:** 5720 ts. **Antrieb:** liegend eingebaute, gegenläufig arbeitende Dampfmaschinen mit Pleuelgestänge, 1 Schraube. **Leistung:** 2500 PS. **Höchstgeschwindigkeit:** 13 kn. **Bewaffnung:** 36 162-mm-Kanonen. **Besatzung:** 570.

Visitenkarte

Land
Frankreich

Typ
Panzerkreuzer

Werft
Arsenal von Toulon, Frankreich

Stapellauf
24. November 1859

Gradisca

Sie wurde 1913 unter dem Namen *Gelria* als Passagierschiff für die Koninklijke Hollandsche Lloyd in Amsterdam gebaut und 1935 von der Triester Lloyd erworben. Diese gab ihr den Namen *Gradisca* und vermietete sie dann an die Regierung, um zuerst als Truppentransporter und dann als Lazarettschiff zu dienen. Nach den notwendigen Adaptionen wurde sie zu Sanitätseinsätzen beim Eritreafeldzug und in Spanien verwendet. 1939 kam sie in Albanien zum Einsatz. Während des Zweiten Weltkriegs operierte sie im Mittelmeer. 1943 wurde sie von den Deutschen in Prewesa requiriert. Bei Kriegsende kam sie in italienische Hände zurück und wurde für den Heimtransport von Kriegsgefangenen und Militärtransporte der Alliierten herangezogen. 1946 strandete sie auf der kleinen Insel Gawdos in der Nähe von Kreta. Nach ihrer Bergung wurde sie verschrottet.

TECHNISCHE DATEN Abmessungen: 165 x 20 x 9 m. **Wasserverdrängung:** 13.870 ts. **Antrieb:** 6 Kessel, 2 Dampfmaschinen mit vierfacher Dampfdehnung. **Leistung:** 11.000 PS. **Höchstgeschwindigkeit:** 15 kn. **Lazarettbetten:** 754.

Visitenkarte

Land
Italien

Typ
Lazarettschiff

Werft
Alexander Stephen & Sons, Linthouse (Glasgow), Großbritannien

Stapellauf
1914

Gorizia

Visitenkarte

Land
Italien

Typ
schwerer Kreuzer

Klasse
Zara

Werft
Odero-Terni-Orlandi, Livorno, Italien

Stapellauf
28. Dezember 1930

Sie gehörte zur Klasse *Zara,* die aus vier schweren *Washington*-Kreuzern bestand und zu den besten ihrer Zeit zählten. Im Krieg war die *Gorizia* an den Schlachten um Punta Stilo, um das Kap Teulada und in den Syrten beteiligt. Darüber hinaus wurde sie zum Schutz des Verkehrs eingesetzt. Nach einem Bombenangriff bei La Maddalena am 10. April 1943 blieb sie schwer beschädigt liegen und wurde zur Reparatur nach La Spezia gebracht. Dort fand man sie nach dem Krieg halb gesunken. 1946 wurde das Wrack geborgen und verschrottet.

TECHNISCHE DATEN
Abmessungen: 182,8 x 20,6 x 7,2 m. **Wasserverdrängung:** 13.660 ts. **Antrieb:** 8 Kessel, 2 Turbinen, 2 Schrauben. **Leistung:** 95.000 PS. **Höchstgeschwindigkeit:** 33 kn. **Reichweite:** 5434 sm bei 16 kn. **Bewaffnung:** 8 203/53-mm-Kanonen, 16 100/47-mm-Kanonen, 6 40/49-mm-Maschinengewehre, 8 13,2-mm-Maschinengewehre, 2 Bordflugzeuge. **Besatzung:** 841.

Graf Zeppelin

Die *Graf Zeppelin* wurde im Dezember 1936 nach Plänen auf Kiel gelegt, welche die bereits existierenden Flugzeugträger der amerikanischen, britischen und japanischen Marine nachahmten. Deutsche Techniker studierten zwei Monate lang die Konstruktionsmerkmale der *Akagi,* doch der Bau ging ziemlich langsam vonstatten. Die *Zeppelin* lief am 8. Dezember 1938 vom Stapel und sollte 1940 in Dienst gestellt werden. Doch die Fertigstellungsarbeiten wurden unterbrochen, auch weil dem Bau von Unterseebooten Priorität eingeräumt wurde. Die Arbeiten wurden 1942/43 wieder aufgenommen, der Flugzeugträger jedoch nie vervollständigt. Als der bisherige Führer der U-Boote, Karl Dönitz, Großadmiral Erich Raeder als Oberbefehlshaber der Kriegsmarine abgelöst hatte, spitzte sich alles auf den Bau von Unterseebooten zu, die Überwasserstreitkräfte wurden vernachlässigt. So blieb die *Graf Zeppelin* unvollendet. Man schleppte sie nach Stettin, wo sie 1945 in der Oder versenkt wurde, um zu verhindern, dass sie der Roten Armee in die Hände fiel. Die Sowjets bargen das Schiff 1947, was danach geschah, ist unbekannt. Es hat den Anschein, dass der Flugzeugträger während seiner Überstellung nach Leningrad am 27. September 1947 durch eine Minenexplosion versenkt wurde.

TECHNISCHE DATEN Abmessungen: 249,93 x 26,96 x 5,62 m. **Wasserverdrängung:** 28.540 ts. **Antrieb:** 4 Turbinengruppen, 16 Kessel, 4 Schrauben. **Leistung:** 200.000 PS. **Höchstgeschwindigkeit:** 32 kn. **Bewaffnung:** 16 147-mm-Kanonen, 12 105-mm-Geschütze zur Fliegerabwehr, 22 37-mm-Maschinengewehre, 2 Katapulte, 3 Aufzüge, 43 Flugzeuge. **Vertikale Panzerung:** 100 mm an den Bordwänden. **Horizontale Panzerung:** 50 mm. **Besatzung:** 1760.

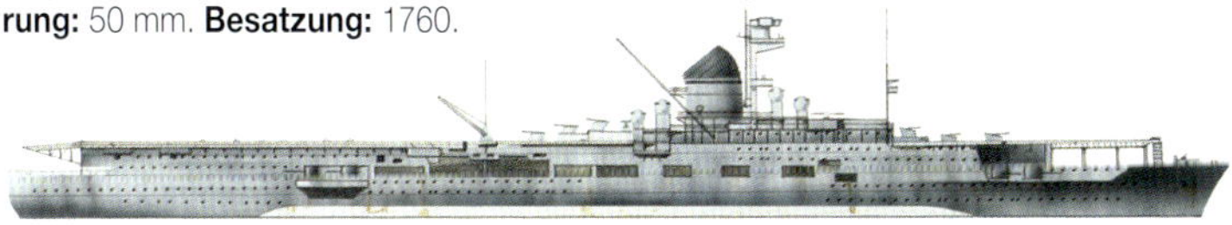

Visitenkarte

Land
Deutschland

Typ
Flugzeugträger

Werft
Deutsche Werke, Kiel, Deutschland

Stapellauf
8. Dezember 1938

Gymnôte

Die *Gymnôte* ist der Urahn aller modernen Unterseeboote. Es war das erste, dem es gelang in permanenter Tauchfahrt ein vorher festgelegtes Ziel zu erreichen. Seine Konstruktionspläne gehen auf Dupuy de Lôme zurück, nach dessen Tod vervollständigte der Direktor der »Constructions Navales«, Gustave Zédé, die Pläne und ließ das Boot bauen. Die *Gymnôte* verfügte über einen Rumpf aus Stahl mit abnehmbarem Kiel. Die Energie lieferten 204 Akkumulatoren, die mit einem Gesamtgewicht von 9,5 t auch als Ballast dienten. Der militärische Nutzen dieses Bootes war wegen seiner Dimensionen und seiner Bewaffnung eher gering. Auch konnte es sich nicht weiter als 10 Meilen von der Küste entfernen. Die Bewaffnung wurde überhaupt erst im Zuge von Modernisierungsarbeiten 1898 hinzugefügt und bestand aus 2 356-mm-Torpedorohren, deren Torpedos mit einer Geschwindigkeit von 27 Knoten eine Reichweite von 400 m hatten. Die *Gymnôte* war vor allem ein experimentelles U-Boot, an dem man viele mit Tauchfahrten verbundene Probleme studieren und lösen konnte. Außerdem war sie ein optimales Schulungs- und Vorbereitungsboot für U-Boot-Personal. Sie absolvierte mehr als 2000 Tauchfahrten. 1898 wurde sie um 60 cm verlängert sowie ihr Aufbau und die Maschinenanlage modifiziert. Sie sank am 19. Juni 1907 im Hafen von Toulon.

TECHNISCHE DATEN Abmessungen: 17,8 x 1,8 x 1,7 m. **Wasserverdrängung:** aufgetaucht 30 ts, untergetaucht 31 ts. **Antrieb:** Elektromotor, 1 Schraube. **Höchstgeschwindigkeit:** aufgetaucht 7,3 kn, untergetaucht 4,2 kn. **Bewaffnung:** 2 oben liegende 356-mm-Torpedorohre. **Besatzung:** 7.

Visitenkarte

Land
Frankreich

Typ
Unterseeboot

Werft
Mourillon, Toulon, Frankreich

Stapellauf
24. September 1888

Havock

Visitenkarte

Land
Großbritannien

Typ
Torpedoboot-zerstörer

Klasse
A

Werft
Yarrow & Co., Poplar, Großbritannien

Stapellauf
12. August 1893

Den Fortschritt und die Effizienz, die Torpedoboote in den letzten Jahrzehnten des 19. Jh. erreicht hatten, zwang die Kriegsmarinen der Welt zu einem Wettlauf um entsprechende Abwehr. In England entschied sich Konteradmiral John A. »Jackie« Fisher, die Pläne zu verwenden, die ihm Alfred Yarrow, der Eigentümer der gleichnamigen Werft in Poplar, vorgelegt hatte. Er beauftragte den Werftbesitzer mit dem Bau zweier Anti-Torpedobootschiffe, die er als *torpedo-boat destroyer* bezeichnete. Die *Havock* war somit der erste *Destroyer* (Zerstörer) der Geschichte, dem unmittelbar das Schwesterschiff *Hornet* folgte. Die Merkmale der Torpedobootjäger waren hohe Geschwindigkeit (sie überstieg auf jeden Fall jene der Torpedoboote) und eine adäquate Bewaffnung zur Torpedobekämpfung. Schon während einer Probefahrt am 28. Oktober 1893 stellte die *Havock* mit 26,78 Knoten den Geschwindigkeitsrekord jener Zeit auf. Die Bewaffnung umfasste drei Torpedorohre, doch auf Grund des übermäßigen Gewichtes wurde eines bald wieder entfernt, um weiteren Sechs-Pfund-Kanonen Platz zu machen. Die *Havock* wurde 1912 außer Dienst gestellt und zum Verschrotten verkauft. Viele andere Schiffe dieser ersten Generation von *Destroyer* (42 wurden von ihnen gebaut) versahen bis zum Großen Krieg Dienst.

TECHNISCHE DATEN Abmessungen: 56,4 x 5,6 x 2,2 m. **Wasserverdrängung:** 280 ts bei voller Beladung. **Antrieb:** gegenläufig arbeitende Dampfmaschinen mit dreifacher Dampfausdehnung, 2 Schrauben. **Leistung:** 3554 PS. **Höchstgeschwindigkeit:** 26 kn. **Bewaffnung:** 1 12-Pfund-Kanone, 3 6-Pfund-Kanonen, 3 457-mm-Torpedorohre. **Besatzung:** 46.

Hermes (1919)

Visitenkarte

Land
Großbritannien

Typ
Flugzeugträger

Werft
Armstrong Whitworth, Devonport, Großbritannien

Stapellauf
11. September 1919

Die *Hermes* war das erste Schiff der Welt, das als Flugzeugträger geplant und gebaut wurde. Das Flugdeck folgte zwar noch den Formen des Rumpfes und verjüngte sich am Bug, am Heck erreichte es jedoch – gestützt auf nach außen gestreckte Konsolen – seine größte Breite. Eine Neuheit war die an der rechten Seite des Flugdecks angebrachte Insel mit Kommandobrücke, Gefechtsständen und logistischen Einrichtungen. Diese Lösung kam dann bei allen später gebauten Flugzeugträgern zur Anwendung. Als der Flugzeugträger in Dienst trat war er mit acht »Flycatcher«-Jagdflugzeugen und zwölf »Fairey«-Aufklärern ausgestattet. 1939 hatte er hingegen zwölf »Gladiator«-Jäger und neun »Swordfish«-Torpedoflieger an Bord. Am 8. Juli 1940 war das Schiff am Angriff der französischen Flotte auf Dakar beteiligt und einer seiner Torpedos traf den Panzerkreuzer *Richelieu* und versenkte ihn. 1941 wurde die *Hermes* in den Indischen Ozean verlegt. Am 9. April 1942, während sie einen Konvoi von Trincomalee (Sri Lanka) zu den Malediven geleitete, wurde die *Hermes* von Bomberstaffeln der Flugzeugträger von Admiral Nagumo angegriffen und zusammen mit weiteren Geleitfahrzeugen des Zuges versenkt.

TECHNISCHE DATEN Abmessungen: 183,34 x 21,3 x 5,7 m. **Wasserverdrängung:** 10.950 ts. **Antrieb:** 6 Kessel, 2 Turbinengruppen, 2 Schrauben. **Höchstgeschwindigkeit:** 25 kn. **Bewaffnung:** 6 140-mm-Kanonen, 3 101-mm-Kanonen zur Fliegerabwehr, 4 76-mm-Geschütze, 20 Flugzeuge. **Besatzung:** 664.

Hermes (1953)

Im Jahr 1943 hatte die Royal Navy den Bau einer neuen Klasse von leichten Flugzeugträgern, der *Centaur*, geplant. Sie sollte eine größere Verdrängung und stärkere Maschinen aufweisen, als die Vorgängerklasse *Colossus*. Eines dieser Schiffe war die *Elephant*, die 1944 auf Kiel gelegt und 1945 in *Hermes* umgetauft wurde. Mit Ende des Krieges wurde ihr Bau unterbrochen und erst Mitte der 50er-Jahre wieder aufgenommen. 1959 wurde sie vollendet und in Dienst gestellt, war aber ihrer geringen Abmessungen wegen schon zur Stunde ihrer Geburt überholt. 1966 wurde sie erstmals modernisiert und zwischen 1970 und 1973 zu einem Hubschrauber- und Sturmtruppentransporter umgerüstet. 1976 nahm sie die ersten »Harrier«-Senkrechtstarter an Bord. 1980 wurde sie dann ausgebaut, um die »Harrier«-Flugzeuge der neuen Generation aufnehmen zu können. 1982 nahm sie am Falkland-Krieg teil. Am 12. April 1984 kam sie zur Reserve. Im April 1986 verkaufte man das Schiff an die indische Regierung und am 12. Mai 1987 trat sie unter dem Namen *Viraat* (R 22) in den Dienst der indischen Marine.

TECHNISCHE DATEN Abmessungen: 230 x 27,4 (44,1 am Flugdeck) x 8,5 m. **Wasserverdrängung:** 29.000 ts bei voller Beladung. **Antrieb:** 2 Getriebeturbinengruppen, 2 Schrauben, 4 Kessel. **Höchstgeschwindigkeit:** 28 kn. **Bewaffnung:** 2 »Seacat«-Raketenabschussvorrichtungen (1966), 28 Flugzeuge. **Besatzung:** 1830 und 270 Angehörige der Luftstreitkräfte.

Visitenkarte

Land
Großbritannien

Typ
Flugzeugträger

Klasse
Centaur

Werft
Vickers-Armstrong, Barrow, Großbritannien

Stapellauf
Februar 1953

Kennzeichen
61, R 12, H

Hosho

Nach den Versuchen mit dem Luftschiffträger *Wakamiya* im Krieg von 1914 bis 1918 entschied sich Japan für den Bau zweier Flugzeugträger, oder wie sie offiziell bezeichnet wurden, »Depotschiffe für Flugzeuge«. Sie sollten die Namen *Hosho* und *Shokaku* erhalten. Doch während das zweite nie gebaut wurde, legte man das erste, dessen Name »fliegender Phönix« bedeutet, 1919 auf Stapel und stellte es 1922 fertig. Es war der erste als solcher geplante und ausgeführte Flugzeugträger Japans und der erste, der weltweit in Dienst trat. Wie alle Flugzeugträger der ersten Generation verfügte die *Hosho* über ein vom Rumpf getrenntes Flugdeck und eine kleine Insel auf der rechten Seite, die 1923 durch eine Kommandobrücke im Bug unter dem Flugdeck ersetzt wurde. Sie unterstützte die Landung der Japaner in Shanghai und ermöglichte ihre Luftüberlegenheit im Operationsgebiet. Zu Beginn des Zweiten Weltkriegs im Dezember 1941 bildete sie zusammen mit der ***Zuiho*** die 38. Flugzeugträger-Division unter dem Kommando von Admiral Kuwabara. Im Juni 1942 nahm sie an der Schlacht um Midway teil. 1943 zog man sie von den Kriegsschauplätzen ab und adaptierte sie für die Pilotenausbildung. Schließlich deklassierte man sie zum Transportschiff für die Rückkehr der japanischen Truppen aus dem Pazifik. 1947 wurde sie verschrottet.

TECHNISCHE DATEN Abmessungen: 168,2 x 18 x 6,16 m. **Wasserverdrängung:** 9.630 ts. **Antrieb:** 2 Turbinengruppen, 8 Kessel, 2 Schrauben. **Leistung:** 30.000 PS. **Höchstgeschwindigkeit:** 25 kn. **Bewaffnung:** 4 140-mm-Kanonen, 2 76-mm-Geschütze zur Fliegerabwehr, 51 25-mm-Maschinengewehre, 21 Flugzeuge. **Besatzung:** 550.

Visitenkarte

Land
Japan

Typ
Flugzeugträger

Werft
Asano & Tsurumi, Japan

Stapellauf
13. November 1921

Independence

Visitenkarte

Land
USA

Typ
Flugzeugträger

Werft
New York Shipbuilding Corp., Camden, USA

Stapellauf
22. August 1942

Kennzeichen
CVL 22

Nach dem Verlust von vier Flugzeugträgern im Jahr 1942 befand sich die amerikanische Marine in großen Schwierigkeiten. Es war nicht vorgesehen, dass die neuen Schiffe der *Essex*-Klasse vor 1944 in Dienst gestellt werden sollten. Um in dieser Situation so schnell wie möglich Abhilfe zu schaffen, ordnete Präsident Roosevelt die Umwandlung der bereits in Bau befindlichen leichten Kreuzer der Klasse *Cleveland* in Flugzeugträger an. Das erste Schiff, das umgerüstet wurde, war die *Amsterdam* (CL 59), die – in *Independence* umgetauft – am 1. Jänner 1943 als leichter Flugzeugträger in Dienst trat. Und dieser Dienst war »heiß«. Die *Independence* war am amerikanischen Gegenangriff im Pazifik beteiligt und leistete ihren Beitrag in der entscheidenden Seeschlacht bei den Philippinen (Juni 1944), in der die Amerikaner die japanische Flotte vernichteten. Die neun Einheiten der Klasse *Independence* blieben jedoch Schiffe von beschränkter Kapazität und wenig Entwicklungsmöglichkeiten, weshalb sie eine kurze Laufbahn hatten. Die *Independence* wurde bei den Atomversuchen im Bikiniatoll verwendet und am 29. Jänner 1951 als Übungsziel versenkt.

TECHNISCHE DATEN Abmessungen: 189,7 x 33,3 x 7,4 m. **Wasserverdrängung:** 13.208 ts. **Antrieb:** 4 Getriebeturbinen, 4 Schrauben. **Höchstgeschwindigkeit:** 31,6 kn. **Bewaffnung:** 24 40-mm-Maschinengeschütze, 30 Flugzeuge. **Besatzung:** 1569.

Italia

Visitenkarte

Land
Italien

Typ
Panzerkreuzer

Werft
Real Cantiere di Castellammare di Stabia, Italien

Stapellauf
29. September 1880

Die *Italia* und ihr Schwesterschiff ***Lepanto*** wurden nach von Benedetto Brin ausgearbeiteten Plänen gebaut. Es handelte sich um die ersten Schiffe mit zellenartiger Panzerung und die ersten Beispiele für schnelle Schiffe mit schwerer Bewaffnung, sparsamer Panzerung und großer Reichweite. Nachdem die *Italia* 1912 ausgemustert wurde, kam sie bei Ausbruch des Ersten Weltkrieges als schwimmende Batterie bei der Verteidigung des Hafens von Brindisi zum Einsatz. Zwischen 1917 und 1919 wurde sie zum Handelsschiff umgebaut und von der staatlichen Eisenbahn benutzt. Nachdem sie 1921 wieder in den Dienst der Kriegsmarine zurückgekehrt war, wurde sie am 16. November desselben Jahres ausgemustert.

TECHNISCHE DATEN Abmessungen: 124,7 x 22,5 x 9,3 m. **Wasserverdrängung:** 13.898 ts. **Antrieb:** 26 Kessel, 2 gegenläufig arbeitende Dampfmaschinen mit doppelter Dampfdehnung, 2 Schrauben. **Höchstgeschwindigkeit:** 17 kn. **Bewaffnung:** 4 431/27-mm-Kanonen, 8 152-mm-Kanonen. **Panzerung:** vertikal maximal 406 mm, horizontal 76 mm, 480 mm bei den Geschützen, 100 mm an der Kommandobrücke. **Besatzung:** 756.

Invincible

Visitenkarte

Land
Großbritannien

Typ
Kreuzer

Werft
Sir W. G. Armstrong Whitworth & Co., Newcastle on Tyne, Großbritannien

Stapellauf
3. April 1907

Die *Invincible* war das erste von drei Schiffen einer neuen Klasse, die aus drei Schlachtkreuzern bestand, die 1908 in Dienst gestellt wurden (die anderen beiden waren die ***Inflexible*** und die ***Indomitable***). Charakteristisch waren die großkalibrigen Kanonen und der Verzicht auf einen Gutteil der Panzerung zugunsten höherer Geschwindigkeit. Die vertikale Panzerung der *Invincible* war 150 mm stark, während sie bei zeitgenössischen Schlachtschiffen etwa das Doppelte maß. Bei Ausbruch des Ersten Weltkrieges wurde sie zusammen mit ihrem Schwesterschiff *Inflexible* in den Südatlantik abkommandiert, um Jagd auf das Geschwader von Admiral Maximilian Graf von Spee zu machen. In der Schlacht bei den Falklandinseln (8. Dezember 1914) verloren die Deutschen vier Schiffe, darunter auch das Admiralsschiff von Spees. In der großen Schlacht um Jütland (31. Mai 1916) befand sich die *Invincible* an der Spitze des 3. Geschwaders unter dem Kommando von Konteradmiral H. L. Hood. Sie wurde von der *Derfflinger* angegriffen und von drei Salven getroffen. Sie flog buchstäblich in die Luft und riss Admiral Hood und mehr als 1000 Mann Besatzung mit in den Tod.

TECHNISCHE DATEN Abmessungen: 172,8 x 24 x 8,2 m. **Wasserverdrängung:** 17.400 ts, 20.135 ts bei voller Beladung. **Antrieb:** 4 »Parsons«-Turbinen. **Leistung:** 41.000 PS. **Höchstgeschwindigkeit:** 28 kn. **Bewaffnung:** 8 305-mm-Kanonen auf Zwillingslafetten. **Besatzung:** 784, bis zu 1000 im Kampfeinsatz.

Nebenan: die Invincible. *Oben: die englische Flotte in Formation während der Schlacht um Jütland.*

Iwo Jima

Visitenkarte

Land
USA

Typ
Hubschrauber-träger für Landungs-operationen

Werft
Puget Sound Naval Shipyard, Bremerton, USA

Stapellauf
17. September 1960

Kennzeichen
LPH 2

Die *Iwo Jima,* die erste einer Klasse von sieben Schiffen, die als Hubschrauberträger für Landungsoperationen geplant und gebaut wurden, trat am 26. August 1961 in Dienst. Das letzte Schiff dieser Klasse, die ***Inchon*** (LPH 12) wurde 1970 in Dienst gestellt. Diese Schiffe konnten 25–30 Hubschrauber und ein Bataillon von 1800 Marines sowie verschiedene Fahrzeuge transportieren. Außerdem verfügen sie über je ein Lazarett mit Operationssaal. Der Hangar ist über zwei Aufzüge mit dem Flugdeck verbunden, auf dem bis zu sieben Helikopter zugleich operieren können. Die Raketenabschussvorrichtungen wurden in den 70er-Jahren eingebaut. Am 17. April 1970 war die *Iwo Jima* das Leitschiff der »Task Force«, die im Pazifik die Rückkehr der in Not geratenen Raumkapsel *Apollo 13* erwartete. 1990 nahm sie am Krieg zur Befreiung Kuwaits teil, wurde aber Opfer eines dramatischen Zwischenfalls, als ein Ventil der Dampfturbine brach. Nach der Reparatur stand sie wieder im Einsatz. Schließlich wurde sie abgetakelt, verkauft und in Philadelphia verschrottet.

TECHNISCHE DATEN Abmessungen: 182,8 x 25,6 x 7,6 m. **Wasserverdrängung:** 18.300 ts. **Antrieb:** 2 Kessel, 1 Getriebeturbinengruppe. **Leistung:** 22.000 PS. **Höchstgeschwindigkeit:** 22 kn. **Bewaffnung:** 2 achtfache »Sea Sparrow«-Raketenabschussvorrichtungen, 2 76-mm-Geschütze, 24 Hubschrauber. **Besatzung:** 700 und 1800 Marines.

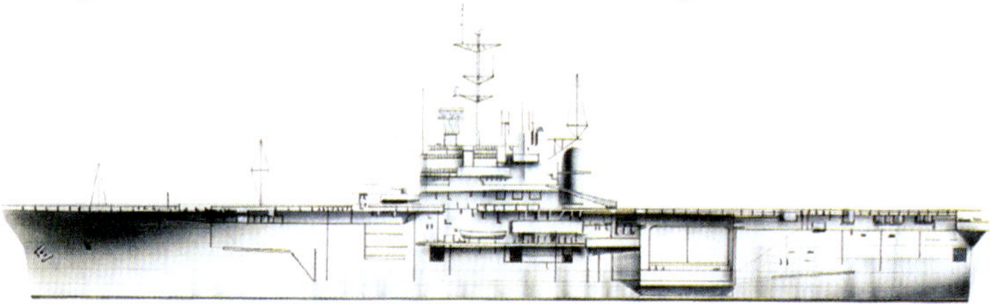

Jeanne d'Arc

Visitenkarte

Land
Frankreich

Typ
Hubschrauber-träger

Werft
L'Arsenal de Brest, Frankreich

Stapellauf
September 1961

Kennzeichen
R 97

Der Hubschrauberträger *Jeanne d'Arc* wurde zwischen 1959 und 1961 im Arsenal von Brest gebaut. Zuerst unter dem provisorischen Namen *La Résolue* in Dienst genommen, erhielt das Schiff am 16. Juli 1964 den Namen *Jeanne d'Arc*. Seine Bestimmung war, in Friedenszeiten als Schulschiff für die École d'Aplication für Marineoffiziere zu dienen und in Kriegszeiten Kampfaufgaben in der U-Boot-Bekämpfung und als Hilfstransporter der Landungstruppen zu übernehmen. Zur U-Boot-Abwehr standen acht »WG 13 Lynx«-Hubschrauber, zur Unterstützung der Bodeneinsätze Helikopter des Typs »Puma« oder »Gazelle« der »Aviation Légère de l'Armée de Terre« (ALAT) zur Verfügung. Der Name *Jeanne d'Arc* wurde zuvor schon von fünf anderen Schiffen der französischen Marine getragen: Das erste war eine Fregatte mit 52 Kanonen aus dem Jahr 1820, 1837 folgte eine weitere Fregatte, 1867 eine gepanzerte Korvette, 1901 ein Kreuzer und schließlich ein Schulschiff, das bis 1967 in Dienst war und in Friedenszeiten von der neuen *Jeanne d'Arc* abgelöst wurde.

TECHNISCHE DATEN Abmessungen: 182 x 24 x 7,5 m. **Wasserverdrängung:** 12.380 ts. **Antrieb:** 2 Gruppen Getriebeturbinen, 2 Schrauben. **Leistung:** 40.000 PS. **Höchstgeschwindigkeit:** 28 kn. **Bewaffnung:** 6 »Exocet«-Boden-Boden-Raketenabschussvorrichtungen, 2 100-mm-Kanonen, 12 Hubschrauber. **Besatzung:** 611.

Kasuga

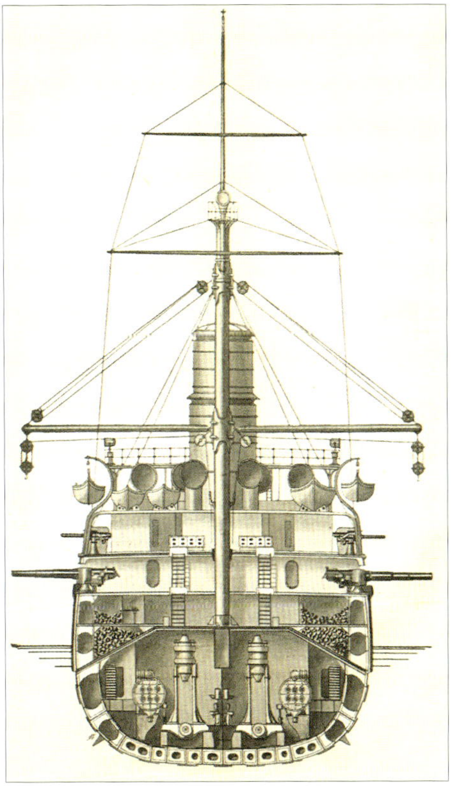

Die *Kasuga* war einer von zehn gepanzerten Kreuzern, die vom Generalleutnant des italienischen Marinestabes, Edoardo Masdea, entworfen worden waren. Dieser Klasse war ein beachtlicher Erfolg, auch auf internationalem Niveau, beschieden. Vier dieser Kreuzer kaufte die argentinische Marine, doch die letzten beiden, die *Mariano Moreno* und die *Bernardino Rivadavia,* wurden sofort an Japan zurückverkauft, dem der Krieg mit dem Russischen Reich unmittelbar bevorstand. Diese beiden Schiffe taufte man in *Kasuga* und ***Nishin*** um und sie wurden am 11. April 1904 der »Nihon Kaigun« (japanische Marine) zur Verfügung gestellt. Gerade rechtzeitig, um an der Entscheidungsschlacht von Tsuschima (27. Mai 1905) teilzunehmen, in der die russische Flotte vernichtet wurde. Die *Kasuga* war das Admiralsschiff von Kataoka bei der Eroberung der Insel Sachalin und wurde auch noch im Ersten Weltkrieg eingesetzt. 1920 stellte man sie außer Dienst.

Visitenkarte

Land
Japan

Typ
Panzerkreuzer

Klasse
Kasuga

Werft
Ansaldo, Genua, Italien

Stapellauf
1902

Die Kasuga *(nebenan ein Querschnitt durch den Rumpf) nahm an der berühmten Schlacht von Tsuschima teil (unten, in einem zeitgenössischen japanischen Druck).*

TECHNISCHE DATEN Abmessungen: 112 x 18,2 x 7,1 m. **Wasserverdrängung:** 7628 ts, 7972 ts bei voller Beladung. **Antrieb:** 24 Kessel, zwei stehend eingebaute, gegenläufig arbeitende Dampfmaschinen mit doppelter Dampfdehnung, 2 Schrauben. **Leistung:** 13.655 PS. **Höchstgeschwindigkeit:** 20 kn. **Reichweite:** 4400 sm bei 10 kn. **Bewaffnung:** 1 254/40-mm-Kaonone, 2 203/45-mm-Kanonen, 14 152/40-mm-Kanonen, 10 67/40-mm-Geschütze, 4 457-mm-Torpedorohre. **Panzerung:** vertikal maximal 150 mm, horizontal 40 mm, 150 mm bei den Geschützen. **Besatzung:** 600.

Le Téméraire

Visitenkarte

Land
Frankreich

Typ
atombetriebenes Unterseeboot

Klasse
Le Triomphant

Werft
DCN, Cherbourg, Frankreich

Stapellauf
12. Jänner 1998

Kennzeichen
S 617

Die *Téméraire* ist das zweite mit Raketen bestückte Atom-U-Boot der neuen Generation (SNLE-NG) der Klasse *Triomphant.* Bisher wurden drei solcher Boote gebaut. Das dritte ist die ***Le Vigilant*** und das vierte, die ***Le Terrible,*** wird 2010 fertig gestellt sein. Diese U-Boote können unter Wasser Raketen mit thermonuklearen Sprengköpfen und einer Reichweite von Tausenden Kilometern abfeuern. Größer, schneller und um ein Vielfaches leiser als ihre Vorgänger, bilden sie den Schlusspunkt der Entwicklung von U-Booten, die man als »Kräfte der nuklearen Abschreckung« bezeichnete. Am 18. Dezember 1993 in Cherbourg auf Kiel gelegt, trat die *Le Téméraire* am 23. Dezember 1999 in Dienst. Sie ist auf der Insel Longue nahe bei Brest stationiert und der »Force Océanique Stratégique« (FOST) zugeteilt. Sie verfügt über 16 »M 45«-Raketen mit einer Reichweite von 5000 km, die je sechs »TN-75«-Atomsprengköpfe mit einer Sprengkraft von 100 Kilotonnen (das entspricht dem Tausendfachen der Atombombe von Hiroshima) auslösen können.

TECHNISCHE DATEN Abmessungen: 138 x 12,5 x 10,6 m. **Wasserverdrängung:** aufgetaucht 12.640 ts, untergetaucht 14.335 ts. **Antrieb:** 1 Strahlturbine für Oberflächenfahrten, 1 Elektromotor für Tauchfahrten. **Leistung:** aufgetaucht 41.500 PS, untergetaucht 30.500 kW. **Höchstgeschwindigkeit:** aufgetaucht 25 kn. **Bewaffnung:** 16 »M 45«-Raketen mit »TN-75«-Sprengköpfen, 4 533-mm-Torpedorohre. **Besatzung:** 111.

Lexington

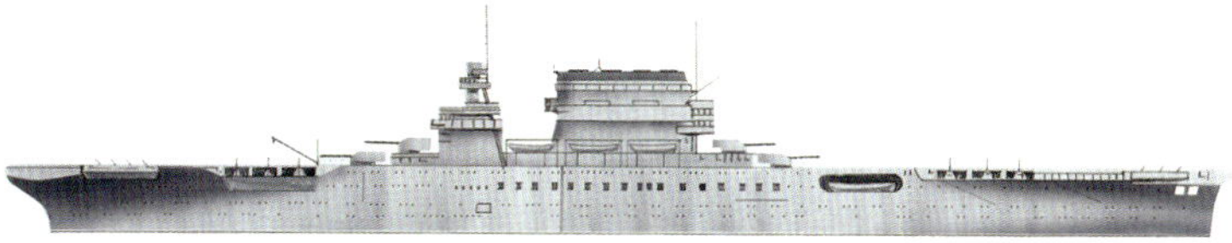

Die *Lexington* und ihr Zwillingsschiff ***Saratoga*** waren die ersten großen Flugzeugträger der US-Marine, und als sie in Dienst gestellt wurden (1927), auch die größten Schiffe der Welt. Sie wurden auf den Rümpfen zweier Schlachtkreuzer aufgebaut, die man nach Ende des Ersten Weltkriegs auf Kiel gelegt hatte. Sie waren als die größten und am schwersten bewaffneten Schiffe dieses Typs geplant. Der Vertrag von Washington über die Beendigung des Flottenwettrüstens aus dem Jahr 1922 verhinderte jedoch die Verwirklichung dieses Projekts und die beiden Rümpfe wurden daher als Flugzeugträger fertig gestellt. Im Dezember 1941 wurde die *Lexington* nach Pearl Harbor verlegt. Doch zu ihrem Glück befand sie sich am Morgen des japanischen Fliegerangriffs 420 Meilen weit weg in einem Einsatz, was sie vor dem Bombardement rettete. Ein Glück, das sie am 18. Mai 1942 in der so genannten Schlacht im Korallenmeer gänzlich im Stich ließ: Die *Lexington* wurde von mindestens zwei Torpedos und mehreren – von japanischen Fliegern abgeworfenen – Bomben getroffen. Die Bomben beschädigten den Rumpf schwer und an Bord brachen große Feuer aus, die eine verheerende Explosion verursachten. Ziemlich bald war klar, dass man das Schiff nicht in Sicherheit bringen konnte. Aus diesem Grund traf man den drastischen Entschluss, es zu versenken. Mit fünf Torpedos kam der Torpedobootjäger *Phelps* dieser traurigen Pflicht nach.

TECHNISCHE DATEN Abmessungen: 270,7 x 32,2 x 7,4 m. **Wasserverdrängung:** 40.000 ts bei voller Beladung. **Antrieb:** 16 Kessel, 8 Elektromotoren, 4 Gruppen Turbinengeneratoren, 4 Schrauben. **Leistung:** 180.000 PS. **Höchstgeschwindigkeit:** 33,25 kn. **Bewaffnung:** 8 203-mm-Kanonen, 12 127-mm-Kanonen zur Fliegerabwehr, 4 76-mm-Geschütze, 63 Flugzeuge. **Besatzung:** 2122–2951.

Visitenkarte

Land
USA

Typ
Flugzeugträger

Werft
Fore River Shipbuilding Co., Quincy, USA

Stapellauf
3. Oktober 1925

Kennzeichen
CV-2

Long Beach

Visitenkarte

Land
USA

Typ
Kreuzer

Werft
Bethlehem Steel, Quincy, USA

Stapellauf
14. Juli 1959

Kennzeichen
CGN 9

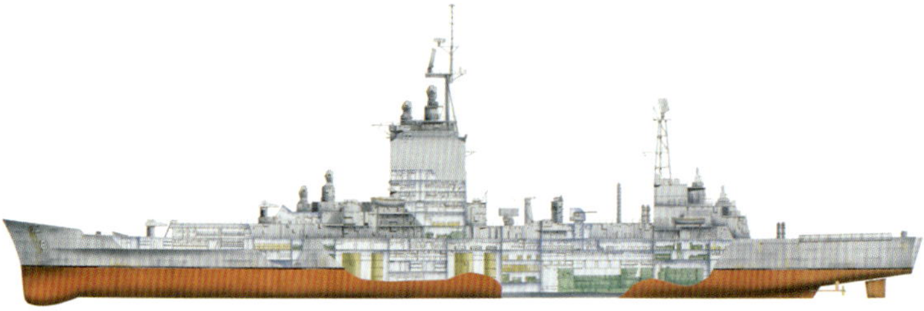

Die *Long Beach (links, auf dem Foto unten)* war das erste Überwasserschiff mit Nuklearantrieb und außerdem der erste mit Lenkwaffen bestückte Kreuzer, der nach Ende des Zweiten Weltkriegs gebaut wurde. Sie wurde am 2. Dezember 1957 auf Kiel gelegt und trat am 5. Juli 1961 in Dienst. 1963/64 war sie zweimal im Mittelmeer im Einsatz (Task Force One). Am 1. Mai 1967 war sie im Zuge des Vietnamkriegs in Kampfhandlungen im Golf von Tonkin verwickelt. Einige ihrer »Talos«-Raketen trafen aus einer Entfernung von 110 km zwei MiG-Flugzeuge und schossen sie ab. 1975 wurde sie dem Navy-Stützpunkt in San Diego in Kalifornien zugewiesen, von wo aus sie zu drei Missionen im westlichen Pazifik aufgebrochen ist. Danach steuerte sie die Werft »Puget Sound Naval« in Bremerton (Washington) an, um die notwendigen Modernisierungen vorzunehmen (1982-1985). Was die Bewaffnung betraf, so wurden die alten »Talos«-Raketen durch eine Basis für »Tomahawk«-Marschflugkörper (2 Vierfach-Abschussvorrichtungen im Heck) ersetzt. 1991 war sie zur Unterstützung der Operation »Desert Storm« im Irak und nach deren Beendigung kehrte sie zu einer kompletten Überholung nach Bremerton zurück. Am 1. Mai 1995 wurde sie am Stützpunkt Norfolk in Virginia abgetakelt und außer Dienst gestellt. Die *Long Beach* war das dritte Schiff der amerikanischen Kriegsmarine, das nach dem bekannten Fremdenverkehrsort in Kalifornien benannt war. Das erste war ein 1892 gebautes Frachtschiff.

TECHNISCHE DATEN Abmessungen: 219,9 x 22,3 m. **Wasserverdrängung:** 15.540 ts, 17.250 ts bei voller Beladung. **Antrieb:** 2 »Westinghouse C1W«-Reaktoren mit Hochdruckturbinen auf 2 Wellen. **Höchstgeschwindigkeit:** 30 kn. **Bewaffnung:** Abschusssysteme für »Standard ER«-Raketen und »ASCROM«-Anti-U-Boot-Raketen., »Harpoon«-Anti-Schiff-Raketen, »Tomahawk«-Marschflugkörper, 2 »Mk 46«-Dreifach-Torpedorohre, 2 20-mm-»Phalanx CIWS«. **Besatzung:** 870.

Lord Nelson

Die *Lord Nelson* und ihr Schwesterschiff, die ***Agamemnon,*** waren die letzten für die britische Marine gebauten Kreuzer der »Vor-*Dreadnought*-Ära«. Die 305-mm-Kanonen waren in zwei Zwillingstürmen jeweils im Bug und im Heck installiert. Die 203-mm-Geschütze befanden sich in zwei Einzel- und vier Zwillingstürmen in der Mitte des Schiffes. Auf der Wasserlinie erstreckte sich die Panzerung der Bordwände über die ganze Schiffslänge mit einem unterschiedlichen Durchschnitt zwischen 305 bis 102 mm. Die *Lord Nelson* wurde 1920 verkauft und verschrottet.

TECHNISCHE DATEN Abmessungen: 135,2 x 24,2 x 7,9 m. **Wasserverdrängung:** 18.122 ts. **Antrieb:** gegenläufig arbeitende Dampfmaschine mit dreifacher Dampfdehnung, 2 Schrauben. **Leistung:** 16.750 PS. **Höchstgeschwindigkeit:** 18 kn. **Bewaffnung:** 4 305-mm-Kanonen, 10 203-mm-Kanonen. **Panzerung:** 102–25 mm, vertikal 305–203 mm, 305–178 mm bei den Geschützen, 305 mm an der Kommandobrücke. **Besatzung:** 752.

Visitenkarte

Land
Großbritannien

Typ
Panzerkreuzer

Werft
Palmer, Jarrow, Großbritannien

Stapellauf
4. September 1906

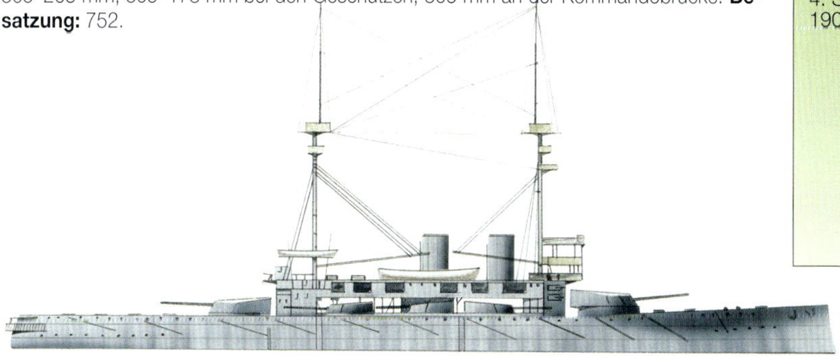

Luigi Cadorna

Als erste einer Klasse von zwei Schiffen, trat die *Luigi Cadorna* 1933 gemeinsam mit ihrem Schwesterschiff ***Armando Diaz*** in Dienst. Diese leichten Kreuzer der Klasse *Condottieri* waren eigentlich Nachbauten der *Alberto di Giussano* mit leichten Verbesserungen bezüglich der Beständigkeit des Rumpfaufbaus und höherer Stabilität des Hauptdecks. Trotzdem blieben die Defekte erhalten, weshalb ihr Einsatz im Geschwader während des Krieges als nicht ratsam erschien und man sie daher mit Schutz- und Geleitaufgaben für den Verkehr betraute. 1940 wurden die 40/39-mm-Geschütze der *Cadorna* durch 8 20/65-mm-Maschinengewehre ersetzt, weitere Waffen dieses Typs wurden 1943 gegen die 13,2-mm-MGs ausgetauscht. Die Torpedorohre entfernte man 1944. Das Schiff verfügte auch über Einrichtungen zum Minenlegen und zur Minenbergung sowie zwei Wasserbombenwerfer zur U-Boot-Abwehr. Am Ende des Krieges war die *Cadorna* einer von vier Kreuzern, die man der italienischen Kriegsmarine beließ. Zu diesem Zeitpunkt war sie jedoch bereits beinahe unbrauchbar und so folgte 1951 die Ausmusterung.

TECHNISCHE DATEN Abmessungen: 169,3 x 15,5 x 5,5 m. **Wasserverdrängung:** 6620 ts, 7120 ts bei voller Beladung. **Antrieb:** 6 Kessel, 2 Gruppen Getriebeturbinen, 2 Schrauben. **Leistung:** 95.000 PS. **Höchstgeschwindigkeit:** 36,5 kn. **Reichweite:** 2930 sm bei 16 kn. **Bewaffnung:** 8 152/53-mm-Kanonen, 6 100/47-mm-Kanonen, 2 40/39-mm-Maschinengewehre, 2 13,2-mm-Maschinengewehre, 4 533-mm-Torpedorohre, 2 Bordflugzeuge. **Panzerung:** horizontal 20 mm, vertikal 24 mm, 23 mm bei den Geschützen, 40 mm an der Kommandobrücke. **Besatzung:** 507.

Visitenkarte

Land
Italien

Typ
leichter Kreuzer

Klasse
Condottieri

Werft
CRDA, Triest, Italien

Stapellauf
30. September 1931

Luigi di Savoia Duca degli Abruzzi

Visitenkarte

Land
Italien

Typ
Kreuzer

Klasse
Duca degli Abruzzi

Werft
OTO (Odero-Terni-Orlandi), La Spezia, Italien

Stapellauf
21. April 1936

Die *Luigi di Savoia Duca degli Abruzzi* wurde 1933 gemeinsam mit ihrem Schwesterschiff, der *Giuseppe Garibaldi,* in der Werft Odero-Terni-Orlandi auf Kiel gelegt. Bei diesen beiden Schiffen handelte es sich um leichte Kreuzer eines neuen Typs, die aus der von General Vian entworfenen Klasse *Condottieri* hervorgingen. Als sie 1937 in Dienst gestellt wurden, erwiesen sie sich schnell als die besten leichten Kreuzer der italienischen Kriegsmarine, die sogar die besten ausländischen Schiffe übertrafen. Sie verfügten über eine gute Panzerung, eine starke, moderne Bewaffnung und ihre Geschwindigkeit sowie die Reichweite entsprachen jenen Aufgaben, für die sie vorgesehen waren. Die *Duca degli Abruzzi* fungierte als Flaggschiff der 8. Division und nahm während des Krieges an einigen der wichtigsten Einsätze im Mittelmeer teil, darunter Punta Stilo (9. Juli 1940) und Matapan (28./29. März 1941). Nach dem Waffenstillstand unternahm sie gemeinsam mit den Alliierten und anderen italienischen Kreuzern lange Überwachungsmissionen im Atlantik. Und sie wurde auch als »Kreuzer der Exilierten« berühmt, weil sie bei zwei Gelegenheiten Angehörige der königlichen Familie aus Italien fort begleitete. Am 9. März 1946 bestieg sie Viktor Emmanuel III. wenige Stunden, nachdem er seine Abdankung unterschrieben hatte, und nahm Kurs auf Port Said in Ägypten. Am 6. Juni begleitete der Kreuzer Königin Maria José und ihre Söhne in ihr portugiesisches Exil. Von 1951 bis 1953 unterzog man die *Duca degli Abruzzi* einer radikalen Erneuerung, wobei auch der Aufbau und die Maschinen teilweise modifiziert wurden. 1961 endete ihre Dienstzeit.

TECHNISCHE DATEN Abmessungen: 187 x 18,9 x 6,8 m. **Wasserverdrängung:** 11.090 ts, 11.761 ts bei voller Beladung. **Antrieb:** 6 Kessel, 2 Turbinen, 2 Schrauben. **Leistung:** 100.000 PS. **Höchstgeschwindigkeit:** 34 kn. **Reichweite:** 4125 sm bei 13 kn. **Bewaffnung:** 10 152/55-mm-Kanonen, 8 90/50-mm-Kanonen, 8 37/54-mm-Maschinengewehre, 12 20/65-mm-Maschinengewehre, 6 533-mm-Torpedorohre zur U-Boot-Abwehr, 2 Bombenwerfer zur U-Boot-Abwehr, 4 Bordflugzeuge. **Panzerung:** horizontal 40 mm, vertikal 100 mm, 135 mm bei den Geschützen, 140 mm an der Kommandobrücke. **Besatzung:** 640, davon 29 Offiziere.

Oben: der Stapellauf der Duca degli Abruzzi. *Unten: der Kreuzer in Fahrt.*

Magenta

Die 1859 im Auftrag der Kriegsmarine des Großherzogtums Toskana in der Werft Arsenale Mediceo in Livorno auf Kiel gelegte *Magenta* lief im Namen der Königlichen Italienischen Marine vom Stapel, für die man sie auch fertig stellte. Man registrierte sie als Korvette mit Schraube. Sie war ein Dreimaster mit viereckigen Segeln, Vor- und Besansegel und einem Rumpf aus Holz. In die Geschichte ging sie ein, weil sie das erste italienische Schiff war, das eine Weltumschiffung absolvierte. Sie hatte zwar einen diplomatischen Auftrag in China und Japan auszuführen, die Expedition verfolgte jedoch auch geografische und wissenschaftliche Ziele im Auftrag der Königlichen Wissenschaftlichen Gesellschaft. Und sie brachte ansehnliche Ergebnisse. Während der Weltumseglung sammelte man nämlich 5986 Exemplare von Meerestieren, die 2000 verschiedenen Gattungen angehörten. Die heikle diplomatische Mission, Freundschafts- und Handelsverträge mit China und Japan abzuschließen, war Fregattenkapitän Vittorio Arminjon übertragen worden. Die *Magenta* brach am 2. Februar 1866 von Montevideo zu ihrer Reise auf, wo sie am Rio de la Plata stationiert war. Sie nahm Kurs auf Osten, erreichte Singapur und traf im Juli 1866 in Japan ein. Aminjon schloss ein wichtiges Freundschafts-, Handels und Schifffahrtsabkommen ab, das er im Namen des italienischen Königs unterzeichnete. Das war das erste zwischen Italien und Japan abgeschlossene diplomatische Dokument. Von Japan aus erreichte Aminjon China, wo er am 26. Oktober ein weiteres Abkommen schloss, das dem italienischen Handel 16 Häfen eröffnete. Auf der Rückfahrt landete die *Magenta* auf Java und in Australien, umsegelte das Kap Hoorn und traf am 17. Dezember 1867 wieder in Montevideo ein. 1875 wurde sie ausgemustert.

TECHNISCHE DATEN Abmessungen: 67,1 x 12,9 x 5,9 m. **Wasserverdrängung:** 2552 ts, 2712 ts bei voller Beladung. **Antrieb:** 2 Kessel, 1 gegenläufig arbeitende Dampfmaschine, 1 Schraube. **Leistung:** 1900 PS. **Höchstgeschwindigkeit:** 10 kn. **Bewaffnung:** 14 40 Pfund Kanonen, 4 160-mm-Kanonen, 2 200-mm-Haubitzen. **Besatzung:** 308.

Visitenkarte

Land
Italien

Typ
Korvette mit Dampfantrieb

Werft
Arsenale Mediceo, Livorno, Italien

Stapellauf
1862

Maine (1889)

Visitenkarte

Land
USA

Typ
Kreuzer

Klasse
Maine

Werft
New York Navy Yard, USA

Stapellauf
18. November 1889

Seriennummer
BB-2c

Die *Maine* war ein Kreuzer zweiter Klasse, der ursprünglich als Panzerkreuzer klassifiziert wurde. Im Mai des Jahres 1898 entsandte man sie nach Kuba, um die amerikanischen Interessen auf der damals unter spanischer Herrschaft stehenden Insel zu vertreten und die kubanischen Rebellen zu unterstützen. In der Nacht des 15. Februar desselben Jahres verursachte eine Explosion im Munitionsdepot im Bug des Schiffes den Tod von 268 Seeleuten und die *Maine* sank im Hafen von Havanna. Dieser Zwischenfall, für den man Spanien verantwortlich machte, löste zwei Monate später den Spanisch-Amerikanischen Krieg aus.

TECHNISCHE DATEN Abmessungen: 98,9 x 17,4 x 6,9 m. **Wasserverdrängung:** 6789 ts. **Antrieb:** senkrecht eingebaute, gegenläufig arbeitende Dampfmaschinen mit dreifacher Dampfdehnung, 2 Schrauben. **Leistung:** 9000 PS. **Höchstgeschwindigkeit:** 17 kn. **Bewaffnung:** 4 254-mm-Kanonen, 6 152-mm-Kanonen. **Panzerung:** vertikal 305-152 mm, 305 mm am Rammbug, 203 mm an den Türmen, 254 mm an der Kommandobrücke. **Besatzung:** 374.

Maine (1901)

Visitenkarte

Land
USA

Typ
Panzerkreuzer

Klasse
Maine

Werft
Thames Iron Works, Poplar, Großbritannien

Stapellauf
27. Juli 1901

Kennzeichen
BB-10

Um der gegen Ende des 19. Jh. begonnenen Flottenaufrüstung Russlands etwas entgegenzusetzen, gaben die Vereinigten Staaten eine neue Klasse von drei Panzerkreuzern in Auftrag, die nach ihrem ersten Schiff *Maine* benannt wurde. Die Bewaffnung dieser Schiffe war stärker und ihre Panzerung effizienter als jene der Vorgängerklasse *Illinois*. Die *Maine* wurde am 15. Februar 1899 auf Kiel gelegt. Ausgemustert und verkauft wurde sie 1922.

TECHNISCHE DATEN Abmessungen: 120 x 22 x 7,3 m. **Wasserverdrängung:** 12.846 ts, 13.700 ts bei voller Beladung. **Antrieb:** 12 Kessel, 2 Dampfmaschinen mit dreifacher Dampfdehnung. **Leistung:** 16.000 PS. **Höchstgeschwindigkeit:** 18 kn. **Bewaffnung:** 4 305/40-mm-Kanonen, 16 152/50-mm-Kanonen, 6 76/50-mm-Geschütze, 2 450-mm-Torpedorohre. **Panzerung:** vertikal 280 mm, horizontal 63 mm, 305 mm bei den Geschützen. **Besatzung:** 561.

MAS 15

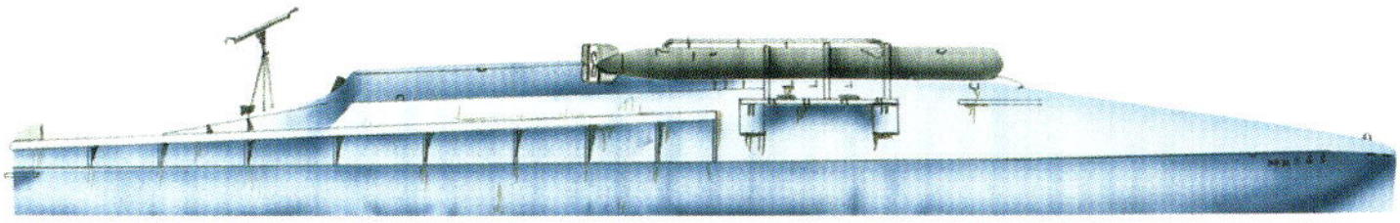

Die *MAS* waren kleine, schnelle, mit Torpedos ausgestattete Angriffswaffen, die von der italienischen Kriegsmarine im großen Krieg mit beachtlichem Erfolg eingesetzt wurden.
Die Abkürzung »MAS« stand früher einmal für »Motobarca Armata Silurante« (Motorboot mit Torpedobewaffnung), die Boote wurden aber oft auch nach ihrer Werft »SVAN« genannt. 1916 änderte sich die Bezeichnung in »Motobarca Anti Sommergibili« (Anti-U-Boot-Motorboot), weil ihre oberste Aufgabe der Angriff auf Unterseeboote war, um dann wieder zu ihrer ursprünglichen Bestimmung als Torpedoboote zurückzukehren, für das sie am geeignetsten waren. Der Entwurf der *MAS* geht auf den Ingenieur Attilio Bisio, Direktor der SVAN-Werft, zurück. Die *MAS 15* unter dem Kommando von Luigi Rizzo blieb wegen zweier Aktionen in Erinnerung: die Versenkung des Panzerkreuzers *Wien* im Hafen von Pula am 10. September 1917 und vor allem die Begegnung von Premuda. Auf offener See, vor der gleichnamigen Insel, griffen Rizzo und Giuseppe Aonzo mit der *MAS 21* einen starken österreichischen Verband an und versenkten die *Szent Istvan,* das Prunkstück der Habsburgerflotte. Dieses Schiff hatte gemeinsam mit der *Tegetthoff* den Versuch unternommen, die von den Alliierten in der Straße von Otranto errichtete U-Boot-Sperre zu durchbrechen, die verhindern sollte, dass deutsche U-Boote in die Adria vordringen. Für diese Heldentat wurde Kommandant Rizzo mit der goldenen Tapferkeitsmedaille ausgezeichnet, der zweiten nach Pula. Das Datum dieser Unternehmung, der 10. Juni 1918, wurde zum Feiertag der Kriegsmarine erklärt. Die *MAS 15* wurde als Prunkstück im Fahnensaal des Denkmals für den Unbekannten Soldaten in Rom aufgestellt.

TECHNISCHE DATEN Abmessungen: 16 x 2,6 x 1,2 m. **Wasserverdrängung:** 12,3 ts. **Rumpf:** Holz mit kantigem Kiel. **Antrieb:** 2 Benzinmotoren + 2 Elektrohilfsmotoren. **Leistung:** 450 + 10 PS. **Höchstgeschwindigkeit:** 24 kn mit Benzinmotor, 4 kn mit Elektromotor. **Reichweite:** 190 sm bei 16 kn mit Benzinmotor, 20 sm bei 4 kn mit Elektromotor. **Bewaffnung:** 1 47/40-mm-Geschütz im Bug, 2 6,5-mm-»Colt«-Maschinengewehre im Heck, 2 450-mm-Torpedorohre, 4 100-kg-Wasserbomben. **Besatzung:** 8.

Visitenkarte

Land
Italien

Typ
U-Boot-Jäger

Klasse
SVAN 12-Tonner

Werft
SVAN, Venedig, Italien

Stapellauf
1916

Auf diesem Gemälde, das im Kriegsmuseum von Rovereto zu sehen ist, wird die am 10. Juni 1918 von den italienischen MAS *bei Premuda durchgeführte Aktion dargestellt, die mit der Versenkung der* Szent Istvan *endete.*

MAS 532 und 533

Visitenkarte

Land
Italien

Typ
U-Boot-Jäger/
Schnellboot

Klasse
500

Werft
Baglietto, Varazze, Italien

Stapellauf
21. Juni und
20. Juli 1939

Die Abbildung zeigt einen von MAS-Booten geführten Angriff auf einen Konvoi aus englischen Schiffen im Mittelmeer.

Die *MAS 532* und *533* gehörten zur 2. Baureihe der Klasse *500*, die aus 25 Schnellbooten zur U-Boot-Bekämpfung bestand (***MAS 526*** bis ***MAS 550***). Die *532* und die *533* wurden in der Werft Baglietto in Varazze gebaut, die auch für die Planung dieser Schnellboote verantwortlich war. Sie hatten einen hölzernen Rumpf mit kantigem Kiel mit 2 Rédans. Sie traten im September 1939 beim 14. MAS-Geschwader, das zu den Seestreitkräften des oberen Tyrrhenischen Meeres gehörte, in La Spezia in Dienst. Bei Beginn des Krieges wurden sie zur 22. MAS-Flotte nach Trapani versetzt, wo sie intensive Überwachungsfahrten mit häufigen Stopps auf Lampedusa unternahmen. Im Juli 1941 stießen sie auf einen britischen Konvoi mit starker Eskorte, was sie jedoch nicht aufhielt. Als sie zum Angriff übergingen, gelang es ihnen so große Verwirrung zu stiften, dass die Formation sich mindestens einem Dutzend *MAS*-Booten gegenüber glaubte. In diesem Durcheinander begannen einige Schiffe irrtümlich aufeinander zu schießen. Nachdem die *Sydney Star* (12.696 ts) getroffen war, konnten sie der Verfolgung durch den Geleitzug entkommen. Beide Boote wurden 1943 im Abstand von einer Woche bei Fliegerangriffen versenkt, die *532* am 31. März bei Cagliari und die *533* am 6. April bei Trapani.

TECHNISCHE DATEN Abmessungen: 18,7 x 4,7 x 1,43 m. **Wasserverdrängung:** 25,5 ts. **Antrieb:** 2 »Isotta Fraschini«-Benzinmotoren + 2 Hilfsmotoren. **Leistung:** Hauptmotor 2000 PS, Hilfsmotor 100 PS. **Höchstgeschwindigkeit:** 42 kn. **Bewaffnung:** 1 13,2-mm-Geschütz, 2 450-mm-Torpedorohre, 6 60-kg-Wasserbomben. **Besatzung:** 12.

Michigan

Die *Michigan* gehörte zusammen mit der ***South Carolina*** zu einer Klasse von zwei einkalibrigen Schlachtschiffen. Sie wurden vor der berühmten *Dreadnought* entworfen, aber erst Jahre später gebaut und in Dienst gestellt. Die 305-mm-Kanonen waren in vier Zwillingstürmen arrangiert, während sich die 76-mm-Waffen zur U-Boot-Abwehr im Aufbau mittschiffs befanden. Auf diesen beiden Schiffen waren erstmals korbartige Masten montiert. Die *Michigan* wurde 1923 in Philadelphia ausgemustert und verschrottet.

TECHNISCHE DATEN Abmessungen: 138 x 24,5 x 7,5 m. **Wasserverdrängung:** 18.186 ts. **Antrieb:** gegenläufig arbeitende, senkrecht eingebaute Dampfmaschine mit dreifacher Dampfdehnung, 2 Schrauben. **Höchstgeschwindigkeit:** 18,5 kn. **Panzerung:** vertikal 305–203 mm, Kasematte 254–203 mm, horizontal 62–38 mm, 254–203 mm am Rammbug, 305 mm an den Türmen, 305 mm an der Kommandobrücke. **Bewaffnung:** 8 305 mm-Kanonen. **Besatzung:** 869, davon 51 Offiziere.

Visitenkarte

Land
USA

Typ
Schlachtschiff

Klasse
South Carolina

Werft
New York Shipbuilding Co., Camden, USA

Stapellauf
17. Dezember 1906

Kennzeichen
BB-27

Millo

Die *Ammiraglio Millo* (so ihr eingetragener Name) gehörte zur Klasse *Ammiragli* (oder *Saint Bon*), bestehend aus vier Schiffen, die nach Kriegsbeginn 1941 in Dienst traten. Es handelte sich neben der *Millo* um die *Saint Bon,* die *Cagni* und die *Caracciolo,* die alle nach hervorragenden Persönlichkeiten der italienischen Marine benannt waren. Der Kapitän zur See Enrico Millo hatte sich während des Italienisch-Türkischen Krieges (1911/12) so ausgezeichnet, dass ihm die goldene Tapferkeitsmedaille verliehen wurde. Diese großen U-Boote waren für den laufenden Krieg gebaut und auch für Einsätze in Übersee konzipiert worden. Sie waren die mit Abstand besten italienischen Boote, die man bis dahin gebaut hatte. Von den vier Schiffen überstand lediglich die *Cagni* den Krieg. Die *Millo* wurde im März 1942 bei der Rückkehr von einem Einsatz in der Nähe von Punta Stilo (Kalabrien) versenkt.

TECHNISCHE DATEN Abmessungen: 87,9 x 7,97 x 5,86 m. **Wasserverdrängung:** aufgetaucht 1703 ts, untergetaucht 2185 ts. **Hauptantrieb:** 2 Dieselmotoren mit 4600 PS. **Sekundärantrieb:** 2 Elektromotoren mit 1800 PS. **Höchstgeschwindigkeit:** aufgetaucht 17 kn, untergetaucht: 8,5 kn. **Reichweite:** aufgetaucht 19.500 sm bei 7,5 kn, untergetaucht 107 sm bei 3,5 kn (10 sm bei 8,5 kn). **Bewaffnung:** 14 450-mm-Torpedorohre (8 im Bug, 6 im Heck), 2 100/47-mm-Kanonen, 2 13,2-mm-Zwillingsmaschinengewehre, 38 450-mm-Torpedos (22 im Bug und 16 im Heck). **Besatzung:** 78, davon 7 Offiziere.

Visitenkarte

Land
Italien

Typ
Unterseeboot

Klasse
Ammiragli

Werft
CRDA, Monfalcone, Italien

Stapellauf
31. August 1940

Merrimack

Visitenkarte

Land
Konföderierte Staaten von Amerika

Typ
Fregatte mit Dampfantrieb

Werft
Boston Navy Yard, USA

Stapellauf
15. Juni 1855

Bei Ausbruch des Amerikanischen Bürgerkrieges (1861) sahen sich die Nordstaatler gezwungen, das Arsenal von Norfolk zu räumen. Sie setzten die Magazine und jene Schiffe in Brand, die sie nicht wegbringen konnten. Unter ihnen auch die *Merrimack,* die ein Raub der Flammen wurde und dann unterging. Sie war eine Holzfregatte mit Schraubenantrieb, die 1855 vom Stapel lief. Nach einer Reise zu den europäischen Atlantikländern wurde sie das Flaggschiff der Pazifikflotte. Nach der Umsegelung Südamerikas kehrte sie nach Norfolk zurück, wo sie 1860 abgetakelt wurde. Weil sie Schiffe zur Beseitigung der durch die Nordstaaten errichteten Blockade brauchten, bargen sie die Konföderierten aus dem Wasser und bauten sie im »Gosport Navy Yard« in Norfolk zu einem Kreuzer um. Das Schiff wurde auf der Wasserlinie abgeschnitten und man entfernte alle alten, kaputten Aufbauten. Auf dem rund 90 m langen Rumpf setzte man eine 57 m lange Kasematte mit abgerundeten Enden auf, die mit aus Eisenbahnschienen gefertigten Metallplatten gepanzert wurde. Ohne Takelage und mit einem niederen Schornstein bot die inzwischen in *Virginia* umgetaufte *Merrimack* einen noch nie da gewesenen Anblick. Der Entwurf dieses einfachen Panzerkreuzers geht auf James M. Brooke zurück. Am 8. März 1862 wurde die *Virginia* in der Bucht von Hampton Roads zur Hauptdarstellerin einer historischen Seeschlacht. Im Zuge des Gefechts versenkte sie zwei Segelschiffe der Union, die *Cumberland* (eine Fregatte mit 24 Kanonen) und die *Congress.* Ein drittes Schiff, die ***Minnesota,*** Schwester der *Merrimack,* strandete. Am nächsten Tag kam es zu einer epochalen Begegnung. Die Union reagierte und nach den Plänen Kapitän Ericssons hatte man in nur

118 Tagen den ersten eigenen Panzerkreuzer gebaut. Nun folgte die erste Schlacht in der Geschichte zwischen zwei Panzerkreuzern. Das Treffen ging unentschieden aus. Beide Schiffe beschossen einander mit ihren Kanonen und versuchten sich gegenseitig zu rammen. Am Ende zogen sich beide beschädigt zurück. Die *Virginia* kehrte nach Norfolk zurück. Als einen Monat später die Konföderierten in Folge des Vormarsches der Nordstaaten zu Lande gezwungen waren, ihren Flottenstützpunkt aufzugeben, verbrannte die Mannschaft der früheren *Merrimack* das eigene Schiff, um zu verhindern, dass es in die Hände der Feinde fiel.

Die Merrimack *vor (unten) und nach dem Umbau (oben), nach dem sie* Virginia *hieß.*

TECHNISCHE DATEN Abmessungen: 83,8 x 11,7 x 6,7 m. **Wasserverdrängung:** 3200 ts. **Antrieb:** 1 Hilfsmotor (Dampfmaschine). **Höchstgeschwindigkeit:** 9 kn. **Bewaffnung:** 10 Kanonen und 2 Haubitzen. **Besatzung:** 320.

Mikasa

Visitenkarte

Land
Japan

Typ
Panzerkreuzer

Klasse
Shikishima

Werft
Vickers Armstrong & Co., Darrow on Furness, Großbritannien

Stapellauf
8. November 1900

Im Porträt: Admiral Togo, Oberbefehlshaber der japanischen Flotte in der Schlacht von Tsuschima.

Zu ihrer Zeit war die *Mikasa* einer der technisch fortschrittlichsten Panzerkreuzer. Sie war eines der ersten Schiffe, auf denen Zwillingstorpedorohre unter der Wasserlinie angebracht waren. Als Flaggschiff des japanischen Kaiserreiches nahm sie an der Schlacht von Tsuschima teil (27./28. Mai 1905), die den Krieg gegen Russland für Japan entschied. Im September desselben Jahres wurde sie Opfer eines katastrophalen Brandunfalls, von dem sie sich nie mehr erholen sollte. 1921 wurde sie zum Küstenpanzer zurückgestuft. Im Zuge eines Seeunfalls ging sie unter, wurde aber geborgen und zum Andenken an eine glückliche Zeit für die japanischen Streitkräfte erhalten. Sie befindet sich heute in einem künstlichen Bockon vor dem Meer in Jokosuka und wurde zum »Memorial Ship« erklärt, ist also mehr als ein Museumsschiff.

TECHNISCHE DATEN Abmessungen: 132 x 23,2 x 13,2 m. **Wasserverdrängung:** 15.140 ts. **Antrieb:** gegenläufig arbeitende Dampfmaschine mit dreifacher Dampfdehnung. **Leistung:** 15.000 PS. **Höchstgeschwindigkeit:** 18 kn. **Bewaffnung:** 4 300-mm-Kanonen, 14 150-mm-Kanonen, 20 80-mm-Kanonen, 4 400-mm-Torpedorohre. **Besatzung:** 860.

Minerva (1892)

Visitenkarte

Land
Italien

Typ
Zerstörer

Klasse
Partenope

Werft
Ansaldo, Genua, Italien

Stapellauf
27. Februar 1892

Die *Minerva* war einer von acht Zerstörern der Klasse *Partenope,* die zwischen 1888 und 1891 bei verschiedenen Herstellern nach den Plänen von General Vigna auf Kiel gelegt wurden. Diese Schiffe waren eine Weiterentwicklung der Klasse *Goito,* vor allem was die Maschinenleistung betraf. Die Maschine der *Minerva* leistete 4500 PS bei einer Höchstgeschwindigkeit von 20,5 Knoten. Auch die Bewaffnung wurde leicht verbessert, die Panzerung blieb aber unverändert. Die Klasse dieser Zerstörer sollte innerhalb kurzer Zeit durch die Entwicklung von Torpedobooten und die Einführung von Panzerkreuzern überholt werden. Von 1906 bis 1910 baute man die *Minerva* und das Typenschiff der Klasse, die ***Partenope,*** zu Minenlegern um und stattete sie mit Treibölkesseln aus. Die *Minerva* nahm in der von Admiral Thaon de Revel kommandierten 2. Division am Italienisch-Türkischen Krieg teil. 1921 wurde sie ausgemustert.

TECHNISCHE DATEN Abmessungen: 73,1 x 8,2 x 3,7 m. **Wasserverdrängung:** 847 ts, 1011 ts bei voller Beladung. **Antrieb:** 4 Kessel, 2 gegenläufig arbeitende Dampfmaschinen mit dreifacher Dampfdehnung, 2 Schrauben. **Leistung:** 4500 PS. **Höchstgeschwindigkeit:** 20,5 kn. **Reichweite:** 1800 sm bei 10 kn. **Bewaffnung:** 1 120/40-mm-Kanone, 6 57-mm-Geschütze, 3 37-mm-Geschütze, 6 450-mm-Torpedorohre. **Besatzung:** 121.

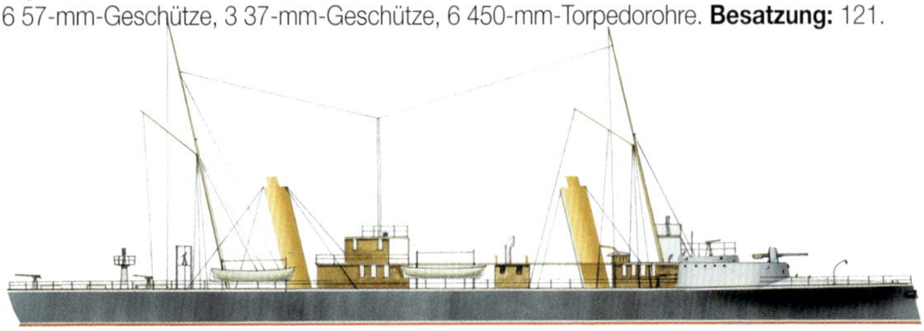

Minerva (1942)

Visitenkarte

Land
Italien

Typ
Korvette

Klasse
Gabbiano

Werft
CRDA, Monfalcone, Italien

Stapellauf
1942

Die Korvette *Minerva* gehört zur Baureihe *Artemide* der Klasse *Gabbiano,* einer Serie, die aus 18 in der »Cantieri Riuniti dell'Adriatico« in Monfalcone gebauten Schiffen besteht. Die Klasse *Gabbiano* (60 Schiffe) ist mit ausgezeichneten Anti-U-Boot-Waffen ausgestattet, die über die Länge des Schiffes verteilt sind. Die 1942 auf Kiel gelegte *Minerva* wurde 1943, knapp vor dem Waffenstillstand, fertig gestellt. Deshalb war sie auch nie in Kriegshandlungen involviert. 1946 gehörte sie zu jenen neun Korvetten, die man Italien laut Friedensvertrag beließ. Sie blieb bis 1969 in Dienst, danach wurde sie wichtigen Modernisierungen unterzogen, die sowohl ihr Aussehen als auch ihre Bewaffnung betrafen.

TECHNISCHE DATEN Abmessungen: 64,4 x 8,7 x 2,5 m. **Wasserverdrängung:** 728 ts, 740 ts bei voller Beladung. **Antrieb:** 2 Dieselmotoren, 2 Elektromotoren, 2 Schrauben. **Leistung:** 4000 PS. **Höchstgeschwindigkeit:** 18,5 kn. **Reichweite:** 3450 sm bei 10 kn. **Bewaffnung:** 1 100/47-mm-Kanone, 4 40/65-mm-Maschinengewehre, 2 450-mm-Torpedorohre, 8 Granatwerfer, 2 Bombenwerfer. **Besatzung:** 112.

Minerva (1986)

Die *Minerva* ist die erste Korvette einer Klasse von acht Schiffen, die in zwei Baureihen hergestellt wurden. Sie ist ein Geleitschiff, dessen Leistungen für ausgedehnte Patrouillenfahrten von mittlerer Reichweite oder zum Schutz des Verkehrs geeignet sind. Sie verfügt über große Reichweite, Hochseetüchtigkeit und gutes Handling. Die Korvetten der *Minerva*-Klasse können zur Fliegerabwehr, zur U-Boot-Bekämpfung und zur Raketenabwehr eingesetzt werden. Geringe Erhaltungskosten und geringer Wartungsaufwand erlauben auch den Gebrauch der Schiffe für Schulungsaufgaben. Die Hubschrauber taugliche Ausführung hat am Heck eine Flugplattform und einen Hangar im Heck. *Minerva* war auch der Name einer bourbonischen Fregatte, die eine Rolle in den tragischen Ereignissen um die Hinrichtung Francesco Caracciolos spielte.

TECHNISCHE DATEN Abmessungen: 80 x 10,3 x 5,5 m. **Wasserverdrängung:** 1300 ts. **Antrieb:** 2 »GMT 230.20«-Dieselmotoren, 2 an den Ruderblättern ausgerichtete Schrauben. **Leistung:** 11.000 PS. **Höchstgeschwindigkeit:** 24 kn. **Reichweite:** 3500 sm bei 18 kn. **Bewaffnung:** 1 76/62-mm-»OTO-Melara«-Kompaktgeschütz, 1 achtfaches Abschusssystem für Boden-Luft-Kurzstreckenraketen des Typs »Albatros«, 2 »ILAS 3«-Drillingstorpedorohre. **Besatzung:** 113, davon 7 Offiziere.

Visitenkarte

Land
Italien

Typ
Korvette/U-Boot-Jäger

Klasse
Minerva

Werft
Fincantieri, Riva Trigoso, Italien

Stapellauf
25. März 1986

Kennzeichen
F 551

Monitor

Zwischen Ende des Jahres 1861 und Februar 1862 hatten die Konföderierten ein starkes, gepanzertes Kanonenschiff, die *Virginia (siehe Merrimack)* gebaut. Beinahe gleichzeitig stellte auch die Marine der Union ihre *Monitor* fertig. Dieses Schiff basierte auf den Entwürfen von John Ericsson, die ein Schiff mit einem komplett mit Eisenplatten beschlagenen Rumpf, einem möglichst niederem Freibord und einem kreisförmigen Turm *(siehe Foto)* vorsahen. Am 9. März 1862 lieferten sich die *Virginia* und die *Monitor* ein Gefecht in den Gewässern von Hampton Roads, das unentschieden ausging. Die *Monitor* sank im darauf folgenden Dezember bei einem heftigen Sturm.

TECHNISCHE DATEN Abmessungen: 52,4 x 12,6 x 3,2 m. **Wasserverdrängung:** 1000 ts. **Antrieb:** gegenläufige Dampfmaschine mit doppelten Kolben, 1 Schraube. **Höchstgeschwindigkeit:** 8 kn. **Bewaffnung:** 2 280-mm-Kanonen. **Panzerung:** vertikal 114–51 mm, horizontal 25 mm, 228–203 mm am Turm. **Besatzung:** 59.

Visitenkarte

Land
USA

Typ
Panzerschiff

Werft
Continental Iron Works, Greenpoint, New York, USA

Stapellauf
30. Jänner 1862

Nautilus

Visitenkarte

Land
USA

Typ
Unterseeboot

Werft
Electric Boat Co., Groton, USA

Stapellauf
21. Jänner 1954

Oben: Vorbereitungen zum Auslaufen der Nautilus *aus Pearl Harbor – Ziel: Nordpol!*

Die *Nautilus* war das erste U-Boot mit Nuklearantrieb der Welt, aber auch das absolut erste Schiff, das diese revolutionäre Kraftquelle verwendete. Das Bahnbrechende daran war, dass bis dahin U-Boote nur beschränkte Reichweiten hatten und daher wenig Sicherheit boten. Sie mussten auftauchen, um ihre Luftkammern zu füllen. Die Luft benötigten die Dieselmotoren, welche die elektrischen Batterien aufluden, die den Strom für Tauchfahrten lieferten. Beim Auftauchen konnte man leicht von feindlicher Seite ausgemacht werden. Mit der *Nautilus* erblickte praktisch eine zweite Generation von Unterwasserschiffen das Licht der Welt. Bis dahin waren U-Boote kleine Schiffe, die »auch« unter Wasser fahren konnten, wenn auch nicht besonders weit. Nun wurden U-Boote taugliche Fahrzeuge, die wirklich ständig untergetaucht bleiben konnten, denn ein Atomreaktor arbeitet nämlich unabhängig von Luft. Der Stapellauf der *Nautilus* fand am 21. Jänner 1954 in Groton mit der Ehefrau Präsident Roosevelts als Taufpatin statt. 1958, drei Jahre später, unterquerte die *Nautilus* das ewige Eis der Arktis in Tauchfahrt, ein Unternehmen, das man mit einem herkömmlichen U-Boot nicht bewerkstelligen hätte können und das die enormen Möglichkeiten des Atomantriebs aufzeigte. Atom-U-Boote sind nicht nur für Angriffe auf andere Schiffe (egal ob Handels- oder Kriegsschiffe) konzipiert. Sie sind

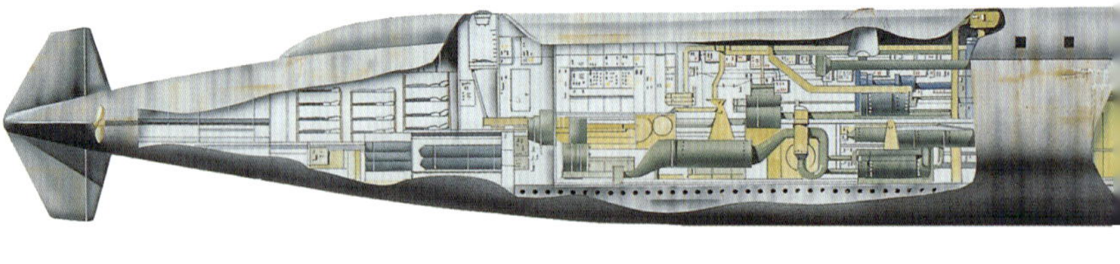

Ein amerikanischer Offizier am Periskop des legendären Unterseeboots im Jahr 1955.

vielmehr mobile Abschussrampen für Atomraketen, die unter Wasser in der Nähe feindlicher Küsten positioniert werden. Festgehalten werden muss, dass die *Nautilus* niemals an irgendeiner kriegerischen Handlung beteiligt war, sondern ausschließlich wegen des außerordentlichen Abenteuers der Durchquerung des Grönlandmeeres unter Wasser Berühmtheit erlangte. Die Fahrt unter der Polkappe war 1830 Meilen lang und dauerte 96 Stunden. Bereits im Juni 1958 hatte die *Nautilus* einen ersten Versuch zur Unterquerung gestartet, musste aber wegen der großen Eisdicke und verminderter Wassertiefe abbrechen. Am 29. Juli unternahm Kommandant William R. Anderson einen neuen Versuch. Nachdem man einen Tag lang entlang der Packeisgrenze nach einem geeigneten Zugang zum Unterseegraben der Barrowstraße suchte, gelang es der *Nautilus* Kurs auf den Pol zu nehmen. Zur 10. Stunde des 3. August überquerte sie den 87. Grad nördlicher Breite, der nördlichste Punkt, der bis dahin von einem Schiff erreicht worden war. Am Abend desselben Tages um 23.15 Uhr erreichte sie nach mehr als 60-stündiger Fahrt unter dem Eis den Nordpol. An dieser Stelle setzte Kapitän Anderson die denkwürdige Meldung ab: »Nautilus 90° Nord«. Nach weiteren 34 Stunden Tauchfahrt kam sie in der Nähe der nordöstlichen Küste Grönlands wieder an die Oberfläche und erreichte schließlich Portland in England. Heute wird die *Nautilus* als Museumsschiff in Groton, Connecticut, ausgestellt.

TECHNISCHE DATEN Abmessungen: 97 x 8,2 x 6,7 m. **Wasserverdrängung:** aufgetaucht 4157 ts, untergetaucht 4104 ts. **Antrieb:** Turbinenantrieb mit Atomreaktor über 2 Wellen. **Leistung:** 13.200 PS. **Höchstgeschwindigkeit:** aufgetaucht 18 kn, untergetaucht 20 kn. **Reichweite:** 250 sm bei 32 kn, 850 sm bei 12 kn. **Bewaffnung:** 6 533-mm-Torpedorohre. **Besatzung:** 116.

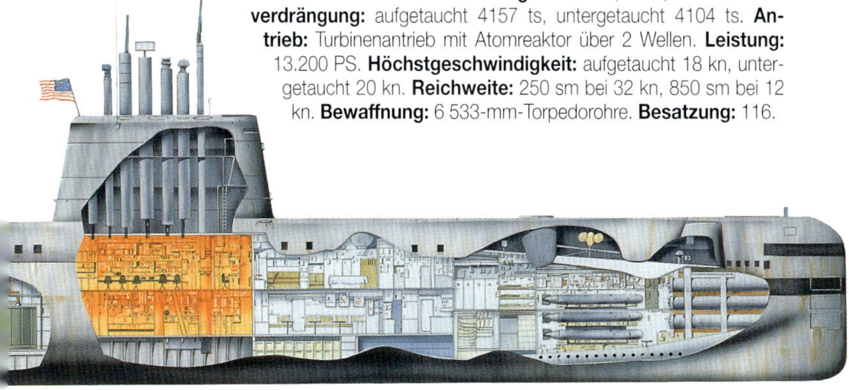

Nicola Fabrizi

Visitenkarte

Land
Italien

Typ
Torpedoboot-zerstörer

Klasse
La Masa

Werft
Odero, Sestri Ponente, Italien

Stapellauf
8. Juli 1918

Das fünfte Schiff der Klasse *La Masa,* die *Nicola Fabrizi* wurde im Juli 1918 in Venedig in Dienst gestellt und dem 3. Geschwader der Torpedobootflottille zugewiesen. Sie nahm aber nicht am Kriegsgeschehen teil. Von 1921 bis 1929 erfüllte sie Schulungsaufgaben im Tyrrhenischen Meer. 1929 wurde sie als Torpedoboot klassifiziert und 1934 nach Taranto in die Reserve der Kommandoschule verlegt. Bei Ausbruch des Zweiten Weltkrieges setzte man sie zum Schutz des Verkehrs in der Unteren Adria ein. 1940 wurde sie durch einen britischen Geleitzug beschädigt. Nach der Reparatur nahm sie ihren Dienst in Vlorë (Albanien) auf. Nach dem Krieg verwendete man die *Fabrizi* als mechanisches Minensuchboot und zum Schleppen von Zielobjekten. Sie wurde 1957, nach beinahe 40 Dienstjahren, ausgemustert.

TECHNISCHE DATEN Abmessungen: 73,5 x 7,3 x 3 m. **Wasserverdrängung:** 840 ts. **Antrieb:** 4 Kessel, 2 Turbinen, 2 Schrauben. **Leistung:** 16.000 PS. **Höchstgeschwindigkeit:** 30 kn. **Reichweite:** 2230 sm bei 13 kn. **Bewaffnung:** 4 102/45-mm-Kanonen, 2 76/30-mm-Geschütze, 4 450-mm-Torpedorohre. **Besatzung:** 99.

Perla

Visitenkarte

Land
Italien

Typ
Unterseeboot mit kurzer Reichweite

Klasse
Perla

Werft
CRDA, Monfalcone, Italien

Stapellauf
3. Mai 1936

Als erstes Unterseeboot mit geringer Reichweite einer zehn Boote umfassenden Klasse, der es den Namen verlieh, trat die *Perla* im Juli 1936 in La Spezia in Dienst. Zu Beginn des Zweiten Weltkriegs befand sie sich in Massaua. Während ihres ersten Einsatzes verursachte ein Schaden an der Klimaanlage den Verlust von Gas und eine Vergiftung der Mannschaft. Auf dem Heimweg blieb sie bei Ebbe stecken, wurde gesichtet und von feindlichen Kräften attackiert. Wieder flott gemacht und nach Massaua gebracht, nahm sie den Dienst wieder auf. Am 9. Juli 1942 wurde sie vor Beirut von der britischen Korvette *Hyacinth* angegriffen und schwer beschädigt. Die Besatzung verließ das zum Auftauchen gezwungene Boot, das darauf in feindliche Hände fiel. Die Engländer tauften das U-Boot in *P 712* um und verkauften es 1943 an die griechische Marine. Dort erhielt das Schiff den Namen *Matrozos*. Es wurde 1949 in Frankreich verschrottet.

TECHNISCHE DATEN Abmessungen: 60,18 x 6,45 x 4,7 m. **Wasserverdrängung:** aufgetaucht 695 ts, untergetaucht 855 ts. **Antrieb:** 2 Dieselmotoren für Oberflächenfahrten, 2 Elektromotoren für Tauchfahrten. **Leistung:** 1400 PS (Dieselmotor), 800 PS (Elektromotor). **Höchstgeschwindigkeit:** aufgetaucht 14 kn, untergetaucht 7,5 kn. **Bewaffnung:** 1 100/47-mm-Kanone, 2 13,2-mm-Maschinengewehre, 6 533-mm-Torpedorohre. **Besatzung:** 45.

Potemkin

Die durch Eisensteins berühmten Film unsterblich gewordene *Potemkin* war das letzte und größte der acht Flaggschiffe der russischen Schwarzmeerflotte, die zwischen 1866 und 1900 fertig gestellt wurden. Nach der Niederlage von Tsuschima (27./28. Mai 1905) verblieb es als stärkstes Schiff der russischen Flotte. Die Episode, die der Film erzählt, bezieht sich auf die Meuterei der Besatzung, die am 17. Juni 1905 stattfand und später als Auftakt zur Russischen Revolution gedeutet wurde. Das Schiff wurde von seiner Mannschaft im Hafen von Constanta (Rumänien) verlassen und versenkt. Auf Anordnung des Zaren wurde es geborgen, nach Odessa geschleppt und in *Panteleimon* umgetauft. Der Name erinnert an den heiligen Pantaleon, dessen Festtag mit dem Tag der Wiederkehr des Sieges von Gangut gegen die Schweden (27. Juli) zusammenfällt. Im April gab die provisorische Regierung dem Schiff den Namen *Potemkin* zurück, um ihn dann einen Monat später wieder in *Boretz zu Svobodu* (»Freiheitskämpfer«) zu ändern. In den darauf folgenden chaotischen Jahren wechselt das Schiff oft den Besitzer, bis es 1923 verschrottet wird.

TECHNISCHE DATEN Abmessungen: 115,3 x 22,3 x 8,2 m. **Wasserverdrängung:** 12.582 ts. **Antrieb:** Dampfmaschine mit dreifacher Dampfdehnung, 2 Schrauben. **Leistung:** 10.600 PS. **Höchstgeschwindigkeit:** 16 kn. **Bewaffnung:** 4 305-mm-Kanonen, 14 152-mm-Kanonen, 5 457-mm-Torpedorohre. **Panzerung:** vertikal 229 mm, horizontal 76 mm. **Besatzung:** 741.

Visitenkarte

Land
Russland

Typ
Panzerkreuzer

Klasse
Potemkin

Werft
Marinearsenal der Admiralität, Nikolajew, Russland

Stapellauf
1903

Eine zeitgenössische Titelillustration der Wochenzeitschrift La Domenica del Corriere, *welche die Meuterei auf der* Potemkin *im Hafen von Odessa darstellt.*

Principe Umberto

Visitenkarte

Land
Italien

Typ
Fregatte mit Dampfantrieb

Klasse
Principe di Carignano

Werft
Cantiere della Foce, Genua, Italien

Stapellauf
22. August 1862

Als die italienische Marine gegründet wurde, baute man die *Principe Umberto* gerade für die sardische Marine. Nach ihrer Fertigstellung trat sie 1863 in den Dienst. Das Schiff hatte einen hölzernen Rumpf und drei Masten mit viereckigen Segeln. Ursprünglich war es wie sein Schwesterschiff, die *Principe di Carignano,* als Panzerkreuzer vorgesehen, im Unterschied zu diesem erhielt es aber nie eine Panzerung. Die *Umberto* wurde als Schulschiff für die Kadetten der Marineschule von Genua eingesetzt. Im Rahmen seiner Ausbildungseinsätze wurde es zum ersten Schiff der italienischen Marine, das die Magellanstraße durchfuhr und das Kap Hoorn umsegelte. 1866 nahm es an der Schlacht von Lissa gegen die österreichische Flotte teil. 1873 wurde sie abgetakelt, 1875 außer Dienst gestellt.

TECHNISCHE DATEN Abmessungen: 75,8 x 15,2 x 7,2 m. **Wasserverdrängung:** 4086 ts. **Antrieb:** 4 Steilrohrkessel, 1 gegenläufig arbeitende Dampfmaschine, 1 Schraube. **Leistung:** 600 PS. **Höchstgeschwindigkeit:** 12 kn. **Bewaffnung:** 4 200-mm-Kanonen, 16 160-mm-Kanonen, 5 80-mm-Kanonen. **Besatzung:** 602.

Razitelny

Visitenkarte

Land
Russland

Typ
Fregatte zur U-Boot-Abwehr

Klasse
Krivak II

Werft
Yantar, Kaliningrad, Russland

Stapellauf
1978

Sie gehört zur zweiten Baureihe der Klasse *Krivak,* die aus zehn Schiffen besteht. Gegenüber der ersten Reihe ist das Achterschiff ziemlich verändert worden. Bei der Bewaffnung ist die bedeutendste Änderung der Ersatz der 76-mm-Kanonen durch zwei 100-mm-Einzelgeschütze. Der Hintergrund hierfür lag in der Notwendigkeit, einen besseren Schutz vor anderen Schiffen zu erreichen und auch die Möglichkeit zu haben, bei Landungsmanövern Feuerschutz zu leisten. Die *Krivak*-Schiffe waren zum Zwecke der U-Boot- und Fliegerabwehr ausgelegt worden. Einer ihrer Schwachpunkte ist jedoch der erhöhte Treibstoffverbrauch bei Marschfahrten und die daraus resultierende, stark eingeschränkte Reichweite. Die *Razitelny* wurde am 11. Februar 1975 auf Kiel gelegt. Sie operierte bisher in der Ostsee und im Japanischen Meer.

TECHNISCHE DATEN Abmessungen: 125,5 x 14 x 4,7 m. **Wasserverdrängung:** 3800 ts. **Antrieb:** 4 Gasturbinen, 2 Schrauben. **Leistung:** 70.000 PS. **Höchstgeschwindigkeit:** 32 kn. **Reichweite:** 4000 sm bei 15 kn, 1500 sm bei 32 kn. **Bewaffnung:** 2 100-mm-Kanonen, 2 533-mm-Vierfachtorpedorohre, 2 »RBU-6000«-Raketenwerfer, 4 »SS-N-14«-Anti-U-Boot-Waffen, 2 »SA-N-4«-Kurzstrecken-Raketenabschussvorrichtungen zur Fliegerabwehr. **Besatzung:** 180.

Roma

Visitenkarte

Land
Italien

Typ
Schlachtschiff

Klasse
Littorio

Werft
CRDA, Triest, Italien

Stapellauf
25. Juli 1937

Sie war das letzte der vier Schiffe der Klasse *Littorio,* die von General Pugliese entworfen worden waren. Das waren weltweit die ersten 35.000er (Tonnen) Schlachtschiffe ihrer Zeit und stellten gute Beispiele für die Ausgewogenheit von Geschwindigkeit, Leistung und Panzerung dar. Der Kreuzer *Roma* nahm ein tragisches Ende: Am 9. September 1943, dem Tag nach der Ausrufung des Waffenstillstands, wurden die Seestreitkräfte unter dem Kommando von Admiral Carlo Bergamini im Golf von Asinara von einer deutschen Bomberstaffel angegriffen. Die *Roma* wurde getroffen und sank. Dabei kam der gesamte Generalstab sowie ein Großteil der Besatzung, mehr als 1300 Personen, ums Leben.

TECHNISCHE DATEN Abmessungen: 240,7 x 32,9 x 10,5 m. **Wasserverdrängung:** 44.050 ts, 46.215 ts bei voller Beladung. **Antrieb:** 8 Kessel, 4 Getriebeturbinengruppen, 4 Schrauben. **Leistung:** 140.000 PS. **Höchstgeschwindigkeit:** 30 kn. **Reichweite:** 3920 sm bei 20 kn. **Bewaffnung:** 9 381/50-mm-Kanonen, 12 152/55-mm-Kanonen, 12 90/50-mm-Kanonen, 20 37/54-mm-Geschütze, 24 20/65-mm-Geschütze, 3 Bordflugzeuge. **Panzerung:** vertikal 350 mm, horizontal 207 mm, 350 mm bei den Geschützen, 260 mm an den Türmen. **Besatzung:** 1920.

Ryujo

Die *Ryujo* war der zweite Flugzeugträger Japans, der nach der *Hosho* auch als solcher geplant und umgesetzt wurde. Als er 1929 auf Kiel gelegt wurde, lag die Wasserverdrängung bei nur 7500 ts, um die Bedingungen des Vertrags von Washington aus dem Jahr 1922 zu erfüllen. Damit war die *Ryujo* der kleinste Flugzeugträger der Welt. 1936 erfolgte ein Umbau, wobei ein zweiter Hangar auf den ersten aufgesetzt wurde. Der nötige Ballast, um das Schiff stabil zu halten, erhöhte das Gewicht um 2500 t. Die *Ryujo* beteiligte sich intensiv am Kriegsgeschehen. Im Dezember 1941 nahm sie an der Invasion auf den Philippinen teil und unterstützte die Landungen in Legaspi, Davao und Jolo. In den ersten Apriltagen 1942 machte sie die Schlacht um Ceylon gegen die englische »Eastern Fleet« mit. Im Anschluss an diese Aktion drang sie in den Golf von Bengalen vor, wo sie die englische Korvette *Hollyhock* versenkte. Am 3./4. Juni desselben Jahres griff sie im Zuge eines Ablenkungsmanövers auf den Aleuten den amerikanischen Flottenstützpunkt Dutch Harbor an. Im August gehörte sie dem japanischen Flottenteil an, der den amerikanischen Kräften bei den östlichen Salomoninseln begegnete. Am 24. August 1942 wurde sie von Flugzeugen versenkt, die vom amerikanischen Flugzeugträger *Saratoga* gestartet waren.

TECHNISCHE DATEN (1936): **Abmessungen:** 179,9 x 20,78 x 7,08 m. **Wasserverdrängung:** 10.600 ts, 12.782 ts bei voller Beladung. **Antrieb:** 6 Kessel, 2 Getriebeturbinengruppen über 2 Wellen. **Leistung:** 65.000 PS. **Höchstgeschwindigkeit:** 29 kn. **Bewaffnung:** 8 127-mm-Kanonen, 4 25-mm-Maschinengewehre, 24 13-mm-Maschinengewehre, 38 Flugzeuge. **Besatzung:** 924.

Visitenkarte

Land
Japan

Typ
leichter Flugzeugträger

Werft
Yokohama Dock, Jokosuka, Japan

Stapellauf
2. April 1931

Sagittario

Sie gehörte zur Reihe *Perseo* der Klasse *Spica*. Nachdem sie zunächst einige Zeit für Ausbildungszwecke in Pula stationiert war, verlegte man sie 1937 nach Trapani, um den Schmuggel von Kriegsmaterial nach Spanien zu unterbinden. Zu Beginn des Zweiten Weltkriegs befand sie sich wegen Reparaturarbeiten in La Spezia. Nachdem sie nach Trapani zurückgekehrt war, schützte sie den Verkehr nach Nordafrika und wurde auch zum Legen von Minenteppichen in den Gewässern vor Sizilien verwendet. In den fünf Kriegsjahren absolvierte die *Sagittario* 342 Einsätze. Von 1947 bis 1953 wurde sie zur Bekämpfung des Schmugglerwesens und zur Überwachung der Fischerei herangezogen. Nach einem radikalen Umbau wurde sie im Jahr 1959 zum Schulschiff des Marinekommandos, eine Aufgabe, die sie bis zu ihrer Ausmusterung 1964 erfüllte.

TECHNISCHE DATEN Abmessungen: 81,9 x 8,2 x 3 m. **Wasserverdrängung:** 1020 ts bei voller Beladung. **Antrieb:** 2 Getriebeturbinengruppen. **Leistung:** 19.000 PS. **Höchstgeschwindigkeit:** 34 kn. **Reichweite:** 1892 sm bei 15 kn. **Bewaffnung:** 3 100/47-mm-Kanonen, 8 13,2-mm-Maschinengewehre, 4 450-mm-Torpedorohre, 2 Granatwerfer, Minen. **Besatzung:** 99.

Visitenkarte

Land
Italien

Typ
Torpedoboot

Werft
Cantiere Navale del Quartaro, Fiume, Italien

Stapellauf
21. Juni 1936

Salvatore Pelosi

Visitenkarte

Land
Italien

Typ
Unterseeboot

Klasse
Nazario Sauro

Werft
Fincantieri, Monfalcone, Italien

Stapellauf
20. November 1986

Sie ist das dritte Schiff der dritten Baureihe der Klasse *Sauro,* die hinsichtlich Wasserverdrängung und Technik die Vorgängerserie übertraf. Sie weist optimale strategische Leistungen auf, lässt sich erstklassig manövrieren, erreicht hohe Geschwindigkeiten und hat unter Wasser eine große Reichweite. Deshalb erweckte sie auch das Interesse verschiedener Länder. Sie verfügt über ein hochentwickeltes Periskop und eine automatische Steuerung. Die Rumpfform ermöglicht Fahrten bei hohem Tempo mit geringer Geräuschentwicklung. Der Name des Bootes erinnert an den Kommandanten des U-Bootes *Torricelli,* der für sein heldenhaftes Verhalten im Roten Meer (21.–23. Juni 1940) mit der Tapferkeitsmedaille in Gold ausgezeichnet wurde.

TECHNISCHE DATEN Abmessungen: 64,36 x 6,83 x 5,66 m. **Wasserverdrängung:** aufgetaucht 1476 ts, untergetaucht 1650 ts. **Antrieb:** 3 Dieselmotoren für Oberflächenfahrten, 1 Elektromotor für Tauchfahrten. **Leistung:** 2500 + 3000 PS. **Höchstgeschwindigkeit:** aufgetaucht 14 kn, untergetaucht 20 kn. **Reichweite:** 11.000 sm bei 11 kn. **Bewaffnung:** 6 »Whitehead Motofides A 184«-Torpedorohre. **Besatzung:** 50.

Der Name der Salvatore Pelosi *(nebenan) erinnert an den mit der Tapferkeitsmedaille in Gold ausgezeichneten Kommandanten des Unterseebootes* Torricelli *(oben).*

Salamander

Die *Salamander* war das erste für die österreichische Marine gebaute Panzerschiff. Das von Joseph Ritter von Romako entworfene Schiff hatte einen hölzernen Rumpf, der mit Eisenplatten gepanzert war. Die *Salamander* nahm 1866 an der Schlacht von Lissa teil. 1869/70 wurde sie neu bewaffnet. 1883 außer Dienst gestellt, diente sie bis 1895 als schwimmendes Pulvermagazin. 1896 wurde sie verschrottet.

TECHNISCHE DATEN Abmessungen: 62,8 x 13,9 x 6,3 m. **Wasserverdrängung:** 3075 ts. **Antrieb:** liegend eingebaute, gegenläufig arbeitende Dampfmaschinen, 1 Schraube. **Leistung:** 2060 PS. **Höchstgeschwindigkeit:** 11 kn. **Bewaffnung:** 10 48-Pfund-Kanonen, 18 24-Pfund-Kanonen. **Besatzung:** 351, davon 21 Offiziere.

Visitenkarte

Land
Österreich

Typ
Panzerfregatte mit Dampfantrieb

Werft
Stabilimento Tecnico, Triest, Italien

Stapellauf
29. August 1861

San Giorgio (1908)

Sie wurde zusammen mit ihrer Schwester *San Marco* von General Masdea als Verbesserung der Klasse *Pisa* entworfen. Die *San Giorgio* verfügte über einen schlanken Rumpf mit Rammbug. Sie nahm an drei Kriegen teil: am Italienisch-Türkischen (1911/12), am Ersten Weltkrieg und – nach umfassenden Modernisierungsarbeiten in den Jahren 1937/38 – am Zweiten Weltkrieg. Am 10. Juni 1940 wurde sie am Flottenstützpunkt Tobruk stationiert, wo sie zur See- und Luftabwehr eingesetzt wurde. Mehr als sechs Monate war sie dort intensiven und systematischen Luftangriffen durch die Briten ausgesetzt. Am 19. Jänner 1941 erhielt sie den Befehl, der bereits vor den Toren Tobruks liegenden 8. britischen Flotte bis zum Letzten Widerstand zu leisten. Sie kam dieser Aufgabe nach und wurde am 21. Jänner von ihrer Besatzung unter der Führung von Kommandant Pugliese gesprengt und versenkt. Für seinen heldenmütigen Widerstand wurde dieser mit der goldenen Tapferkeitsmedaille ausgezeichnet.

TECHNISCHE DATEN Abmessungen: 140,9 x 21 x 7,3 m. **Wasserverdrängung:** 11.300 ts. **Antrieb:** 2 gegenläufig arbeitende Dampfmaschinen mit dreifacher Dampfdehnung, 2 Schrauben. **Leistung:** 18.200 PS. **Höchstgeschwindigkeit:** 23,2 kn. **Reichweite:** 3100 sm bei 12 kn. **Bewaffnung:** 4 254-mm-Kanonen, 8 190-mm-Kanonen, 17 76-mm-Geschütze, 2 47-mm-Geschütze, 3 450-mm-Torpedorohre. **Besatzung:** 699.

Visitenkarte

Land
Italien

Typ
Panzerkreuzer

Klasse
San Giorgio

Werft
Real Cantiere di Castellammare di Stabia, Italien

Stapellauf
Februar 1908

San Giorgio (1987)

Visitenkarte

Land
Italien

Typ
Transport- und Landungsschiff

Klasse
San Giorgio

Werft
Cantiere navale di Riva Trigoso, Italien

Stapellauf
25. Februar 1987

Kennzeichen
L 9892

Die *San Giorgio* verleiht ihren Namen einer Klasse von drei Schiffen (die anderen beiden sind die ***San Marco*** und die ***San Giusto***), die nach der Standardbezeichnung der NATO als LPD (Landing Platform Dock) definiert werden. Es handelt sich um Landungsschiffe mit Plattformen, die man ins Wasser senken kann und über welche die angreifenden Truppen das Festland erreichen können. Wegen ihrer Vielseitigkeit können diese Schiffe auch für humanitäre Hilfseinsätze, im Zivilschutz und zur Unterstützung nach Naturkatastrophen verwendet werden. Menschen und Material können zu Lande, zur See und auf dem Luftweg ein- und ausgeschifft werden, auf alle drei Arten bis zum Erreichen der vollen Kapazität. Die Schiffe verfügen jeweils über ein Notfalllazarett mit 50 Betten, eine Ambulanz, einen Operationssaal und zwei Krankensäle. Die Originalbewaffnung der *San Giorgio* wurde insofern verändert, als dass man die 76-mm-Geschütze durch 25/90-mm-Zwillingsmaschinengewehre ersetzte.

TECHNISCHE DATEN Abmessungen: 133,3 x 20,5 x 5,3 m. **Wasserverdrängung:** 7667 ts, 7960 ts bei voller Beladung. **Antrieb:** 2 »GMT«-Dieselmotoren, 2 Schrauben. **Leistung:** 16.800 PS. **Höchstgeschwindigkeit:** 20 kn. **Reichweite:** 4500 sm bei 20 kn. **Bewaffnung:** 2 25/90-mm-Zwillingsmaschinengewehre, 2 12,7-mm-Maschinengewehre, 2 leichte Hubschrauber, 2 mittelschwere Hubschrauber. **Landungsfahrzeuge:** 3 Transportboote zu 62 t, 3 Personentransportboote, 1 Motorboot. **Besatzung:** 516.

Oben: die San Giorgio. *Nebenan: das Schwesterschiff* San Giusto.

San Marco

Die zusammen mit ihrer Schwester *San Giorgio* von General Masdea entworfene *San Marco* war das erste Schiff der italienischen Marine mit »Parsons«-Dampfturbinen. Sie nahm am Italienisch-Türkischen Krieg und an der Landung auf Rhodos teil. Im Ersten Weltkrieg wurde sie der Division Cagni zugeteilt. Nachdem sie bei der Schulschiff-Division gedient hatte, wurde sie 1931 im Arsenal von La Spezia zu einem ferngesteuertes Zielschiff – dem ersten seiner Art – umgebaut. Das Ergebnis war hervorragend: sie konnte Richtungsänderungen vornehmen, die Geschwindigkeit erhöhen oder drosseln und Rauchvorhänge absetzen, ohne dass ein Mensch an Bord gewesen wäre. 1943 wurde sie von den Deutschen gekapert, nach dem Krieg fand man sie im Hafen von La Spezia versenkt vor. 1947 wurde sie ausgemustert.

TECHNISCHE DATEN Abmessungen: 140,9 x 21 x 7,3 m. **Wasserverdrängung:** 10.700 ts, 11.900 ts bei voller Beladung. **Antrieb:** 14 Kessel, 4 Turbinen. **Leistung:** 23.000 PS. **Höchstgeschwindigkeit:** 23,7 kn. **Reichweite:** 3100 sm bei 12 kn. **Bewaffnung:** 4 254-mm-Kanonen, 8 190-mm-Kanonen, 2 75-mm-Geschütze, 2 47-mm-Geschütze, 3 Torpedorohre. **Panzerung:** Panzergurtel aus 200-mm-Kruppstahlplatten, 180 mm über der Wasserlinie, horizontaler Splitterschutz. **Besatzung:** 703.

Visitenkarte

Land
Italien

Typ
Kreuzer

Klasse
San Giorgio

Werft
Real Cantiere di Castellammare di Stabia, Italien

Stapellauf
Februar 1908

Shinano

Die *Shinano* sollte nach anfänglicher Planung eines der vier großen Schlachtschiffe der *Yamato*-Klasse werden. Als solches am 4. Mai 1940 auf Kiel gelegt, dauerte ihre Konstruktion bis zum Sommer des Jahres 1941. Dann entschied man sich, sie als Hilfsschiff für die Fliegereinheiten der Flugzeugträger fertig zu stellen. In dieser Funktion sollte sie Brennstoff und Munition für die Flugzeuge transportieren und Werkstätten für deren Reparatur an Bord haben. Doch in der Folge änderte man die Pläne nochmals und die *Shinano* wurde zu einem Flugzeugträger mit einem 256 x 40 m großen Flugdeck umgebaut. Sie verfügte über einen riesigen Hangar von 186 m Länge, obwohl sie mit verhältnismäßig wenigen Flugzeugen (47) ausgestattet war. Das entsprach dem Stand von leichten Flugzeugträgern, die gegenüber den 70.000 ts der *Shinano* lediglich 15.000 ts verdrängten. Bei ihrem Stapellauf war sie der größte Flugzeugträger der Welt, wurde jedoch nie in Dienst gestellt. Am 29. November 1944 wurde sie nämlich während der Überstellungsfahrt in das Arsenal von Kure (wo man unter anderem die Schotten vervollständigen wollte) vom US-U-Boot *Archerfish* torpediert und versenkt.

TECHNISCHE DATEN Abmessungen: 265,8 x 36,2 x 10,26 m. **Wasserverdrängung:** 71.890 ts. **Antrieb:** 12 Kessel, 4 Turbinengruppen, 4 Schrauben. **Leistung:** 150.000 PS. **Höchstgeschwindigkeit:** 27 kn. **Bewaffnung:** 16 127-mm-Fliegerabwehrkanonen auf 8 Zwillingslafetten, 145 25-mm-Maschinengewehre, 2 Aufzüge, 42 einsatzbereite Flugzeuge, 5 Flugzeuge in Reserve. **Panzerung:** vertikaler Gürtel 203 mm, 178 mm beim Munitionsdepot, 178 mm am Rammbug, 101 mm am Flugdeck. **Besatzung:** 2400.

Visitenkarte

Land
Japan

Typ
Flugzeugträger

Werft
Arsenal von Jokosuka, Japan

Stapellauf
8. Oktober 1944

Sibilla

Visitenkarte

Land
Italien

Typ
Korvette zur U-Boot-Jagd

Klasse
Gabbiano

Werft
CRDA, Monfalcone, Italien

Stapellauf
1943

Kennzeichen
C 46

Sie gehörte zur Baureihe *Ape* der umfangreichen Klasse *Gabbiano* (60 Schiffe), die mit ausgezeichneter, entlang des ganzen Schiffes montierter, Anti-U-Boot-Bewaffnung ausgestattet war. Die *Sibilla* trat 1943 in Dienst und hatte nie Gelegenheit, sich am Krieg zu beteiligen. Nach dem Krieg nahm man wichtige Modifikationen vor, die sowohl ihr Aussehen als auch die Bewaffnung betrafen. Außerdem erhielt das Schiff ein Katapult für den Start von ferngesteuerten Zielflugzeugen. Das Kennzeichen wurde in F 558 geändert. 1971 erfolgte die Ausmusterung.

TECHNISCHE DATEN Abmessungen: 64,4 x 8,7 x 2,5 m. **Wasserverdrängung:** 728 ts, 740 ts bei voller Beladung. **Antrieb:** 2 Dieselmotoren + 2 Elektromotoren, 2 Schrauben. **Leistung:** 3000 + 4000 PS. **Höchstgeschwindigkeit:** 18,5 kn. **Reichweite:** 3450 sm bei 10 kn. **Bewaffnung:** 1 100/47-mm-Kanone, 7 20/65- und 20/70-mm-Maschinengewehre, 2 450-mm-Torpedorohre, 8 Granatwerfer, 2 Bombenwerfer. **Besatzung:** 112.

Spica

Visitenkarte

Land
Italien

Typ
Patrouillenboot

Klasse
Cassiopea (oder Costellazioni)

Werft
Fincantieri Muggiano, La Spezia, Italien

Stapellauf
27. Mai 1989

Die *Spica* ist eines von vier Schiffen der Klasse *Cassiopea* (oder *Costellazioni*), deren 1987 begonnener Bau vom damaligen Ministerium für die Handelsmarine (heute Ministerium für Transport und Schifffahrt) finanziert wurde, die sie dann der Kriegsmarine zur Verfügung stellten. Diese Schiffe sind vielseitig verwendbar, man kann sie für die Verteidigung nationaler Wirtschaftsinteressen ebenso einsetzen wie für Hilfsmissionen (sie verfügen über eine geräumige Krankenstation mit Operationssaal) oder für Maßnahmen gegen Umweltverschmutzung. Am Achterschiff befindet sich ein Flugdeck mit Hangar für einen Hubschrauber.

TECHNISCHE DATEN Abmessungen: 79,8 x 11,8 x 3,6 m. **Wasserverdrängung:** 1475 ts bei voller Beladung. **Antrieb:** 2 »Grandi Motori Trieste BL-230.16 M«, 2 Schrauben. **Leistung:** 7490 PS. **Höchstgeschwindigkeit:** 20 kn. **Reichweite:** 3300 sm bei 17 kn. **Bewaffnung:** 1 76/62-mm-Geschütz, 2 25/90-mm-Maschinengewehre, 2 12,7-mm-Maschinengewehre, 1 Hubschrauber. **Besatzung:** 60, davon 6 Offiziere.

Storozhevoy

Die *Storozhevoy* ist das achte von den zwanzig Schiffen der ersten Baureihe der *Krivak*-Klasse. Sie wurden ab 1970 zur U-Boot-Abwehr gebaut und sind viel kleiner, schneller und sparsamer als die Schiffe der Vorgängerklassen *Kresta II* und *Kara*. Die *Storozhevoy* trat 1973 in Dienst und wurde der Ostseeflotte mit Stützpunkt in Riga zugeteilt. Als sie am 8. November 1975 von Riga aus Kurs auf die schwedische Insel Gotland nahm, wurde sie zum Schauplatz einer Aufsehen erregenden Meuterei, die von den sowjetischen Behörden damals geheim gehalten wurde. Der Verantwortliche, Valery Sabline, der politischer Kommissar an Bord, sowie 26 seiner Gefolgsleute wurden zum Tode verurteilt und hingerichtet. Diese Geschichte diente als Vorlage für einen Roman und den Film *Jagd auf Roter Oktober*.

TECHNISCHE DATEN Abmessungen: 125,5 x 14 x 4,7 m. **Wasserverdrängung:** 3000 ts, 3800 ts bei voller Beladung. **Antrieb:** 4 Gasturbinen, 2 Schrauben. **Leistung:** 70.000 PS. **Höchstgeschwindigkeit:** 32 kn. **Reichweite:** 4000 sm bei 15 kn, 1500 sm bei 32 kn. **Bewaffnung:** 2 76/59-mm-Kanonen, 2 533-mm-Vierfachtorpedorohre, 2 »RBU-6000«-Raketenwerfer, 4 »SS-N-14«-Anti-U-Boot-Waffen, 2 »SA-N-4«-Kurzstrecken-Raketenabschussvorrichtungen zur Fliegerabwehr. **Besatzung:** 180.

Visitenkarte

Land
Russland

Typ
Fregatte zur U-Boot-Abwehr

Klasse
Krivak I

Werft
Severnaya Verf, St. Petersburg, Russland

Stapellauf
1972

Taiho

Die 1941 auf Kiel gelegte *Taiho* (»großer Phönix«) wurde im März 1944 in Dienst gestellt, als Japan gerade sieben Flugzeugträger verloren hatte, darunter die zwei größten (*Akagi* und *Kaga*). Sie war einer der größten Flugzeugträger der kaiserlichen Flotte und der erste, dessen Flugdeck gepanzert war. Allerdings fehlte die horizontale Panzerung. Die *Taiho* hatte zwei 150 m lange, übereinander liegende Flugzeughallen und eine kleine seitliche Insel. Der dort angebrachte Schornstein war leicht nach außen geneigt, damit der aufsteigende Rauch die Flugmanöver nicht störte. Darüber hinaus handelte es sich um den ersten japanischen Flugzeugträger, der mit Radar und Fliegerabwehrwaffen ausgestattet war. Diese bestanden aus kleinkalibrigen Schnellfeuerkanonen. Kaum in Dienst gestellt, wurde sie recht bald zum Flaggschiff der Ersten Mobilen Flotte unter dem Kommando von Admiral Ozawa. Die Laufbahn der *Taiho* war eine kurze, denn in der Schlacht um die Marianen am 19. Juni 1944 (einem der schwärzesten Tage in der Geschichte des japanischen Militärs) wurde sie von einem Torpedo des amerikanischen U-Boots *Albacore* getroffen. Sie sank am Nachmittag desselben Tages, als die Benzindepots explodierten.

TECHNISCHE DATEN Abmessungen: 259,68 x 27,65 x 9,65 m. **Wasserverdrängung:** 34.600 ts. **Antrieb:** 8 Kessel, 4 Turbinengruppen, 4 Schrauben. **Leistung:** 160.000 PS. **Höchstgeschwindigkeit:** 33 kn. **Bewaffnung:** 12 100-mm-Kanonen, 51 25-mm-Maschinengewehre, 2 Aufzüge, 84 Flugzeuge, davon 53 einsatzbereit. **Panzerung:** vertikal an den Munitionsdepots 152 mm, 50 mm an den Maschinen, horizontal 95 mm am Flugdeck. **Besatzung:** 1751.

Visitenkarte

Land
Japan

Typ
Flugzeugträger

Werft
Kawasaki, Kobe, Japan

Stapellauf
7. April 1943

Theodore Roosevelt

Visitenkarte

Land
USA

Typ
Flugzeugträger

Klasse
Nimitz

Werft
Newport News Shipbuilding & Drydock Company, USA

Stapellauf
27. Oktober 1984

Kennzeichen
CVN-71

Sie ist der vierte jener Superflugzeugträger, deren erste die *Nimitz* war. Es sind dies die größten Kriegsschiffe der Welt und werden nuklear betrieben. Die *Roosevelt* ist das zweite Schiff der US Navy, das den Namen des Präsidenten trägt. Sie wurde am 31. Oktober 1981 auf Kiel gelegt und am 25. Oktober 1986 fertig gestellt. Sie war an allen kriegerischen Aktionen beteiligt, in die die USA seither verwickelt waren: vom ersten Golfkrieg über die Balkankrise, Afghanistan bis zur letzten Besetzung des Irak. Sie ist durchgehend Mitglied der Atlantikflotte mit Stützpunkt in Norfolk (Virginia).

TECHNISCHE DATEN Abmessungen: 332,8 x 76,8 x 11,8 m. **Wasserverdrängung:** 96.386 ts. **Antrieb:** 2 »Westinghouse«-Atomreaktoren (A 4 W), 4 Turbinen, 4 Schrauben. **Leistung:** 260.000 PS. **Höchstgeschwindigkeit:** 33 kn. **Reichweite:** 1.000.000 Meilen. **Bewaffnung:** 3 »LM8 Sea Sparrow-4x6-20/76 Phallanx Mk 16«, 90 Flugzeuge. **Besatzung:** 6000, davon 2800 Angehörige der Luftstreitkräfte.

Tsarevitch

Visitenkarte

Land
Russland

Typ
Panzerkreuzer

Klasse
Tsarevitch

Werft
Forges et Chantiers Méditerranée de la Seyne, Toulon, Frankreich

Stapellauf
1902

Sie war das Flaggschiff der russischen Flotte mit Basis in Port Arthur (Mandschurei). Als der Krieg mit Japan ausbrach, versuchte Admiral Vitgeft die feindliche Umzingelung zu durchbrechen und Wladiwostok zu erreichen. Im darauf folgenden Gefecht wurde die *Tsarevitch* mittschiffs von einer Salve Explosivgeschosse getroffen, die das Deck und die Kommandobrücke zerstörten. Vitgeft fiel. Am 28. Dezember 1908, dem Tag des Erdbebens von Messina, befand sich die *Tsarevitch* in Italien, da sie Zar Nikolaus bei einem Besuch bei der Königlichen Familie Italiens begleitete. So war sie eines der ersten Schiffe, die den Erdbebenopfern zu Hilfe kamen. Nach der Revolution im Februar taufte man sie in *Grashdanin* um. 1924 wurde sie verschrottet.

TECHNISCHE DATEN Abmessungen: 118 x 23 x 7,9 m. **Wasserverdrängung:** 12.915 ts. **Antrieb:** 20 Kessel, 2 Dampfmaschinen mit dreifacher Dampfdehnung. **Leistung:** 16.500 PS. **Höchstgeschwindigkeit:** 18 kn. **Bewaffnung:** 4 305/40-mm-Kanonen, 12 152/40-mm-Kanonen, 4 381-mm-Torpedorohre. **Panzerung:** vertikal 254 mm, horizontal 63 mm, 254 mm bei den Geschützen. **Besatzung:** 782.

Tirpitz

Die kurz nach ihrem Schwesterschiff *Bismarck* vom Stapel gelaufene *Tirpitz* trat am 25. Februar 1941 in Dienst, war aber erst einige Monate später wirklich einsatzbereit. Da sie von den Engländern als das stärkste Kampfschiff im Nordmeer betrachtet wurde, ereilte sie ein einmaliges Schicksal: Sie war niemals an richtigen Kampfhandlungen beteiligt. Ihre schwere und präzise 381-mm-Artillerie kam nur ein einziges Mal im Kampf zum Einsatz, während eines Angriffs bei Spitzbergen. Den Rest ihrer kurzen Laufbahn kreuzte sie in den Fjorden Norwegens und versuchte den ständigen Angriffen zu entgehen, mit denen die Engländer sie jagten. In der Nacht vom 28./29. Jänner 1942 erfolgten die ersten Luftangriffe der RAF (Royal Air Force). Diese Angriffe gingen ohne Unterbrechung weiter, bis 35 »Lancaster«-Bomber des 9. und 617. RAF-Geschwaders am 12. November 1944 sie versenkten, indem sie 5440 kg schwere »Tallboy«-Bomben abwarfen. 700 im Rumpf eingeschlossene Seeleute kamen ums Leben. Admiral Alfred von Tirpitz (1849–1930), zu dessen Gedenken der Kreuzer seinen Namen bekam, war der Oberbefehlshaber der Deutschen Marine während des Ersten Weltkriegs.

TECHNISCHE DATEN Abmessungen: 241,6 x 36 x 10,8 m. **Wasserverdrängung:** 52.700 ts. **Antrieb:** 12 Kessel zu Paaren vom Typ »Wagner«. **Leistung:** 160.000 PS. **Höchstgeschwindigkeit:** 30 kn. **Bewaffnung:** 8 380-mm-Kanonen auf Zwillingslafetten, 12 »SKC/28«-150-mm-Kanonen, 16 »SKC/28«-105-mm-Zwillingsgeschütze, 30 37-mm-Zwillingsgeschütze, 20 78-mm-Geschütze. **Panzerung:** horizontal 50 mm auf dem Deck, 80 mm am Hauptdeck, 340 mm an den Kontrolltürmen, vertikal 320 mm. **Besatzung:** 2650.

Visitenkarte

Land
Deutschland

Typ
Panzerkreuzer

Klasse
Bismarck

Werft
Kriegsmarinewerft, Wilhelmshaven, Deutschland

Stapellauf
1. April 1939

U-9

Visitenkarte

Land
Deutschland

Typ
Unterseeboot

Klasse
U-5

Werft
Kaiserliche Werft, Danzig, Deutschland

Stapellauf
22. September 1910

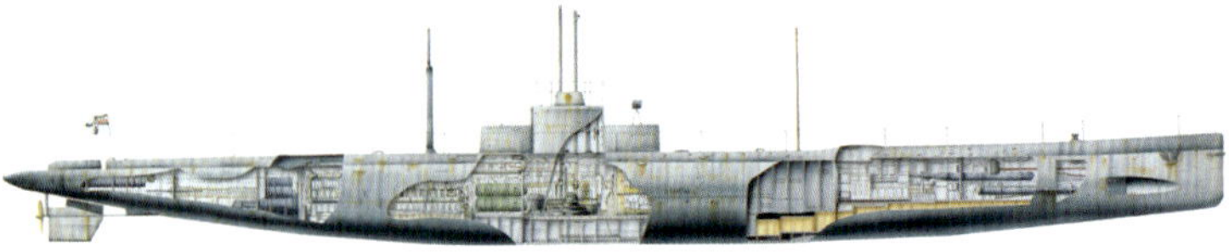

Die *U-9* (»U« steht für Unterseeboot) war das berühmteste deutsche U-Boot im Ersten Weltkrieg. Sie gehörte zu der ersten Generation von U-Booten, die in Deutschland gebaut wurden. Die *U-9* war das fünfte von acht Booten der 1908 entworfenen Klasse *U-5*. Die Rümpfe dieser Boote waren doppelt vernietet und erstmals befanden sich Kreiselkompasse in den Zentralen. Die *U-9* verdankte ihren Ruhm einer außergewöhnlichen Aktion, die von Korvettenkapitän Otto Weddingen durchgeführt wurde: Am 22. September 1914 stellte das Boot drei englische Kreuzer, die in den Gewässern zwischen England und Holland patrouillierten. Der erste Torpedo traf die *Aboukir* in der Mitte, dann feuerte die *U-9* auf die *Hogue* und die *Cressy,* die ihrem Schwesterschiff zu Hilfe eilten. Im Zeitraum von einer Stunde versenkte die *U-9* die gesamte britische Aufklärergruppe C und demonstrierte der Welt, welche Zerstörungskraft dieser neuen Waffe, dem U-Boot, innewohnte. Der Kommandant wurde mit dem Eisernen Kreuz Erster Klasse ausgezeichnet und seit diesem Tag zierte ein aufgemaltes Eisernes Kreuz den Turm der *U-9*. Am 15. Oktober 1914 versenkte sie abermals einen Kreuzer, die *Hawke.* Die rasante technische Entwicklung dieser Jahre führte dazu, dass die Boote der Klasse *U-5* bald veraltet waren. Am 20. April 1916 wurde die *U-9* ausgemustert und als Ausbildungsboot der U-Boot-Schule zugeteilt.

TECHNISCHE DATEN Abmessungen: 57,4 x 3 x 3,1 m. **Wasserverdrängung:** aufgetaucht 493 ts, untergetaucht 611 ts. **Antrieb:** 2 »Korting«-Dieselmotoren für schweres Treiböl, 2 Elektromotoren. **Leistung:** 225 + 580 PS. **Höchstgeschwindigkeit:** aufgetaucht 14,2 kn, untergetaucht 8,1 kn. **Reichweite:** aufgetaucht 1800 sm bei 14 kn, untergetaucht 80 sm bei 5 kn. **Bewaffnung:** 4 Torpedorohre. **Besatzung:** 29.

Unicorn

Die *Unicorn* wurde als »Aircraft maintenance carrier«, also als »Wartungsflugzeugträger«, geplant und gebaut. Sie war für die Erhaltung und Reparatur von Flugzeugen eingerichtet, konnte aber auch für Starts und Landungen eingesetzt werden – Aufgaben, für die sich normale Hilfsschiffe bis dahin nicht eigneten. In der Praxis wurden sie letztlich als richtige Flugzeugträger verwendet. Vom Aufbau her war die *Unicorn* ein leichter Flugzeugträger, man kann auch sagen, dass sie der erste leichte Flugzeugträger der Royal Navy war und als solcher die Vorgängerin der Schiffe der Klassen *Colossus* und *Hercules* aber auch der amerikanischen Klasse *Independence* darstellte. 1939 auf Kiel gelegt, ging sie erst im März 1943 in Betrieb. Im Zweiten Weltkrieg operierte sie im Mittelmeer und im Atlantik. In einem ihrer ersten Kriegseinsätze unterstützte sie als Teil der »Support Carrier Force« die Landung amerikanischer und englischer Truppen in Salerno. Im Koreakrieg diente sie dem Transport von Flugzeugen vom Stützpunkt in Singapur in das Kampfgebiet (1949-1953). Im Juni 1953 wurde sie als Transport-Flugzeugträger klassifiziert und 1959 ausgemustert.

TECHNISCHE DATEN Abmessungen: 195,07 x 27,43 x 5,78 m. **Wasserverdrängung:** 20.300 ts. **Antrieb:** 4 Kessel, 4 Turbinen, 4 Schrauben. **Leistung:** 40.000 PS. **Höchstgeschwindigkeit:** 24 kn. **Bewaffnung:** 8 100-mm-Fliegerabwehrkanonen, 16 40-mm-»Pom-Pom«-Maschinengewehre, 16 20-mm-Maschinengewehre, 2 Aufzüge, 35 Flugzeuge. **Besatzung:** 1000.

Visitenkarte

Land
Großbritannien

Typ
leichter Flugzeugträger

Werft
Harland & Wolff, Belfast, Irland

Stapellauf
20. November 1941

Vengeance

Sie ist das vierte und letzte Schiff der Klasse *Vanguard*, die aus mit ballistischen Raketen bestückten U-Booten besteht. Ihre Bewaffnung besteht aus amerikanischen »Trident II«-Raketen (D-5) mit Mehrfach-Nuklearsprengköpfen, die Ziele in 11.200 km Entfernung treffen können. Sie bilden die nukleare Abschreckungswaffe der Royal Navy. Die *Vengeance* wurde am 27. November 1999 in Dienst gestellt und seit Februar 2001 gehört sie der »First Submarine Squadron« an, welche die fortwährenden Untersee-Patrouillenfahrten verrichtet, die von der Royal Navy seit 30 Jahren unternommen werden.

TECHNISCHE DATEN Abmessungen: 149,9 x 12,8 x 12 m. **Wasserverdrängung:** 15.900 ts. **Antrieb:** 1 »PWR SG 8«-Atomreaktor und 2 Dampfturbinen mit 60.000 PS über eine Einzelwelle, 1 »Magnatek«-Hilfsmotor mit 325 PS. **Höchstgeschwindigkeit:** aufgetaucht 20 kn, untergetaucht 25 kn. **Bewaffnung:** 16 ballistische Raketen des Typs »Trident II« (D-5). **Besatzung:** 135, davon 14 Offiziere.

Visitenkarte

Land
Großbritannien

Typ
Unterseeboot

Klasse
Vanguard

Werft
Marconi-Marine Shipyard, Barrow-in-Furness, Großbritannien

Stapellauf
18. September 1998

Kennzeichen
S 31

Viribus Unitis

Visitenkarte

Land
Österreich

Typ
Panzerkreuzer

Klasse
Tegetthoff

Werft
Stabilimento Tecnico, Triest, Italien

Stapellauf
24. November 1911

Sie war eines von vier Schiffen der Klasse *Tegetthoff,* die einzige Klasse von Panzerkreuzern des Typs *Dreadnought,* welche die Kriegsmarine des österreichisch-ungarischen Kaiserreiches bauen ließ. Dies waren die ersten Schlachtschiffe, deren Hauptwaffen in Drillingstürmen untergebracht waren. In der Nacht von 31. Oktober auf den 1. November 1918 lag die *Viribus Unitis* zusammen mit der ***Tegetthoff*** und der ***Prinz Eugen*** im Hafen von Pula vor Anker. Auf ihren Hauptmasten hatten sie die kroatische Flagge gehisst, da sie vom Zusammenbruch des Reiches informiert worden waren. Der Panzerkreuzer wurde von den beiden Italienern Rossetti und Paolucci mit einem so genannten »Blutegel« überfallen. Dabei handelte es sich um einen Torpedo mit zwei Sprengladungen von 2000 kg, der unter dem Kiel des Schiffes zur Explosion gebracht wurde *(unten)*. Unter den 300 Toten der Besatzung befand sich auch Admiral J. Vulkovich, der erst seit einigen Stunden Kommandant der kroatischen Flotte war. *Viribus Unitis* (»Mit vereinten Kräften«) war das Motto Kaiser Franz Josephs.

TECHNISCHE DATEN Abmessungen: 152,2 x 27,3 x 8,9 m. **Wasserverdrängung:** 20.000 ts, 21.600 ts bei voller Beladung. **Antrieb:** 4 Dampfturbinen, 4 Schrauben. **Leistung:** 31.000 PS. **Höchstgeschwindigkeit:** 20,5 kn. **Bewaffnung:** 12 305-mm-Kanonen in Drillingstürmen, 12 152-mm-Kanonen auf Einzellafetten, 20 66-mm-Geschütze, 4 533-mm-Torpedorohre. **Panzerung:** vertikal 152 bis 280 mm, horizontal von 30 bis 50 mm, 50 bis 280 mm an den Türmen, 120 mm an der Kasematte. **Besatzung:** 1097.

Vittorio Veneto (1967)

Dieser Kreuzer mit Raketen und Hubschraubern wurde als Weiterentwicklung der ohnehin schon modernen Klasse *Andrea Doria* gebaut. Großes Augenmerk wurde auf die Verbesserung der Flugeinrichtungen an Bord gelegt, die auf eine Höchstzahl von neun »AB 212«-Hubschraubern zur U-Boot-Bekämpfung erhöht wurde. Die Helikopter sind in einem Hangar unter dem Flugdeck untergebracht. Das Schiff wurde am 21. Juli 1969 in Dienst gestellt und nahm seither an Hunderten nationalen und internationalen Übungen teil, wobei sie als Kommandoschiff für Geleitzüge von Flugzeugträgern oder kompletten Konvois fungierte. Von den Kriegseinsätzen blieb die Mission »Restore Hope« in Somalia (1995) in Erinnerung. Zwischen 1980 und 1982 wurde sie weitgehend modernisiert und die Bewaffnung auf den neuesten Stand gebracht. So wurden »Otomat«-Raketen für Seeziele und zwei »Dardo«-Verteidigungssysteme mit »Breda 40/70«-Zwillingstürmen angebracht. Bis zum Dienstantritt der *Giuseppe Garibaldi* (1985) war sie das Flaggschiff der italienischen Marine.

TECHNISCHE DATEN Abmessungen: 179,6 x 19,4 x 6 m. **Wasserverdrängung:** 8850 ts. **Antrieb:** 4 Kessel, 2 Getriebeturbinengruppen, 2 Schrauben. **Leistung:** 73.000 PS. **Höchstgeschwindigkeit:** 32 kn. **Reichweite:** 6000 sm bei 20 kn. **Bewaffnung:** 1 »Aster«-Zwillingsraketenwerfer, 8 »OTO Melara«-76-mm-Kanonen, 9 Hubschrauber. **Besatzung:** 560.

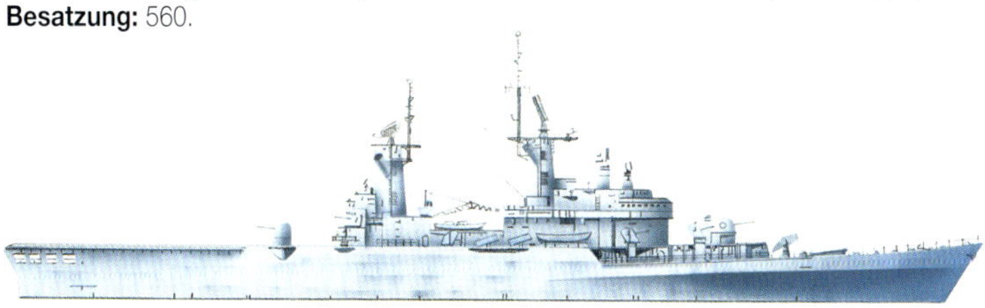

Visitenkarte

Land
Italien

Typ
Hubschrauber tragender Kreuzer

Werft
Italcantieri, Castellammare di Stabia, Italien

Stapellauf
5. Februar 1967

Zuikaku

Die *Zuikaku* und ihre Schwester ***Skokaku*** waren wahrscheinlich die besten Flugzeugträger Japans im Zweiten Weltkrieg. Schnell, stark und gut gepanzert, machten diese beiden fast allein der amerikanischen Flotte zu schaffen. Sie traten im Mai/Juni 1941 in Dienst und wurden der 5. Flugzeugträgerdivision zugeteilt, die am Angriff auf Pearl Harbor (7. Dezember 1941) beteiligt war. Die 5. Division umfasste auch noch vier andere Flugzeugträger (*Akagi, Kaga, Soryu* und *Hiryu*) und war die mächtigste Formation der japanischen Seestreitkräfte im Pazifikkrieg. 1941 unterstützten die beiden Flugzeugträger die Landung in Port Moresby auf Neuguinea und waren in der Schlacht im Korallenmeer (6.–8. Mai 1942). Dabei wurden sie so schwer beschädigt, dass sie in der Schlacht um Midway nicht teilnehmen konnten. Die Japaner revanchierten sich bei den Salomonen (24. August 1942), doch der Kampf gegen die amerikanischen Kräfte wurde immer ungleicher. Nach wechselnden Geschehnissen wurde die *Zuikaku* in der Schlacht von Kap Engaño wiederholt von amerikanischen Flugzeugen angegriffen und in einen Trümmerhaufen verwandelt. Schließlich versetzte ihr die *Essex* mit einem Torpedo den Gnadenstoß und versenkte sie. Am 19. Juni ereilte die *Skokaku* das gleiche Schicksal.

TECHNISCHE DATEN Abmessungen: 257,47 x 26,05 x 8,83 m. **Wasserverdrängung:** 29.800 ts. **Antrieb:** 8 Kessel, 4 Getriebeturbinengruppen, 4 Schrauben. **Leistung:** 160.000 PS. **Höchstgeschwindigkeit:** 34,2 kn. **Bewaffnung:** 16 127-mm-Fliegerabwehrkanonen, 36 25-mm-Maschinengewehre, 3 Aufzüge, 72 einsatzbereite Flugzeuge, 12 Flugzeuge in Reserve. **Besatzung:** 1660.

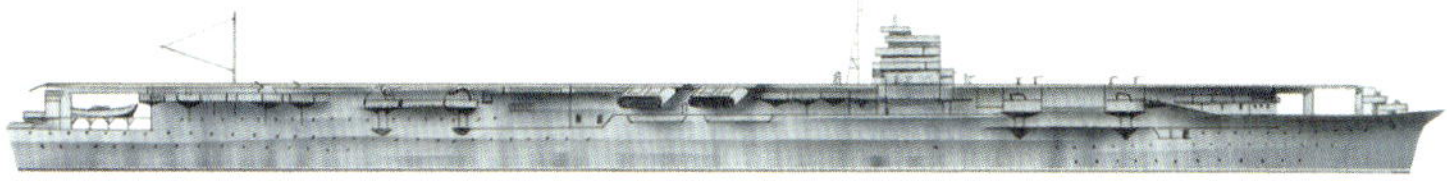

Visitenkarte

Land
Japan

Typ
Flugzeugträger

Klasse
Skokaku

Werft
Kawasaki, Kobe, Japan

Stapellauf
27. November 1939

Warrior

Visitenkarte

Land
Großbritannien

Typ
Schlachtpanzer

Werft
Thames Ironworks and Shipbuilding, Blackwall, London, Großbritannien

Stapellauf
28. Dezember 1860

Die *Warrior* war das erste Schiff der Welt mit einem modernen Rumpf aus Eisen, einer Panzerung und Schraubenantrieb. Sie verfügte über ein komplettes Segelwerk (drei Masten und viereckige Segel). Wie bei vielen Militärschiffen mit gemischtem Antrieb jener Zeit konnte man die Schiffsschraube in einen eigens dafür vorgesehenen Schacht versenken, um den Widerstand bei Fahrten unter Segeln zu vermindern. 1859 auf Kiel gelegt, wurde sie 1861 in Dienst gestellt. Der technische Fortschritt beim Schiffsbau führte bald dazu, dass die *Warrior* veraltet war. Sie kam am 1. April 1875 zur Reserve und wurde dann am 31. Mai 1883 ausgemustert. 1904 wurde sie zum Schultorpedoschiff in Portsmouth und in *Vernon III* umbenannt. Nachdem man sie bis auf den Rumpf ausgeschlachtet hatte, verwendete man sie als schwimmendes Benzinlager. Die Royal Navy überließ das Schiff schließlich 1979 dem »Maritime Trust«, um sie restaurieren zu lassen und der Öffentlichkeit zugänglich zu machen. Die Restaurierungsarbeiten wurden in Hartlepool durchgeführt und 1984 abgeschlossen. Dabei wurde auf Grundlage der Originalzeichnungen auch die kleine Galionsfigur wieder hergestellt, die einen mit Schwert, Brustpanzer und Schild bewaffneten Krieger (»Warrior«) darstellt. Die *Warrior* und ihr Schwesterschiff, die ***Black Prince,*** waren die letzten britischen Kriegsschiffe, die eine solche Verzierung trugen. Die *Warrior* wurde zum Museumsschiff erklärt und in Portsmouth deponiert *(oben)*.

TECHNISCHE DATEN Abmessungen: 115,8 x 17,8 x 7,9 m. **Wasserverdrängung:** 9200 ts, 9360 ts bei voller Beladung. **Antrieb:** 10 Kessel, 1 »Penn«-Dampfmaschine mit einfacher Dampfdehnung, 1 Schraube. **Höchstgeschwindigkeit:** 14 kn. **Bewaffnung:** 10 110-Pfund-Kanonen, 4 70-Pfund-Kanonen, 26 68-Pfund-Kanonen. **Panzerung:** vertikal 114 mm auf 457 mm starken Holzplanken. **Besatzung:** 705.

Yamato

Visitenkarte

Land
Japan

Typ
Panzerkreuzer

Werft
Arsenal von Kure, Japan

Stapellauf
8. August 1940

Die *Yamato* war gemeinsam mit ihrem Schwesterschiff ***Musashi*** das größte und stärkste Schlachtschiff, das jemals gebaut wurde. Die Wasserverdrängung des Schiffes war zum Zeitpunkt des Stapellaufes nur geringer als jene des britischen Transatlantikdampfers *Queen Mary*. Die Türme wogen 2818 Tonnen pro Stück und die Kanonen konnten ein 1473 kg schweres Geschoss alle 30 Sekunden über eine Distanz von über 40 km feuern. Das Schiff trat am 16. Dezember 1941 in Dienst, eine Woche nach Ausbruch des Krieges gegen die Vereinigten Staaten. Die *Yamato* nahm als Flaggschiff an der Schlacht um Midway, der Schlacht in den Marianen und im Golf von Loytc (Philippinen), die als größte Seeschlacht der Geschichte gilt, teil. Die *Yamato* wurde am 7. April 1945 versenkt, als sie sich der Insel Okinawa näherte, um die amerikanischen Angriffe abzuwehren. Die *Musashi* wurdo am 24. Oktobor 1944 bei Leyte versenkt.

Nebenan: Admiral Isoroku Yamamoto, Kommandant der japanischen Kriegsflotte, an Bord der Yamato.

TECHNISCHE DATEN Abmessungen: 263 x 36,9 x 10,4 m. **Wasserverdrängung:** 63.000 ts, 71.100 ts bei voller Beladung. **Antrieb:** 12 Kessel zu Paaren, 4 Getriebeturbinengruppen, 4 Schrauben. **Leistung:** 150.000 PS. **Höchstgeschwindigkeit:** 27 kn. **Reichweite:** 7200 sm bei 16 kn. **Bewaffnung:** 9 460-mm-Kanonen in drei Drillingstürmen, 12 155-mm-Kanonen, 12 127-mm-Kanonen, 87 25-mm-Fliegerabwehrkanonen, 4 Bordflugzeuge, 2 Katapulte. **Panzerung:** vertikal 409 mm, horizontal 230-200 mm, 545-50 mm am Rammbug, 650–192 mm an den Türmen, 500–300 mm an der Kommandobrücke. **Besatzung:** 2500.

America (1851)

Visitenkarte

Land
USA

Typ
Schoner

Werft
William H. Brown, New York, USA

Stapellauf
18. Juni 1851

Verwendung
Regattajacht

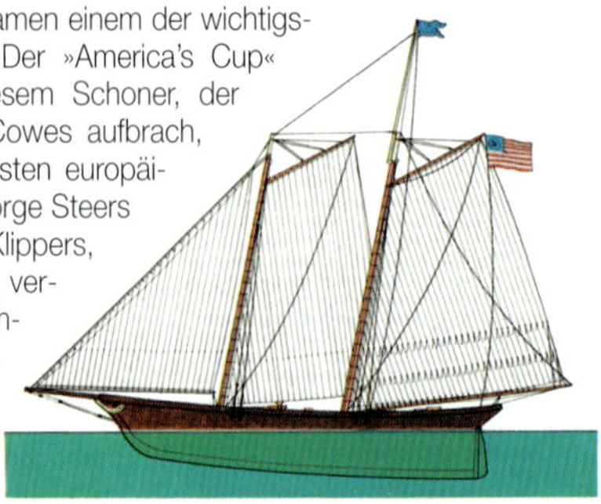

Diese historische Regattajacht lieh ihren Namen einem der wichtigsten Geschwindigkeitsbewerbe der Welt. Der »America's Cup« verdankt seine Bezeichnung nämlich diesem Schoner, der 1851 zur Wiege des Jachtsports nach Cowes aufbrach, um sich mit den Jachten des angesehensten europäischen Segelclubs zu messen. Der von George Steers entworfene Schoner hatte den Bug eines Klippers, die Eichenbeplankung war mit Zedernholz verziert, die Segel aus längs vernähter Baumwolle (während die Engländer Leinensegel verwendeten) und die Masten waren leicht gegen das Heck geneigt, was man zuvor noch niemals bei einem Schiff gesehen hatte. Unter Deck befanden sich vier Eignerkabinen, ein Salon mit sechs Kojen und eine Mannschaftsunterkunft im Bug, die 15 Personen aufnehmen konnte. Die *America* war vom Gründer des Jachtclubs von New York, John Stevens, mit der Hilfe eines Finanzkonsortiums in Auftrag gegeben worden, um an der Regatta teilzunehmen, die unter der Schirmherrschaft des Gatten der Königin Victoria, Prinz Albert, zur Feier der ersten Weltausstellung in London abgehalten wurde. Der Schoner brach sofort nach der Übergabe nach Europa auf und gewann am 22. August 1851 die Regatta von Cowes, das Rennen der Isle of Wight, vor 14 Konkurrenten und erhielt den ersten »100-Guineen-Pokal«, so genannt weil die Trophäe aus Silber soviel gekostet hatte. Bevor John Stevens in die Vereinigten Staaten zurückkehrte, verkaufte er die Jacht an Lord John de Blaquière, der die Masten des Schiffes kürzen ließ und sie für Kreuzfahrten im Mittelmeer benutzte. 1853 kaufte Lord Templeton die *America* und 1859 wurde sie in der Werft Pitcher an der Themse restauriert und in *Camilla* umgetauft. 1863 kam sie in die Heimat, nach Newport (Rhode Island) zurück, wo sie als Schulschiff für die Marineakademie der Vereinigten Staaten diente. Sie stand im Amerikanischen Bürgerkrieg im Einsatz und wurde danach von der Marine der USA bis 1873 verwendet. Sie kehrte in den Rennsport zurück, in dem sie bis 1901 verblieb, dem Jahr, in dem sie an ihrer 51. und letzten Regatta teilnahm. Nachdem er mehrmals seine Besitzer gewechselt hatte, landete der glorreiche Schoner 1921 schließlich bei der Marineakademie in Annapolis (Maryland), wo man ihn dem Verfall überließ. Das Schiff wurde in einem Schuppen gelagert, dessen Dach eines Nachts im Jahr 1942 unter der Last des Schnees einbrach und das Schiff beschädigte. Aus den noch brauchbaren Holzteilen baute man ein Modell, das im Museum der Akademie aufbewahrt wird. 1995 stellte man um 5 Mio. Dollar einen perfekten Nachbau der *America* her, der in Savannah die Segelregatta der 26. Olympischen Spiele offiziell eröffnete.

TECHNISCHE DATEN Abmessungen: 27,39 x 6,95 x 3,33 m. **Wasserverdrängung:** 170 ts. **Segelfläche:** 498 m². **Besatzung:** 7 und 8 Passagiere.

Nebenan: Der Start zum »Great Atlantic Race« (America's Cup) in einer Lithografie aus dem Jahr 1866. Oben: eine Zeichnung der America.

Ariel

Die von der Londoner Firma »Shaw, Lowther, Maxton« für den Transport von Tee aus China in Auftrag gegebene *Ariel* gilt, wegen der perfekten Proportion von Rumpf, Masten und Segeln, als der schönste jemals gebaute Klipper. Das von William Rennie geplante Schiff wurde in Eisen und Holz ausgeführt, wobei man auch ästhetische Aspekte berücksichtigte. Die Chroniken berichten, dass vier Mann zwölf Stunden täglich für den Glanz des Messings verantwortlich waren. 1866 nahm die *Ariel* am berühmten »Teerennen« teil. Die englischen Importeure hatten ein System erfunden, um aus den Klippern die bestmögliche Leistung herauszuholen: Sie versprachen dem ersten Reeder, dessen Schiff mit einer neuen Ladung Tee am Kai anlegte, zehn Shilling pro Tonne. Die englischen Reeder ließen sich diese Gelegenheit zu solch einer Herausforderung nicht entgehen und beim »Tea Race« von 1866 gingen 16 Klipper an den Start. Es wurde ein historisches Rennen. Nach einer Fahrtstrecke von 16.000 Meilen von Futschou nach London kamen die *Ariel* und die *Taeping* im Abstand von 20 Minuten ins Ziel und teilten sich die Prämie. Da aber ein solches Überangebot an Tee auf dem Markt den Preis drückte, zogen 1868 die Importeure die Prämie zurück. Die *Ariel* verschwand 1872 auf der Rückreise von China. Über ihr Ende erfuhr man niemals etwas.

TECHNISCHE DATEN Abmessungen: 60,2 x 10,3 x 6,4 m. **Wasserverdrängung:** 1058 ts. **Tonnage:** 853 BRT. **Rumpf:** Eisen und Holz.

Visitenkarte

Land
Großbritannien

Typ
Klipper

Werft
Robert Steele & Co., Greenock, Großbritannien

Stapellauf
29. Juni 1865

Verwendung
Handelsschiff

Ark Royal (1587)

Ihre Konstruktion geht auf Sir Walter Raleigh zurück und ihr ursprünglicher Name war *Anne Royal*. Königin Elisabeth I. kaufte dieses Schiff um 5000 Pfund Sterling und taufte es in *Ark Royal* um. Sie war das Flaggschiff von Lord Howard of Effingham in der Schlacht gegen die »Unbesiegbare Armada« 1588 und eines der größten Schiffe der britischen Flotte. Sie hatte zwei Kanonendecks, ein doppeltes Vorderdeck, ein Achterdeck und gleich dahinter die Kommandobrücke im Heck. Die Linien waren elegant und frei von allen überflüssigen Aufbauten, wie sie bei Schiffen dieser Größenordnung aus dieser Zeit modern waren. England war die erste Nation, die sich unter König Heinrich VIII. eine Galeone zulegte, während Spanien die letzte war.

TECHNISCHE DATEN Abmessungen: 88,6 x 13 x 7,3 m. **Wasserverdrängung:** 813 ts. **Bewaffnung:** 4 60-Pfund-Kanonen, 4 30-Pfund-Kanonen, 12 18-Pfund-Kanonen, 6 9-Pfund-Kanonen, 6 6-Pfund-Kanonen.

Visitenkarte

Land
Großbritannien

Typ
Galeone

Werft
Deptford Dockyard, Großbritannien

Stapellauf
1587

Verwendung
Kriegsschiff

Amerigo Vespucci

Visitenkarte

Land
Italien

Typ
Segelschiff

Werft
Cantieri Navali, Castellammare di Stabia, Italien

Stapellauf
22. Februar 1931

Verwendung
Schulschiff

Das Segelschiff *Amerigo Vespucci* wurde in der Königlichen Werft von Castellammare di Stabia gebaut. Sie war eines von zwei Schulschiffen, mit deren Herstellung auf Beschluss der Königlichen Marine nach Plänen des Oberstleutnants des Marinestabes, Francesco Rotundi, 1925 begonnen wurde. Dieser ließ sich bei der Formgebung von den Schiffen des 18. Jh. inspirieren. Das erste der beiden Schiffe, das 1928 in Dienst gestellt wurde, war die ***Cristoforo Colombo,*** die bis 1943 als Schulschiff in Dienst blieb. Nach Ende des Krieges wurde sie als Wiedergutmachung für angerichtete Schäden der UdSSR überlassen. Die *Amerigo Vespucci* trat im August 1931 in Dienst und absolvierte während ihrer langen aktiven Zeit 69 Ausbildungseinsätze für die Marineakademie, davon 35 in Nordeuropa, 25 im Mittelmeer, sieben in Nordamerika, einen in Südamerika und einen im Pazifischen Ozean. Sie ist eines der ältesten Schiffe der italienischen Kriegsmarine und auch eines der größten und majestätischsten Segelschiffe der Welt. Von den anderen Segelschulschiffen, die im Großteil der Fälle auf umgebauten Handelsschiffen basieren, unterscheidet sie sich durch ihre elegante Linienführung. Die markanten weißen Streifen auf dem schwarzen Rumpf erinnern an die beiden Kanonendecks jener Schiffe, an denen sich der Konstrukteur bei der Planung orientierte. Obwohl sie ausschließlich friedlichen Zwecken dient, ist die *Vespucci* mit einer Bewaffnung versehen, wenn auch nur eine von alter Art, die lediglich für Salutschüsse eingesetzt wird. Sie verfügt über drei Masten, die 50, 54 und 43 m hoch sind, einen Bugspriet, rechteckige Segel, Stag- und Focksegel, insgesamt 26 Segel aus strapazierfähigem Tuch (Hanf). Der Rumpf besteht im Wesentlichen aus drei Decks: Hauptdeck, Kanonendeck und Zwischendeck, Vor- und Achterdeck. Die *Amerigo Vespucci* unterlief in den Jahren 1951, 1958, 1973 und 1984 beachtenswerten Modernisierungen. 1992 und 2000 nahm sie an den großen Regatten zur Feier von Christoph Columbus und dem Millennium teil.

TECHNISCHE DATEN Abmessungen: 82,4 (101 ft.) x 15,5 x 7 m. **Wasserverdrängung:** 4146 ts bei voller Beladung. **Höhe des Großmastes:** 54 m über der Wasserlinie. **Segelfläche:** 2824 m^2. **Hilfsmotoren:** 2 Diesel- und 2 Elektromotoren mit insgesamt 2000 PS. **Höchstgeschwindigkeit:** 10 kn. **Bewaffnung:** 4 76-mm-Kanonen, 4 Maschinengewehre. **Besatzung:** 260, davon 16 Offiziere und 160 Kadetten.

Nebenan: die Amerigo Vespucci. *Oben: die Ausbildung auf dem Schiff auf einer zeitgenössischen Fotografie.*

AMERICO VESPUCCI

Belem

Visitenkarte

Land
Frankreich

Typ
Brigantine

Werft
Ancien Chantier Dubigeon, Chatenay-sur-Loire, Nantes, Frankreich

Stapellauf
18. Juni 1896

Verwendung
Schulschiff

Die für den Reeder Denis Crouan aus Nantes gebaute *Belem* war eine Handelsbrigantine, die hauptsächlich für den Transport von Kakao aus Brasilien nach Frankreich verwendet wurde. Belem, der portugiesische Name von Bethlehem, war der brasilianische Verschiffungshafen. Zwischen 1896 und 1914 unternahm die *Belem* 33 Atlantiküberquerungen im Auftrag von drei verschiedenen Reedern, bis sie an den Herzog von Westminster verkauft wurde, der sie zu seiner persönlichen Jacht für Vergnügungsreisen machte. 1924 wurde sie erneut verkauft und ging in den Besitz des Bierbarons Lord Guinness über, der sie in *Fantôme II* umtaufte. 1951 wurde sie vom Grafen Vittorio Cinti erworben. Dieser setzte sie als Schulschiff für die von ihm 1949 aus der Taufe gehobenen Stiftung ein, die er nach dem bei einem Flugzeugabsturz ums Leben gekommenen Sohn Giorgio benannt hatte. Und *Giorgio Cinti* wurde auch der Name des Schulschiffs, das dann 14 Jahre lang der Berufsausbildung von Seemannswaisen diente. Die Werft CNMOV in Venedig erwarb die *Giorgetta,* wie sie liebevoll von den Schülern des »Istituto Scilla« genannt wurde, um sie, mit der Absicht das Schiff an irgendeinen Reeder zu verkaufen, wieder in eine Luxusjacht umzuwandeln. Doch die Jacht fand keinen Käufer und blieb bis 1979 in Venedig. Dann kaufte sie die Französische Sparkasse und brachte sie an ihren Herkunftsort Nantes zurück. Die Brigantine wurde in Brest restauriert und erhielt ihr ursprüngliches Aussehen und ihren Namen zurück. Um die Erhaltung und die Bekanntheit dieses letzten noch existierenden Handelssegelschiffs Frankreichs zu sichern, gründete man 1980 die »Belem-Stiftung«. Der Dreimaster begann seine Tätigkeit als privates Schulschiff wieder aufzunehmen. Jedes Jahr gehen 1000 Volontäre an Bord, um Ausbildungsreisen zu unternehmen und Kenntnis der alten Seemannstraditionen zu erlangen.

TECHNISCHE DATEN (nach der Restauration von 1980): **Abmessungen:** 51 (58 ft.) x 8,8 x 3,6 m. **Wasserverdrängung:** 531 ts. **Höhe des Großmastes:** 34 m über der Wasserlinie. **Segelfläche:** 2824 m^2. **Anzahl der Segel:** 22. **Hilfsmotoren:** 2 »Fiat-Iveco«-Dieselmotoren mit jeweils 300 PS. **Höchstgeschwindigkeit:** 9 kn mit Motor, 12 kn unter Segel. **Besatzung:** 16 und 48 Volontäre.

Bellerophon

Dieses Kriegsschiff 3. Klasse mit 74 Kanonen gehörte zur geglückten, von Sir Thomas Slade entworfenen Baureihe, die mit der *Bellona* 1760 ihren Anfang nahm. Wie auch die anderen Schiffe dieser Serie, trug auch dieser Dreimaster mit zwei Decks einen mythologischen Namen, nämlich jenen des korinthischen Helden Bellerophon, der auf dem geflügelten Pferd Pegasus reitend die Chimäre getötet hat. Ihren ersten kriegerischen Einsatz erlebte die *Bellerophon* als Mitglied der »Channel Fleet« von Lord Richard Howe. In einem Kampf, der den Engländern als »Schlacht des ruhmreichen 1. Juni« in Erinnerung (1794) blieb, zwang sie die *Eole,* ein französisches Schiff mit 74 Kanonen, zur Aufgabe. 1797 wurde sie der Flotte von Horatio Nelson zugeteilt, der die Franzosen in Ägypten angreifen sollte. In der Schlacht am Nil (1. August 1798) trug sie durch die 120 Kanonen der *L'Orient* schwere Schäden davon, konnte aber in Sicherheit gebracht werden. Sie nahm auch an der Schlacht um Trafalgar (21. Oktober 1805) teil und in den darauf folgenden Jahren operierte sie in der »Channel Fleet« und in der Ostsee. Am 15. Juli 1815 ging Napoleon Bonaparte in Rochefort an Bord der *Bellerophon,* die ihn in sein Exil auf St. Helena brachte. 1836 wurde sie abgewrackt.

TECHNISCHE DATEN Abmessungen: 51,2 x 14,3 x 6 m. **Wasserverdrängung:** 1643 ts. **Bewaffnung:** 74 Kanonen, davon 28 32-Pfünder im Unterdeck und 28 18-Pfünder am Oberdeck; die übrigen 18 waren 9-Pfund-Kanonen. **Besatzung:** 550.

Visitenkarte

Land
Großbritannien

Typ
Kriegsschiff

Klasse
Arrogant

Werft
Greaves & Co., Frindsbury, Großbritannien

Stapellauf
1786

Verwendung
militärische Zwecke

Die Bellerophon *ging in die Geschichte ein, weil sie Napoleon in sein letztes Exil brachte. Oben: der große Korse in einer zeitgenössischen Zeichnung eines englischen Offiziers.*

Bellona

Visitenkarte

Land
Großbritannien

Typ
Kriegsschiff

Werft
Catham's Dockyard, Großbritannien

Stapellauf
19. Februar 1760

Verwendung
militärische Zwecke

Das britische Kriegsschiff lief 1760, während des Siebenjährigen Krieges (1756–1763), vom Stapel. Es war das erste Schiff einer vom Superintendenten der Royal Navy, Sir Thomas Slade, entworfenen Klasse, die derart erfolgreich war, dass sie 20 Jahre lang der Standard für britische Kriegsschiffe werden sollte. Nach dem Muster der *Bellona* wurden rund 40 Schiffe gebaut, die einen gelungenen Kompromiss zwischen den Anforderungen der Feuerkraft und der Manövrierfähigkeit darstellten. Sie hatten zwei Decks und eine Bewaffnung von 74 Kanonen, wodurch sie nach der damaligen englischen Klassifikation zur 3. Klasse gehörten (von 64 bis 80 Kanonen). In ihrer 54-jährigen Laufbahn nahm die *Bellona* an vier Kriegen teil. Kaum in Dienst gestellt, entsandte man sie zur Unterstützung der Seeblockade von Brest (1761), und in dieser ersten Aktion bezwang sie gleich das ebenfalls mit 74 Kanonen bestückte französische Schiff *Courageux*. Im Amerikanischen Unabhängigkeitskrieg nahm sie an zahlreichen Aktionen zur Nachschubblockade teil, und am 30. Dezember 1780 wurde sie für die Jagd auf die holländische Fregatte *Princess Caroline* ausgewählt. Der letzte große Krieg, an dem sie teilnahm, war jener gegen das napoleonische Frankreich. 1795 war sie das Flaggschiff der Flotte, welche die Franzosen bei Guadeloupe angriff. Sie nahm an der Seeblockade von Cádiz teil, war dann in Deutschland, Portsmouth und auf Barbados. Zusammen mit der Flotte Nelsons wirkte sie an der Schlacht von Kopenhagen (1801) und am Angriff gegen die französische Flotte im Golf von Biskaya (1809) mit. Die *HMS Bellona* (HMS steht für »His Majesty's Ship«, also »Seiner Majestät Schiff«) blieb bis 1814 in Dienst, dann wurde sie in Catham abgewrackt. *Bellona* ist der Name einer römischen Kriegsgöttin.

TECHNISCHE DATEN Abmessungen: 51,25 x 14,65 x 6 m. **Wasserverdrängung:** 1700 ts. **Höchstgeschwindigkeit:** 10 kn. **Bewaffnung:** 74 Kanonen, davon 28 32-Pfünder im Unterdeck und 28 18-Pfünder am Oberdeck; die übrigen 18 waren 9-Pfund-Kanonen. **Besatzung:** 567, davon 36 Offiziere.

Nebenan: die Bellona, *ein langlebiges Schiff, das an mehr als vier kriegerischen Auseinandersetzungen teilnahm, darunter auch der Siebenjährige Krieg (oben, in einem zeitgenössischen Druck).*

Bounty

Sie wurde wegen der Aufsehen erregenden Meuterei, die 1788 während der Rückreise von Tahiti stattfand, eines der weltberühmtesten Schiffe. Dieses Ereignis bot Stoff für unzählige literarische und filmische Bearbeitungen. Das Schiff war eine Fregatte mit drei Masten, das 1783 unter dem Namen *Bethia* gebaut wurde. Sie wurde als Kohlenschiff verwendet, bis sie im Mai 1787 von der Königlichen Westindiengesellschaft für den Transport von Brotbaumpflänzchen von Tahiti nach Jamaika erworben wurde. Die von Joseph Banks (der Botaniker, der Cook auf seine Expeditionen in den Pazifik begleitet hatte) entdeckte Pflanze wurde für äußerst nahrhaft und kostengünstig erachtet. Die Königliche Gesellschaft dachte daher, der Brotbaum eigne sich ideal zur Ernährung der Sklaven, die auf den Zuckerrohrplantagen arbeiteten. Das Schiff wurde in den Königlichen Arsenalen von Deptford entsprechend umgebaut, um diese Pflanzen während der mehrmonatigen Fahrt transportieren und am Leben erhalten zu können. Am 8. Juni 1787 wurde das Schiff in *HMS Bounty* umgetauft und dem Kommando von Kapitän William Bligh unterstellt, einem Offizier, der als Kommandant der *Resolution* Cook auf seiner dritten Expedition gefolgt war. Am 23. Dezember legte sie in Portsmouth ab. Während der langen Überfahrt kam es zu mehreren spannungsgeladenen Momenten zwischen Bligh und seiner Mannschaft, vor allem wegen der strengen Disziplin, die er verlangte, und die oft in Brutalität ausartete. Nach zehnmonatiger Fahrt erreichte die *Bounty* Tahiti, wo man fünf Monate blieb, um den Lebenszyklus des Brotbaums zu erforschen. Am 6. April 1789 lichtete die *Bounty* ihre Anker, um mit einer Fracht von mehr als 1000 Pflanzen die Heimreise anzutreten. Doch nach 22 Tagen auf See (am 28. April) bemächtigten sich fünf der 43 Männer unter der Führung des Ersten Offiziers Christian Fletcher des Schiffes. Sie setzten Bligh und 19 seiner Getreuen mit ausreichender Verpflegung in ein Rettungsboot der *Bounty* aus. Bligh gelang es, die Insel Timor zu erreichen. Drei der Meuterer wurden auf Tahiti gefangen genommen und zum Tode verurteilt.

TECHNISCHE DATEN Abmessungen: 26 x 7,6 x 3,5 m. **Wasserverdrängung:** 215 ts (250 ts bei voller Beladung). **Höchstgeschwindigkeit:** 9 kn. **Bewaffnung:** 24 18-Pfund-Kanonen. **Besatzung:** 43 plus Offiziere.

Visitenkarte

Land
Großbritannien

Typ
Fregatte

Werft
Hull Shipyard, Großbritannien

Stapellauf
1784

Verwendung
Handelsschiff

Nebenan: ein Modell der Bounty*. Oben: eine Lithografie, die John Adams, den einzigen Überlebenden der legendären Meuterei, zeigt.*

Bluenose

Visitenkarte

Land
Kanada

Typ
Schoner

Werft
Smith & Rhuland Yard, Lunenburg, Kanada

Stapellauf
26. März 1921

Verwendung
Handelsschiff

Als Schoner, der für die Kabeljaufischerei im Nordatlantik verwendet wurde, war die *Bluenose* berühmt für ihre Geschwindigkeit. 1920 stiftete der kanadische Senator William H. Dennis die »International Fisherman's Trophy« (»Internationaler Fischerpreis«), eine Reihe von Regatten für Fischerboote, die vor der Küste von Lunenburg in Neuschottland und Gloucester in Neuengland abgehalten wurden. Die erste Austragung gewann der amerikanische Segler *Esperanto,* was Dennis dazu anspornte, ein Konsortium zur Finanzierung eines wettbewerbsfähigen Bootes zu gründen. So entstand die *Bluenose,* der im Jahr nach ihrem Stapellauf die »Fisherman's Trophy« zugesprochen wurde. Das wiederholte sich auch in den folgenden Jahren und für lange Zeit blieb der Preis in kanadischen Händen. Das Schiff wurde 1942 verkauft und 1946, nachdem es vor Haiti Schiffbruch erlitten hatte, abgewrackt. 1963 baute die Werft »Smith & Rhuland« in Lunenburg die *Bluenose II*, eine geglückte Kopie des alten Schoners, die ein kanadisches Schulschiff wurde.

TECHNISCHE DATEN Abmessungen: 54 x 8,2 x 5,1 m. **Wasserverdrängung:** 285 ts. **Höhe des Großmastes:** 38,3 m. **Segelfläche:** 1012 m².

Britannia

Visitenkarte

Land
Großbritannien

Typ
Kutter

Werft
D & W Henderson, Glasgow, Großbritannien

Stapellauf
20. April 1893

Verwendung
Regattasegler

Die von George L. Watson entworfene *Britannia* war eine der schnellsten und berühmtesten Jachten ihrer Zeit. Sie gehörte dem Prinz von Wales, dem späteren König Eduard VII. und nach seinem Tod seinem Sohn, George V. Die *Britannia* war sehr innovativ, sie hatte einen langen, gekrümmten Bug, genannt »Wikingerbug«, der sich von der Bugform der damals in Verwendung stehenden Klipper deutlich unterschied. Sie erwies sich von Anfang an als außergewöhnlich schnell und gewann 33 von 34 Regatten, an denen sie nach ihrem Stapellauf teilnahm. In ihrer zweiten Saison gewann sie in Frankreich sieben von sieben Bewerben der »Big Class« und schlug sogar die *Vigilant,* die 1893 den Amerika-Pokal gewonnen hatte.

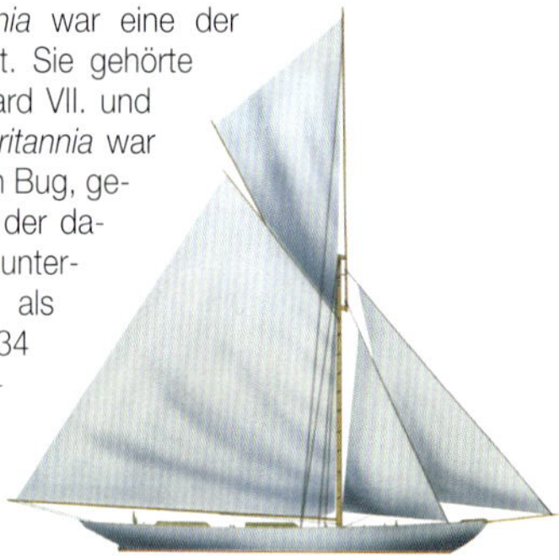

Nach der Krönung Eduards VII. diente sie dem König ausschließlich für Vergnügungsfahrten. Nach seinem Tod (1910) kehrte sein Sohn George V., ein passionierter Sportsegler, mit der *Britannia* wieder ins Renngeschehen zurück. Doch man stand vor dem Ausbruch des Ersten Weltkriegs und die *Britannia* musste bis 1920 warten, um sich wieder bei einer Regatta zeigen zu können. Im Jahr 1923 gewann sie 23 von 26 ausgetragenen Regatten. Am Ende ihrer Laufbahn hatte sie bei 635 Regatten, an denen sie teilnahm, 360 Siege davongetragen. Als George V. am 20. Jänner 1936 starb, hatte er verfügt, dass ihm seine geliebte *Britannia* ins Grab folgen sollte. Zu Mitternacht des 9. Juli wurde die königliche Nacht auf die offene See vor dem Hafen von Cowes geschleppt und mit einem einfachen Blumenkranz auf der Spitze des Mastes versenkt.

TECHNISCHE DATEN Abmessungen: 30,5 x 7,1 x 3,8 m. **Wasserverdrängung:** 264 ts. **Segelfläche:** 929 m².

Bucintoro

Visitenkarte

Land
Republik Venedig

Typ
Rudergaleere

Werft
Arsenal von Venedig, Italien

Stapellauf
1729

Verwendung
Repräsentationsschiff

Die *Bucintoro* war das Repräsentationsschiff des Dogen und der hohen Herrschaften der Durchlauchtigsten Venezianischen Republik. Sie wurde nur bei wichtigen Anlässen und hauptsächlich bei der Feier zu Christi Himmelfahrt eingesetzt, während der auch der Brauch der Hochzeit mit dem Meer gefeiert wurde. Nach dem Segen durch den Patriarchen fuhr die *Bucintoro* auf das Meer hinaus zum Hafen von San Nicolò am Lido und der Doge warf den symbolischen Ring in die Adria, während er die Worte sprach: *»Desponsamus te, mare, in signum veri perpetuique dominii« (»Ich heirate dich, oh Meer, zum Zeichen der wahren und ewigen Herrschaft«).* Insgesamt wurden vier *Bucintoro* gebaut. Die Aufzeichnungen über das erste Schiff stammen aus dem Jahr 1311, das zweite wurde 1520 und das dritte 1605 gebaut. Das vierte und letzte (1729) wurde unter der Regentschaft des Dogen Alvise Mocenigo und unter der Leitung des Ingenieurs Stefano Conti auf der Grundlage eines Galeerenrumpfes mit zwei Decks gebaut. Auf dem Unterdeck fanden 168 Ruderer Platz. Das von einem Baldachin überspannte Oberdeck bildete einen mit rotem Samt verkleideten Saal mit 90 Sitzen und 48 Fenstern. Dieses Gemach war den höchsten Autoritäten der Republik vorbehalten und wurde am Heck durch den prunkvollen Thron des Dogen abgeschlossen. Das Schiff war ein an Intarsien und Vergoldungen reiches Juwel, ein würdiger Repräsentant der »Königin der Adria«. 1798 wurde die *Bucintoro* von französischen Soldaten geraubt. Man benutzte sie dann unter dem Namen *Idra* als schwimmenden Geschützpark, der mit vier großen Kanonen bestückt zur Verteidigung der Lagune diente. Schließlich diente sie als Gefängnis und blieb bis zu ihrer Abwrackung 1824 im Wasser. Von der *Bucintoro* sind heute nur noch ein paar mutmaßliche Teile im Museum Correr in Venedig sowie ein Teil des Fahnenmastes im Marinehistorischen Museum des Arsenals erhalten. Die Herkunft des Namens ist unsicher. Eine der Hypothesen vermutet, dass er sich vom mythologischen Tier Zentaur ableitet, eine andere hält eine Ableitung aus dem lateinischen »Ducentorum« (200) für möglich (was sich auf die Anzahl der Ruderer beziehen soll). Eine andere Theorie leitet den Namen von »cinto d'oro« (»goldener Gürtel«) ab, bezieht sich also auf die charakteristische Verzierung des Schiffs.

TECHNISCHE DATEN Abmessungen: 34,8 x 7,31 x 8,35 m. **Besatzung:** 211 (3 Admirale, 40 Matrosen, 168 Ruderer).

Nebenan: die Bucintoro *auf einem Stich aus dem 18. Jh. Oben:* Die Rückkehr der Bucintoro, *gemalt von Francesco Guardi (1712–1793).*

Capitan Miranda

Visitenkarte

Land
Uruguay

Typ
dreimastiger Schoner

Werft
Astilleros de Matagorda, Cádiz, Spanien

Stapellauf
Juli 1930

Verwendung
Schulschiff

Die *Capitan Miranda* wurde für die »Sociedad Española de Construción Naval« (»spanische Schiffsbaugesellschaft«) gebaut, die sie für hydrografische Arbeiten einsetzen wollte. Sie kam am 16. Dezember 1930 in Montevideo an und nahm umgehend ihre Tätigkeit der Datenaufzeichnung an der Küste Uruguays auf. Im November 1965 war sie unterwegs zum Rio Grande do Sul, um an der »Fiesta del Mare« (»Fest des Meeres«) aus Anlass des 50. Jahrestages der »Armada Nacional« (»nationale Flotte«) teilzunehmen. Sie rettete die Besatzung des argentinischen Frachtschiffs *Esquel* und wurde zur »Heldin des Meeres« ernannt. 1976 war sie schon zur Abtakelung bestimmt, als man sich überlegte, sie zu modernisieren und als Schulschiff zu verwenden. Die Segelfläche wurde vergrößert, ein neuer Motor eingebaut und man rüstete das Schiff mit geeigneten Unterkünften für Mannschaft und Kadetten aus. Am 20. Oktober 1978 wurde der Traum der Marine Uruguays, über ein Segelschulschiff zu verfügen, wahr. Mit ihrer Jungfernfahrt nahm die *Capitan Miranda* einen Dienst auf, dem sie bis heute nachkommt.

TECHNISCHE DATEN Abmessungen: 55 x 8 x 3,4 m. **Wasserverdrängung:** 552 ts. **Höhe des Großmastes:** 44 m. **Segelfläche:** 722 m². **Hilfsmotor:** 1 Dieselmotor. **Bewaffnung:** 1 37-mm-Kanone, 1 Maschinengewehr. **Besatzung:** 52.

Constellation

Visitenkarte

Land
USA

Typ
Fregatte

Werft
David Stodder, Sterrett Shipyard, Baltimore, USA

Stapellauf
7. September 1797

Verwendung
militärische Zwecke

Sie war die zweite von sechs Fregatten, die der Kongress mit dem Beschluss von 1794 (nach dem die ersten Seestreitkräfte der USA entstanden) bauen ließ. Wie ihre Schwesterschiffe wurde die *Constellation* von Joshua Humpreys mit Hilfe des englischen Konstrukteurs Josiah Fox (Entwurf) gebaut. Bei ihrem ersten Kampfeinsatz kaperte sie am 9. Februar 1799 die französische Fregatte *L'Insurgente* im so genannten »Beinahekrieg«. Sie nahm an Feldzügen gegen jene Mittelmeerstaaten teil, deren Piratenschiffe amerikanische Frachter angriffen und beendete ihre Laufbahn als Flaggschiff des ostindischen Geschwaders im Opiumkrieg (1839–1842). Das Ende der *Constellation* ist ziemlich unsicher. Es hat den Anschein, dass Teile ihres Rumpfs für den Bau der neuen *Constellation* verwendet wurden. Das ist eine 1854 gebaute Korvette mit 22 Kanonen, die heute als Museumsschiff in Baltimore vor Anker liegt *(siehe Foto)*.

TECHNISCHE DATEN Abmessungen: 50 x 12,3 x 4,1 m. **Wasserverdrängung:** 1265 ts. **Bewaffnung:** 38 Kanonen. **Besatzung:** 340.

Christian Radich

Als der reiche Reeder Christian Radich 1889 starb, vermachte er sein Vermögen der Sozialeinrichtung »Ostlandets Skoleskib«, die sich mit der Vorbereitung Jugendlicher auf den Beruf des Seemanns befasste. 1935 ließ die Organisation, als Ersatz für die inzwischen veraltete *Statsraad Erichsen,* einen Segler bauen, dem sie den Namen ihres Wohltäters gab. Nach der Rückkehr von ihrer Jungfernfahrt nach New York besetzten die Deutschen Norwegen und beschlagnahmten das Schiff, um es als Stützpunkt für ihre U-Boot-Mannschaften zu verwenden. Mit neuen Segeln ausgestattet, gewann die *Christian Radich* ihre erste internationale Regatta und von diesem Moment an nahm sie an allen Veranstaltungen der »Operation Sail« teil. 1999 wurde sie detailgetreu restauriert.

Visitenkarte

Land
Norwegen

Typ
Segelschiff

Werft
Framnaes Mek. Verstad, Sandefjord, Norwegen

Stapellauf
1937

Verwendung
Schulschiff

TECHNISCHE DATEN Abmessungen: 72,5 x 9,7 x 4,5 m. **Wasserverdrängung:** 696 ts. **Segelfläche:** 1234 m^2. **Hilfsmotor:** Dieselmotor mit 650 PS. **Besatzung:** ca. 180.

Constitution

Visitenkarte

Land
USA

Typ
Fregatte

Werft
Edmund Hartt's Shipyard, Boston, USA

Stapellauf
21. Oktober 1797

Verwendung
militärische Zwecke

Am 27. März 1794 beschloss der Kongress der Vereinigten Staaten, sechs Fregatten bauen zu lassen. Damit war der Grundstein für eine Flotte gelegt, die den Kern der entstehenden Kriegsmarine der USA bildete (USS Navy). Die Entscheidung war aus der Notwendigkeit entstanden, amerikanische Handelsschiffe zu sichern, die auf dem Weg ins Mittelmeer ständig von Piraten angegriffen wurden. Mit der Umsetzung dieses Vorhabens wurde Joshua Humpreys beauftragt, der als der beste Konstrukteur der Neuen Welt galt. Die *Constitution* wurde in Boston gebaut und war die dritte Fregatte, die 1797 nach der *United States* und der *Constellation* vom Stapel lief. Sie war größer und besser bewaffnet als normale Fregatten und verfügte über drei durchgehende Decks, das heißt, dass sie an Bug und Heck weder durch ein Vorderdeck noch durch ein Hinterdeck unterbrochen wurden. Sie trat am 22. Juli 1798, während des so genannten »Beinahekrieges« gegen Frankreich, in Dienst und patrouillierte an der südlichen Küste der Vereinigten Staaten. 1803 ernannte man sie zum Flaggschiff des Mittelmeergeschwaders, das die amerikanischen Handelsschiffe gegen Piratenangriffe sichern sollte. Der Kommandant der *Constituion,* Edward Preble, errichtete eine Blockade des Hafens von Tripolis und nahm Befestigungsanlagen unter Beschuss. Dadurch wurden die betreffenden Staaten zur Unterzeichnung eines Friedensvertrages gezwungen. Während des Unabhängigkeitskrieges der Vereinigten Staaten gegen England 1812 bekämpfte sie erfolgreich die englischen Fregatten *Guerrière* und *Java* sowie die Korvetten *Cyane* und *Levant*. Danach operierte sie wieder im Mittelmeer, aber auch im Pazifik und entlang der afrikanischen Küste. Im Bürgerkrieg diente sie als Schulschiff für die Kadetten der Marineakademie und blieb bis 1881 aktiv im Dienst. Die »Old Ironside« (sinngemäß: »Alte Tapfere«) wurde zum Mythos der amerikanischen Marine. Öffentliche Proteste bewahrten sie mehrmals vor der Zerstörung. Ihr langes Leben verdankt die *Constitution* grundlegenden Rekonstruktionsarbeiten, von denen vor allem jene von 1812–1815, 1822, 1871/72, 1906 und 1927–1930 zu nennen sind. Seit 1932 liegt sie im Hafen von Boston. Sie ist eines der ältesten noch existierenden Schiffe.

TECHNISCHE DATEN Abmessungen: 53,34 x 13,26 x 6 m. **Wasserverdrängung:** 1576 ts. **Bewaffnung:** 32 24-Pfund-Kanonen, 20 32-Pfund-Kartätschen, 2 24-Pfund-Kartätschen im Bug. **Besatzung:** 450.

Corsaro

1882 ließ der große Seefahrer und Gründer des Italienischen Jachtclubs (1879), Enrico Alberto D'Albertis, beim Schiffsbaumeister Agostino Briasco in Sestri Ponente eine Jacht für Übersee-Kreuzfahrten anfertigen. Die *Corsaro* getaufte Jacht war ein Kutter mit hölzernem Rumpf und einem mit Kupferblech ausgeschlagenen Kiel, deren Form der geforderten Funktionalität entsprach. Nach Jahren der Vorbereitung nahm D'Albertis 1893 mit der *Corsaro* die Route von Christoph Kolumbus von Huelva nach San Salvador auf, wobei er ausschließlich solche Navigationsinstrumente benutzte, die identisch mit jenen waren, wie sie zur Zeit Kolumbus' gebräuchlich waren: Kompass, Quadrant und Astrolabium. Am 20. Juli traf er nach einer Reise von 27 Tagen und 22 Stunden am Ziel ein. Anschließend fuhr er nach New York, um an den großen Feierlichkeiten zum 400. Jahrestags der Entdeckung Amerikas teilzunehmen. Auf der Rückreise geriet das Schiff in einen verheerenden Wirbelsturm, der zwei Wochen andauerte. Doch gerade als man die Hoffnung schon aufgegeben hatte, konnte sich das Schiff aus dem Sturm befreien. Es langte am 7. Oktober nach einer Fahrt von etwa 10.000 Meilen in Genua ein. Das Domizil von D'Albertis beherbergt heute ein Museum (Castello D'Albertis – Museo delle Culture del Mondo), in dem unter anderem die völkerkundlichen und archäologischen Sammlungen ausgestellt werden, die der Kapitän von seinen Expeditionen nach Afrika, Amerika und Ozeanien mitgebracht hatte.

TECHNISCHE DATEN Abmessungen: 21,76 x 4,84 x 3,5 m. **Wasserverdrängung:** 50 ts. **Besatzung:** 9.

Visitenkarte

Land
Italien

Typ
Kutter

Werft
Agostino Briasco, Sestri Ponente, Italien

Stapellauf
März 1882

Verwendung
Kreuzfahrt-Jacht

Nebenan: die Corsaro. *Oben: Kapitän D'Albertis, der ihren Bau in Auftrag gab.*

Corsaro II

Visitenkarte

Land
Italien

Typ
Jolle

Werft
Costaguta, Genova Voltri, Italien

Stapellauf
19. November 1960

Verwendung
Schulschiff

Die vom renommierten Schiffsbaustudio Sparkman & Stephens in New York mit der Takelage einer Jolle konstruierte *Corsaro II* trat 1961 als Schulschiff für die Offiziersausbildung in den Dienst der italienischen Kriegsmarine. Bei ihrer Jungfernfahrt stand sie unter dem Kommando des Olympiachampions Agostino Straulino (Goldmedaille). Diese Jacht hat lange Reisen im Atlantik und im Pazifik absolviert und an zahlreichen internationalen Regatten teilgenommen (Klasse RORC). Sie fuhr oft Erfolge ein, so gewann sie 1962 die Regatta Torbay-Rotterdam und 1964 die Regatta von Lissabon zu den Bermudas. Das Schiff ist heute noch im Dienst.

TECHNISCHE DATEN Abmessungen: 20,9 x 4,88 x 2,92 m. **Wasserverdrängung:** 42 ts. **Höhe des Großmastes:** 25 m. **Segelfläche:** 205 m² (maximal 700 m²). **Hilfsmotor:** 1 Dieselmotor mit 321 PS. **Besatzung:** 16.

Cosmos

Visitenkarte

Land
Italien

Typ
Klipper

Werft
Cantiere Cadenaccio, Sestri Ponente, Italien

Stapellauf
10. Dezember 1865

Verwendung
Handelsschiff

Die *Cosmos* wurde von jener Werft gefertigt, die später Giovanni Ansaldo erwarb. Den Auftrag für dieses Schiff gaben die Gebrüder Frassinetti aus Genua, die sie für den Fracht- und Passagiertransport auf der Route Genua-Montevideo und Genua-Callao (Peru) einsetzen wollten. Der Rumpf bestand aus verschiedenen Eichenhölzern, die Feinarbeit war in Teak ausgeführt. Die Lackierung war schwarz mit weißen Streifen. Der schlanke Bug, die elegante Galionsfigur unter dem Bugspriet und die imposante Takelage machten diesen Segler zu einer der beeindruckendsten technischen und ästhetischen Erscheinungen ihrer Zeit. Der Mittelteil des Schiffes beherbergte einen luxuriösen Salon und 20 Kabinen für 40 Passagiere der 1. Klasse. Unter dem Hauptdeck befanden sich 600 Pritschen für Auswanderer. Die Reise von Genua nach Montevideo dauerte mit elf Tagen Aufenthalt in Gibraltar rund 62 Tage. 1869 erlitt die *Cosmos* in einem Unwetter bei Kap Hoorn ernste Schäden, konnte sich aber bis Montevideo durchschlagen. 1879 wurde sie durch einen Brand zerstört.

TECHNISCHE DATEN Abmessungen: 70 x 12,7 x 9 m. **Wasserverdrängung:** 4200 ts bei voller Beladung. **Tonnage:** 1716 BRT. **Höchstgeschwindigkeit:** 15 kn. **Passagiere:** 640, davon 40 in der 1. Klasse.

Cuauhtemoc

Die *Cuauhtemoc,* ein Schulschiff der mexikanischen Marine, ist der letzte einer Reihe von vier Seglern, die in der Werft Celaya in Bilbao für die Marine Kolumbiens (*Gloria*), Ecuadors (***Guayas***) und Venezuela (*Simon Bolivar*) gebaut wurden. Sie ist nach dem letzten Herrscher der Azteken benannt, der 1525 von Hernán Cortés gefangen genommen und getötet wurde. Die Brigantine nahm an der »Osaka World Sail« 1983 und an der »Columbus Regatta« 1992 teil. Sie gewann 1998 und 2000 die »Cutty Sark Trophy« und erhielt 2002 und 2003 die »Boston Teapot«-Trophäe, mit der jene Segelschiffe ausgezeichnet werden, die innerhalb von 124 Stunden die meisten Meilen im Atlantischen Ozean zurücklegen. 1990 hatte sie eine Kreuzfahrt rund um die Erde absolviert.

TECHNISCHE DATEN Abmessungen: 90,5 x 12 x 7,4 m. **Wasserverdrängung:** 1800 ts. **Segelfläche:** 2368 m^2. **Hilfsmotor:** 1 Dieselmotor mit 1125 PS. **Besatzung:** 218.

Visitenkarte

Land
Mexiko

Typ
Brigantine

Werft
Talleres Celaya, Bilbao, Spanien

Stapellauf
29. Juli 1982

Verwendung
Schulschiff

Cutty Sark

Visitenkarte

Land
Großbritannien

Typ
Klipper

Werft
Scott, Linton & Co., Dumbarton, Großbritannien

Stapellauf
26. November 1869

Verwendung
Handelsschiff

Die *Cutty Sark* ist nach der unsterblichen *Victory* von Admiral Nelson das beliebteste Schiff der Engländer. Sie wurde nach den Plänen von Hercules Linton für den alteingesessenen Reeder John Willis gebaut. Dieser besaß eine Handelsflotte in London und benötigte ein konkurrenzfähiges Segelschiff, um beim alljährlich stattfindenden »Tea Race« teilnehmen zu können. Dabei handelte es sich um ein regelrechtes Rennen zwischen den schnellsten Handelsseglern, von denen jeder mit einer Ladung Tee die Strecke von China nach Großbritannien zurücklegen musste. Der Aufbau der *Cutty Sark* bestand aus Eisen, die Beplankung aus Holz. Unter dem Bugspriet befand sich eine außergewöhnliche Galionsfigur aus Holz namens Nellie. Unglücklicherweise für ihren Reeder wurde im Jahr ihres Stapellaufs der Suezkanal eröffnet, der Dampfschiffen einen kürzeren und schnelleren Weg in den Fernen Osten eröffnete, aber für Klipper ungeeignet ist. Die *Cutty Sark* reiste daher nur acht Mal nach China und wurde dann von 1883 bis 1895 für den Transport von Wolle aus Australien eingesetzt, wobei sie zahlreiche Überfahrtsrekorde aufstellte. Der Handel mit Wolle war jedoch nicht einträglich genug, weshalb das Schiff an den Reeder Ferreira in Lissabon verkauft wurde. Er benannte den Klipper nach sich selbst, doch die Crew nannte ihn lieber »*Camisola Pequenina*«, also »kurzes Hemd«, was der portugiesischen Übersetzung von *Cutty Sark* entspricht. Das Schiff wurde zum Schoner umgerüstet und kreuzte zwischen Lissabon, Kap Verde und Brasilien. 1920 ging sie durch Veräußerung in den Besitz der »Compagnia de Navegação de Portugal« über und wurde in *Maria di Amparo* umgetauft. 1922 erwarb sie Wilfred Dowman, ein schiffsbegeisterter Engländer, der ihr das ursprüngliche Aussehen und ihren originalen Namen zurückgab. Nach seinem Tod im Jahr 1938 bot seine Witwe das Schiff dem »Incorporated Thames Nautical Training College« in Greenhithe an der Themse an. Schließlich wurde die *Cutty Sark* 1951 nach Greenwich, in der Nähe von London, gebracht, wo sich auf Initiative des Herzogs von Edinburgh eine Gesellschaft für den Erhalt des Schiffes bildete. Sie wurde in ein eigenes Becken verlegt und in ein Museumsschiff umgewandelt. Die *Cutty Sark* ist der einzige heute noch erhaltene Klipper.

TECHNISCHE DATEN Abmessungen: 64,8 x 11 x 6,4 m. **Wasserverdrängung:** 2001 ts. **Tonnage:** 963 BRT. **Höhe des Großmastes:** 45,51 m. **Segelfläche:** 2972 m^2. **Höchstgeschwindigkeit:** 21 kn. **Besatzung:** 32.

Danmark

Dieser Dreimaster mit einem Rumpf aus Stahl wurde nach den Plänen von Aage Larsen gebaut, um als Segelschulschiff für die Offiziere der dänischen Handelsmarine zu dienen. Sie brach 1939 zur alljährlichen Ausbildungsfahrt nach New York auf, wo sie die Weltausstellung besuchte. Die *Danmark* befand sich noch immer in New York, als im Frühjahr 1940 die Deutschen Dänemark besetzten. Die Besatzung bot ihre Dienste und ihr Schiff der amerikanischen Regierung an und die *Danmark* wurde für die Ausbildung der Offiziere der Küstenwache in Connecticut eingesetzt. Nach Ende des Kriegs 1945 wurde das Schiff der Regierung seiner Heimat zurückgegeben und ging dort seiner ursprünglichen Bestimmung wieder nach. 1953 wurde es modernisiert.

TECHNISCHE DATEN Abmessungen: 64 (77 ft.) x 10 x 5,2 m. **Wasserverdrängung:** 1700 ts. **Segelfläche:** 1632 m². **Anzahl der Segel:** 26. **Hilfsmotor:** 1 Dieselmotor mit 486 PS. **Besatzung:** 19 und 80 Kadetten.

Visitenkarte

Land
Dänemark

Typ
Segelschiff

Werft
Nakskov Skibs, Nakskov, Dänemark

Stapellauf
1932

Verwendung
Schulschiff

Dar Pomorza

Visitenkarte

Land
Polen

Typ
Segelschiff

Werft
Blohm & Voss, Hamburg, Deutschland

Stapellauf
28. September 1909

Verwendung
Schulschiff

Die *Dar Pomorza* ist heute eine Touristenattraktion in der Stadt Gdynia (in der Nähe von Danzig, Polen). Bevor sie zum Museumsschiff im Hafen der Stadt wurde (wo auch der Torpedobootzerstörer *Blyskawica* liegt) war sie von 1930 bis 1981 das Schulschiff der dortigen Akademie der Handelsmarine. Die Geschichte dieses Segelschiffes beginnt 1909 in der Werft »Blohm & Voss« in Hamburg, wo man sie als Schulschiff für den »Deutschen Schulschiff Verein« unter dem Namen *Prinzess Eitel Friedrich* baute. Sie war nach der 1901 vom Stapel gelaufenen *Großherzogin Elisabeth* (später *Duchess Anne*) das zweite Segelschiff des Vereins. 1918 wurde das Schiff als Wiedergutmachung für Kriegsschäden an Frankreich abgetreten und dort in *Colbert* umgetauft. Die Franzosen benutzten den Segler jedoch nie. 1929 schließlich erwarb Pommern das Schiff, um die Befreiung von der deutschen Herrschaft zu feiern, taufte es in *Dar Pomorza* (»Pommersche Frau«) um und überließ es Polen als Zeichen der Anerkennung. Das war der Beginn ihrer 60-jährigen Laufbahn bei der Marineakademie von Gdynia, deren Kadetten ihr den Spitznamen »Weiße Fregatte« gaben. 1934/35 absolvierte sie eine Weltumsegelung und bei Ausbruch des Krieges brachte man sie nach Schweden in Sicherheit. Nach Kriegsende kehrte sie nach Polen zurück. In den 70er-Jahren nahm sie an verschiedenen »Cutty Sark Tall Ships Races« teil und gewann die Trophäe 1972 und 1980. Am 4. August 1982 wurde sie außer Dienst gestellt und durch die *Dar Młodzieży* ersetzt. Am 27. Mai 1983 wurde sie zum Museumsschiff erklärt.

TECHNISCHE DATEN Abmessungen: 80 (91 ft.) x 12,6 x 5,7 m. **Wasserverdrängung:** 1561 ts (1574 ts bei voller Beladung). **Höhe des Großmastes:** 41,4 m. **Segelfläche:** 2100 m². **Hilfsmotor:** 1 Dieselmotor mit 430 PS. **Höchstgeschwindigkeit:** 17 kn (unter Segel). **Besatzung:** 28 und 150 bis 200 Kadetten.

Dewarutji

Visitenkarte

Land
Indonesien

Typ
Schoner

Werft
H. C. Stülcken & Sohn, Hamburg, Deutschland

Stapellauf
1953

Verwendung
Schulschiff

Dieses Schulschiff der indonesischen Marine wurde von einer deutschen Spezialwerft hergestellt, die sich meisterhaft auf den Bau von Segelschiffen versteht. Es handelt sich um einen dreimastigen Schoner mit einem stählernen Rumpf mit drei Decks. Auf ihrer Jungfernfahrt von Nordeuropa nach Djakarta drohte sie, wohl auch wegen der Unerfahrenheit der Besatzung, dreimal zu kentern. Ab 1957 wurde sie für die Aus- und Fortbildung von Seekadetten, aber auch für die Seeforschung eingesetzt. Das Schiff bewegt sich selten außerhalb der Hoheitsgewässer Indonesiens, doch 1964 nahm sie an der »Operation Sail« in New York teil und segelte 1970, aus Anlass des 200. Jahrestages der Entdeckung Australiens, nach Sydney. Ihr Name stammt von »Dewa Rutji«, der in der indonesischen Mythologie der für seine Weisheit bekannte Gott des Meeres ist.

TECHNISCHE DATEN Abmessungen: 58,27 x 9,5 x 4,05 m. **Wasserverdrängung:** 886 ts. **Höhe des Großmastes:** 35 m. **Segelfläche:** 1100 m². **Hilfsmotor:** 1 »MAN«-Dieselmotor mit 600 PS. **Besatzung:** 30 und 78 Kadetten.

Duchesse Anne

Ihr ursprünglicher Name lautete *Großherzogin Elisabeth.* Sie entstand als Schulschiff für die Ausbildung der Offiziere und Matrosen der deutschen Handelsmarine. Ihren Namen erhielt sie zu Ehren der Großherzogin von Oldenburg, der Präsidentin des »Deutschen Schulschiff Vereines«. Nachdem sie den Ersten Weltkrieg unbeschadet überstanden hatte, musste man sie 1946 als Wiedergutmachung für erlittene Kriegsschäden an Frankreich abtreten. In *Duchess Anne* umgetauft wurde sie zuerst als Schulschiff in Brest eingesetzt und dann nach und nach vernachlässigt und dem Verfall preisgegeben (1961). Nach langem Ringen gelang es einigen Bewunderern, das Segelschiff zu retten. 1981 wurde es für den symbolischen Preis von 1 Franc der Stadt Dunkerque (Dünkirchen) verkauft, die es nach der Restaurierung in ein schwimmendes Museum umwandelte. 1982 wurde das Schiff zum historischen Denkmal erklärt. In seinen Originalfarben, weiß-grün-braun wunderschön wiederhergestellt, wird es im Herzen der Stadt ausgestellt. Am 30. Juni 2001, aus Anlass des 100. Jahrestages des Stapellaufs, wurde das Schiff von der Bürgerschaft mit einem öffentlichen Festakt gefeiert.

Visitenkarte

Land
Frankreich

Typ
Segelschiff

Werft
J. C. Tecklenborg, Bremerhaven, Deutschland

Stapellauf
7. März 1901

Verwendung
Schulschiff

TECHNISCHE DATEN Abmessungen: 92 x 11,9 x 5,45 m. **Wasserverdrängung:** 1250 ts. **Höhe des Großmastes:** 48 m. **Segelfläche:** 2600 m^2. **Hilfsmotor:** keiner. **Besatzung:** 180–200.

Eagle

Visitenkarte

Land
USA

Typ
Brigantine

Werft
Blohm & Voss, Hamburg, Deutschland

Stapellauf
13. Juni 1936

Verwendung
Schulschiff

Die renommierte Werft Blohm & Voss in Hamburg baute zwischen 1933 und 1938 vier gleichartige Segelschiffe, die als Schulschiffe vorgesehen waren. Alle waren als Brigantinen mit stählernem Rumpf ausgelegt. Die ersten drei, ***Gorch Fock, Horst Wessel*** und ***Albert Leo Schlageter*** waren für die deutsche Marine bestimmt. Das vierte, die *Mircea II,* ging an Rumänien. Nach dem Krieg baute man für die wiederaufgebaute deutsche Marine ein fünftes, die *Gorch Fock II.* Diese fünf Schulschiffe sind auch als die »fünf Schwestern« bekannt. Die *Horst Wessel,* in Erinnerung an den »Dichter und Märtyrer« der NS-Zeit so benannt, wurde am 13. Juni 1936 im Beisein von Hitlers Stellvertreter Rudolf Hess vom Stapel gelassen. Zu Beginn des Zweiten Weltkriegs wurde sie auch für Mannschaftstransporte und Versorgungsfahrten in der Ostsee verwendet, aber auch für ihren ursprünglichen Zweck eingesetzt. Nach Ende des Kriegs wurde die *Horst Wessel* den Vereinigten Staaten als Wiedergutmachung für Kriegsschäden überlassen. Auch ihr Schwesterschiff *Albert Leo Schlageter* ging an Amerika, wurde jedoch an die brasilianische Marine verkauft und erhielt den Namen *Guanabara.* Die *Horst Wessel* wurde hingegen in *Eagle* umgetauft und der Küstenwache in Connecticut zugeteilt, die sie für Ausbildungsfahrten ihrer Kadetten heranzog. Das Ausbildungsprogramm sah jedes Jahr vier Fahrten vor: zwei in Europa oder in der Karibik mit den Offiziersanwärtern des 1. und 3. Jahrgangs und zwei kürzere entlang der nordamerikanischen Küste mit den Offiziersanwärtern des 2. und 4. Jahrgangs. Die *Eagle* ist momentan das größte »Tall Ship« unter dem Sternenbanner und das siebte Schiff der Küstenwache, das diesen Namen trägt. Das erste stammte aus dem Jahr 1792.

TECHNISCHE DATEN Abmessungen: 80,7 (89,7 ft.) x 11,9 x 5,2 m. **Wasserverdrängung:** 1800 ts. **Höhe des Großmastes:** 45,4 m über der Wasserlinie. **Segelfläche:** 1983 m². **Hilfsmotor:** 1 Dieselmotor mit 750 PS. **Besatzung:** 65 und 180 Kadetten.

Ebe

1952 kaufte die italienische Kriegsmarine, der nach dem wechselhaften Kriegsgeschehen lediglich ein Schulschiff verblieben war, ein Handelssegelschiff, um es in ein Schulschiff umzubauen. Dieses Handelsschiff wurde in Viareggio in der Werft Benetti gebaut und 1921 unter dem Namen *San Giorgio* vom Stapel gelassen. Es war eine Mischung aus Brigantine und Schoner, das heißt, sie verfügte über zwei Masten, von denen der Fockmast mit viereckigen Segeln und der Großmast mit trapezförmigen Segeln versehen war. Mit den Anpassungsarbeiten für die gewünschte Funktion als Schulschiff für Steuermänner betraute die italienische Marine das Arsenal von La Maddalena und taufte das Schiff in *Ebe* um (es gab bereits 1926 ein Schulschiff dieses Namens) und stellte es in Dienst. Die *Ebe* blieb bis 1958 aktiv, dann wurde sie von der *Palinuro* ersetzt. Im Jahr darauf wurde die *Ebe* im Hafen von La Spezia abgetakelt und dem Museum für Wissenschaft und Technik in Mailand überlassen, das sie Stück für Stück zerlegen und im Inneren der Luft- und Schifffahrtshalle wieder aufbauen ließ. Dort kann man sie heute besichtigen *(unten)*. Es handelt sich um das größte vollständige in einem Museum ausgestellte Schiff der Welt (die *Vasa* ist größer, hat aber keine vollständigen Masten).

TECHNISCHE DATEN Abmessungen: 51,5 x 9,5 x 9 m. **Wasserverdrängung:** 600 ts. **Höhe des Großmastes:** 44 m. **Segelfläche:** 722 m². **Hilfsmotor:** 1 Dieselmotor. **Besatzung:** 74.

Visitenkarte

Land
Italien

Typ
Brigantine/Schoner

Werft
Benetti, Viareggio, Italien

Stapellauf
21. August 1921

Verwendung
Schulschiff

Endeavour

Visitenkarte

Land
Großbritannien

Typ
Brigantine

Werft
Fishburn, Whitby, Großbritannien

Stapellauf
1764

Verwendung
Handelsschiff

1768 erklärte sich die »Royal Society« (»Königliche Gesellschaft«) bereit, eine wissenschaftliche Expedition zu finanzieren, um zu beobachten, wie – am 3. Juni 1769 auf der Breite von Tahiti gut sichtbar – die Venus an der Sonne vorbeilief. Dabei wollte man auch von dem Umstand profitieren, dass man die Existenz neuer Länder in der südlichen Erdhalbkugel nachweisen könnte. Zu diesem Zweck wurde ein in Whitby beheimatetes Schiff ausgewählt, das damals für den Transport von Kohle verwendet wurde. Es war eine 1764 gebaute Brigantine mit dem Namen *Earl of Pembroke.* Der in *Endeavour* umgetaufte Segler wurde dem Kommando des Kapitäns der Königlichen Britischen Marine, James Cook, unterstellt. Die *Endeavour* legte am 25. August 1768 mit Wissenschaftern und Forschern an Bord in Plymouth ab. Nachdem man die astronomischen Beobachtungen auf Tahiti erledigt hatte, erreichte Cook Neuseeland und erforschte Teile der Küste. 1770 wiederholte er die Reise und nachdem er die Torres-Straße und das Kap der Guten Hoffnung überwunden hatte, langte er 1771 wieder in England ein. Die *Endeavour* wurde 1790 an einen französischen Reeder verkauft, der sie in *Liberté* umtaufte. Einige Jahre später wurde sie abgetakelt. In Freemantle (Australien) baute man 1994 eine Reproduktion.

TECHNISCHE DATEN Abmessungen: 29,8 x 9,8 x 5,8 m. **Wasserverdrängung:** 379 ts. **Bewaffnung:** 6 4-Pfund-Kanonen, 8 schwenkbare. **Besatzung:** 85–94.

Nebenan: die Endeavour *in einem Gemälde aus dem 18. Jh. von Thomas Luny. Oben: James Cook.*

Esmeralda

Dieser Schoner mit vier Masten wurde 1946 in Cádiz (Spanien) auf Kiel gelegt und sollte *Don Juan de Austria* getauft werden. Im Mai 1953 wurde das Schiff stattdessen der chilenischen Marine überlassen, die es mit dem Namen *Esmeralda* als Schulschiff und Ersatz für die alte *General Baquedano* einsetzte. Dieses Schiff war seinerseits ein zwischen 1925 und 1927 als *Juan Sebastian de Elcano* in Spanien gebautes Schulschiff. Ganz vorne am Bug befand sich eine schöne Galionsfigur, die das Nationalsymbol Chiles, einen Kondor, verkörperte. Die *Esmeralda* hat neben den Ausbildungsfahrten mit den Kadetten der chilenischen Marine auch an mehreren renommierten Segelbewerben teilgenommen.

TECHNISCHE DATEN Abmessungen: 113 x 13,1 x 6,8 m. **Wasserverdrängung:** 3673 ts. **Segelfläche:** 2870 m². **Hilfsmotor:** 1 Dieselmotor mit 2000 PS, 1 Schraube. **Bewaffnung:** 4 47-mm-Kanonen für Salutschüsse. **Besatzung:** 160 und 180 Kadetten.

Visitenkarte

Land
Chile

Typ
Schoner

Werft
Astilleros Enchavarrieta y Larrinaga, Cádiz, Spanien

Stapellauf
1950

Verwendung
Schulschiff

Falken

Sofort nach dem letzten Krieg ließ die schwedische Marine als Ersatz für die alten Segler *Jarramas* und *Najaden* zwei Schoner anfertigen. Die ***Gladan*** (»Nordwind«) wurde 1946 in Dienst gestellt, ihr Schwesterschiff *Falken* (»Falke«) vier Monate später. Letztere eignet sich sowohl für die Ausbildung der Offiziere der Kriegsmarine als auch jener der Handelsmarine. 1952 wurde die *Falken* auch an die Marineschule der Privatstiftung »Rydberg Foundation« vermietet. 1956 haben beide Schiffe an verschiedenen anspruchsvollen Regatten teilgenommen, darunter auch die »Operation Sail«.

TECHNISCHE DATEN Abmessungen: 39,3 x 7,2 x 4,2 m. **Wasserverdrängung:** 220 ts. **Höhe des Großmastes:** 31,4 m über der Wasserlinie. **Segelfläche:** 680 m². **Hilfsmotor:** 1 »Scania-Vabis«-Dieselmotor mit 128 PS. **Besatzung:** 15 und 38 Kadetten.

Visitenkarte

Land
Schweden

Typ
Schoner

Werft
Naval Dockyard, Stockholm, Schweden

Stapellauf
1946

Verwendung
Schulschiff

Flying Cloud

Visitenkarte

Land
USA

Typ
Klipper

Werft
Donald McKay, East Boston, USA

Stapellauf
15. April 1851

Verwendung
Handelsschiff

Die Flying Cloud *ist eines der beliebtesten Schiffe bei den Modellbauern. Oben: Details eines Holzmodells des Segelschiffes.*

Die *Flying Cloud,* der berühmteste amerikanische Klipper, wurde für »White Diamond Packets« entworfen und gebaut. Doch noch während der Fertigstellung wurde das Schiff an die »Swallowtail Line« verkauft. Es war das schnellste Segelschiff seiner Zeit. In den Jahren des »kalifornischen Goldrauschs« brauchte ein normales Segelschiff von New York nach San Francisco (eine Reise von mehr als 16.000 Meilen) mehr als 200 Tage. Am 2. Juni 1851 stellte die *Flying Cloud* mit 89 Tagen und 21 Stunden für die gleiche Strecke einen Geschwindigkeitsrekord auf. Das Kommando über den Klipper hatte Josiah »Perk« Creesy und als Navigator fungierte seine Ehefrau Eleanor. Die *Flying Cloud* verbesserte zwei weitere Male ihren eigenen Rekord und bewältigte die Strecke im Jahr 1854 in 89 Tagen und vier Stunden – ein Rekord der erst 1989 von der Regattakorvette *Thursday's Child* gebrochen wurde. 1857 umschiffte sie ein letztes Mal Kap Hoorn und blieb dann drei Jahre lang in New York im Trockendock und befuhr dann die Handelslinien zwischen England, Australien und Hongkong. 1863 wurde sie an die Firma »T. M. Mackay«, einem Partner der »James Baines's Black Bell Line«, verkauft, die mit dem Schiff Auswanderer von England nach Queensland (Australien) brachte und mit Wolle beladen zurückfuhr. 1871 ging sie an Harry Smith Edwards in South Shields, der sie für den Handel zwischen Saint Johns und New Brunswick einsetzte, wobei sie Kohle und Eisen auf der Hinfahrt und Bauholz auf der Rückfahrt geladen hatte. 1874 fuhr das Schiff auf ein Riff bei Bacon Island auf, wobei das Heck schwer beschädigt wurde. Zurück in Saint Johns verbrannte man das Wrack, um an die Metallteile zu gelangen.

TECHNISCHE DATEN Abmessungen: 71,6 x 12,4 x 6,5 m. **Wasserverdrängung:** 1812 ts.

Fram

Der Name des Schoners *Fram* (»Vorwärts« auf Norwegisch) ist mit der Geschichte der Polarforschung eng verbunden. Er wurde vom Schiffsbaumeister Colin Archer und dem norwegischen Entdecker Fridtjof Nansen, der auch Auftraggeber war, entworfen. Das Schiff musste den arktischen Winter überstehen und den Nordpol erreichen. Daher wurde ein sehr abgerundeter Kiel entworfen, der so konzipiert war, dass er dem Druck des Eises widerstehen und die Kräfte der arktischen Ströme aushalten konnte, ohne Gefahr zu laufen, vom Eis zermalmt zu werden. Der Schoner hatte drei Masten, einen Hilfsmotor mit 220 PS und einen Dynamo, der elektrisches Licht lieferte. Am 24. Juni 1893 legte die *Fram* mit zwölf Männern und 34 Schlittenhunden in Bergen (Norwegen) ab. Am 24. September war sie bereits vom Packeis eingeschlossen und ließ sich mit der Strömung treiben. Nach einem Jahr in der Drift hatte man 300 Meilen Richtung Nordpol zurückgelegt. Ungefähr auf der Höhe 85° Nord verließ Nansen am 14. März 1895 das Schiff und brach mit zwei Begleitern zum Pol auf, ohne ihn allerdings zu erreichen. Drei Jahre später wurde die *Fram* erneut für eine Expedition in die Arktis unter der Leitung von Otto Sverdrup (1898–1902) eingesetzt. Nachdem er die Küste Grönlands westlich der Ellesmere-Insel erforscht hatte, kehrte der Entdecker mit vielen naturwissenschaftlichen Proben zum Analysieren zurück. Die dritte Expedition der *Fram* wurde von Roald Amundsen geleitet (1910–1912). Der große norwegische Entdecker wollte neuerlich versuchen, den Nordpol zu erreichen. Doch im letzten Moment erhielt er Nachricht davon, dass dieses Unternehmen bereits dem Amerikaner Peary gelungen war (6. April 1909). Er änderte seine Pläne und brach zur Eroberung des Südpols auf, im Wettlauf mit dem Engländer Scott. Das Abenteuer gelang und am 14. Dezember 1911 erreichte Amundsen als Erster den Südpol, wo er die norwegische Flagge und die der *Fram* hisste. Heute findet man das Schiff in jenem Museum, das ihm gewidmet ist: im Frammuseum in Oslo.

TECHNISCHE DATEN Abmessungen: 39 x 11 x 4,8 m. **Wasserverdrängung:** 800 ts. **Hilfsmotor:** gegenläufig arbeitende Dampfmaschine, 1 Schraube. **Leistung:** 220 PS **Höchstgeschwindigkeit:** 7 kn. **Besatzung:** 16.

Visitenkarte

Land
Norwegen

Typ
Schoner

Werft
Colin Archer, Larvik, Norwegen

Stapellauf
26. Oktober 1892

Verwendung
Polarforschungsschiff

Friendship

Visitenkarte

Land
Großbritannien

Typ
Brigantine

Werft
Scarborough, Yorkshire, Großbritannien

Stapellauf
1784

Verwendung
Handelsschiff

Die *Friendship* gehörte jenem Geschwader an, das 1788 mit der ersten Ladung Sträflinge, die nach Neusüdwales in Australien deportiert wurden, in Port Jackson anlegte. Es handelte sich um neun Schiffe mit insgesamt 759 Menschen an Bord, von denen 40 unterwegs starben. Die *Friendship* war ein Zweimaster mit viereckigen Segeln und einem etwa 1,4 m hohen Kanonendeck. Im Juli 1788 lief die *Friendship* zusammen mit drei weiteren Schiffen aus Port Jackson aus und nahm Kurs auf England. Ziemlich bald brach jedoch Skorbut an Bord mit solcher Heftigkeit aus, dass große Teile der Besatzung starben. Das Schiff konnte von den Überlebenden nicht mehr gesteuert werden, weshalb man es am 28. Oktober 1878 in der Makassarstraße versenkte. Die wenigen Männer der Besatzung, die von der Krankheit verschont geblieben waren, gingen an Bord der *Alexander.*

TECHNISCHE DATEN Abmessungen: 23 x 7 m. **Wasserverdrängung:** 278 ts. **Höchstgeschwindigkeit:** 10 kn. **Besatzung:** 65 und 97 Sträflinge.

Georg Stage II

Visitenkarte

Land
Dänemark

Typ
Segelschiff

Werft
Frederikshavn's Vaerft & Flydedok, Frederikshavn, Dänemark

Stapellauf
1934

Verwendung
Schulschiff

Der dreimastige Segler im Besitz der Stiftung »Georg Stages Minde« wurde 1882 im Auftrag des dänischen Reeders Carl Frederik Stages auf Kiel gelegt, der das Schiff nach seinem unter tragischen Umständen ums Leben gekommenen Sohn benannte. Diese Stiftung bildete in Zusammenarbeit mit der dänischen Marine über 120 Jahre Jugendliche zu Matrosen für die Kriegs- und die Handelsmarine aus. Sie wurde von Privatpersonen und -vereinen finanziert. Die *Georg Stage II* ersetzte ein Segelschiff gleichen Namens – deren Linienführung sie auch übernahm. Das ältere Segelschiff wurde 1934 vom großen Seefahrer und Schriftsteller Alan Villiers gekauft, der es *Joseph Conrad* taufte.

TECHNISCHE DATEN Abmessungen: 52 x 8,47 x 4,03 m. **Wasserverdrängung:** 396 ts. **Höhe des Großmastes:** 30,38 m über der Wasserlinie. **Segelfläche:** 860 m². **Hilfsmotor:** 1 Dieselmotor mit 200 PS. **Besatzung:** 11 und 60 Kadetten.

Gypsy Moth IV

Das ist jene Jacht, mit der Francis Chichester 1966 ein Abenteuer unternahm, wie es vorher noch keines gegeben hatte: eine Non-Stop-Solo-Weltumsegelung, die 274 Tage dauerte. Diese Fahrt war ein Jahrhundertereignis. Chichester war in England bereits als Luftfahrtpionier bekannt. Er hatte in den Jahren 1929/30 einige Soloflüge an Bord eines Doppeldeckers namens *Gypsy Moth* unternommen. Als er vom Flugzeug auf Boote umstieg, taufte er seine Ragattajacht auf denselben Namen. Er erwies sich als der größte Alleinsegler seiner Epoche. 1960 gewann er die erste Allein-Atlantiküberquerung und stellte 1962 am Steuer der *Gypsy Moth III* mit 33 Tagen einen Rekord für die Überfahrt von Plymouth nach New York auf. 1965 entschloss er sich zu einer Solo-Weltumsegelung und wandte sich mit diesem Vorhaben an den Ingenieur John Illingworth, um eine neue Jacht zu bauen, die *Gypsy Moth IV.* Sie legte am 28. August 1966, 20 Tage vor seinem 65. Geburtstag, von Plymouth ab. Von Madeira an sah Chichester kein Land mehr, bis er in Australien ankam. Am 12. Dezember 1966, nachdem er 14.100 Meilen zurückgelegt hatte, landete er in Sydney. Man lag 20 Tage unter der Zeit, welche Klipper im Durchschnitt erreichten. Nach 48 Tagen, die man mit Reparaturen an der Jacht und dem Ergänzen der Vorräte verbrachte, verließ er Sydney und überquerte in 119 Tagen den Pazifik, umsegelte Kap Hoorn und stieß am 28. Mai 1967 in den Atlantik vor. Tausende Boote, die ihn erwartet hatten, begleiteten ihn und seinen triumphalen Einzug in den Hafen von Plymouth. Er hatte den Geschwindigkeitsrekord von 274 Tagen aufgestellt. Chichester wurde wie ein Nationalheld gefeiert und von Königin Elisabeth II. mit demselben Schwert zum Ritter geschlagen, das Elisabeth I. 1581 benutzt hatte, um Sir Francis Drake auszuzeichnen. Nach Chichesters Ankunft in Plymouth segelte die *Gypsy Moth IV* nie mehr wieder. Sie ist ein Nationaldenkmal und man kann sie komplett restauriert in Greenwich bewundern.

TECHNISCHE DATEN Abmessungen: 16,5 x 3,2 x 2,1 m. **Wasserverdrängung:** 18 ts. **Segelfläche:** 79,4 m². **Besatzung:** 1.

Visitenkarte

Land
Großbritannien

Typ
Ketsch

Werft
Camper & Nicholsons, Southampton, Großbritannien

Stapellauf
8. März 1966

Verwendung
Regattajacht

Oben: Francis Chichesters Ankunft in Sydney am 12. Dezember 1966. Nebenan: die Gypsy Moth IV.

Gloria

Visitenkarte

Land
Kolumbien

Typ
Brigantine

Werft
Astilleros Talleres Celaya, Bilbao, Spanien

Stapellauf
1967

Verwendung
Schulschiff

Im Oktober 1966 schrieb die kolumbianische Regierung den Bau einer als Schulschiff für die Marine geeigneten Brigantine weltweit aus. Die Ausschreibung gewann die Schiffswerft Celaya in Bilbao und das Produkt, das sie lieferten, war so wertvoll, dass hintereinander drei weitere lateinamerikanische Länder – Ecuador, Venezuela und Mexiko – mit dem Wunsch nach einem ebensolchen Schiff an die Werft herantraten. Die *Gloria* ist eines der interessantesten großen Segelschulschiffe der Welt. Sie ist für lange Kreuzfahrten komfortabel eingerichtet. Sie verfügt über Hörsäle für den Unterricht, moderne Instrumente für die Hochseeschifffahrt und über Funksteuerung. 1970 unternahm sie eine Weltumsegelung und legte dabei insgesamt 27.455 Meilen zurück. Auch an der »Operation Sail« nahm sie mehrmals teil.

TECHNISCHE DATEN Abmessungen: 76 x 10,6 x 4,85 m. **Wasserverdrängung:** 1300 ts. **Höhe des Großmastes:** 36 m. **Segelfläche:** 1400 m². **Hilfsmotor:** 1 Dieselmotor mit 530 PS. **Besatzung:** 50 und 60 Kadetten.

Golden Hind

Visitenkarte

Land
Großbritannien

Typ
Galeone

Werft
Plymouth, Großbritannien

Stapellauf
um 1560

Verwendung
Kriegsschiff

Die *Golden Hind* verdankt ihren Ruhm jener denkwürdigen Weltumsegelung, die Sir Francis Drake von 1577 bis 1580 unternahm, um Handelsabkommen abzuschließen und vermutete neue Länder zu suchen. Die Reise wurde von Lord Christofer Hatton finanziert, dessen Wappen, ein weißer Hirsch, zum neuen Namen des Schiffes anregte, das früher *Pelican* geheißen hatte. An der Expedition nahmen fünf Schiffe teil, angeführt von Drake an Bord der *Golden Hind.* Der aristokratische Pirat brauchte 17 Tage, um die Magellanstraße zu durchqueren und überstand Stürme, in denen zwei Segler der Expedition Schiffbruch erlitten. Nach Valparaiso hielt sie sich längs der chilenischen Küste, plünderte Häfen und spanische Schiffe, darunter die Galeone *Cacafuego,* erreichte Kalifornien, gab ihm den Namen »Neu Albion« und nahm es im Namen der Königin in Besitz. Im Juli 1579 nahm er die Pazifiküberfahrt in Angriff, landete auf den Palau-Inseln, den Philippinen und den Molukken, umsegelte das Kap der Guten Hoffnung und sah nach zwei Jahren den Atlantischen Ozean wieder. Am 26. September 1580 kam Drake triumphierend mit der *Golden Hind* wieder in Plymouth an, dem einzigen Schiff, das die Expedition überstanden und in die Heimat zurückgekommen war. Die Königin selbst kam an Bord, um ein »Willkommen« auszusprechen. Mehr als ein Jahrhundert lang blieb das Schiff in Deptford erhalten, bevor es bei einem Brand zerstört wurde.

TECHNISCHE DATEN Abmessungen: 31 x 6 x 2,8 m. **Wasserverdrängung:** 100 ts. **Bewaffnung:** 14 18-Pfund-Geschütze, 12 9-Pfund-Geschütze. **Besatzung:** 146.

Gorch Fock II

Diese für ihre Geschwindigkeit berühmte Brigantine ist das fünfte von der Hamburger Werft gebaute Segelschiff. Die ersten vier standen schon vor dem Krieg im Dienst. Die *Gorch Fock II* wurde auf Grundlage der Baupläne der *Gorch Fock* von 1932 gebaut (die an Russland ging und in *Tovarisch II* umgetauft wurde). Gorch Fock war das Pseudonym von Hans Kinau, einem Autor, der Geschichten von der See schrieb. Bei günstigen Bedingungen hat die *Gorch Fock* schon 16 Knoten erreicht. 1973 stellte sie auf stürmischer See zwischen dem Ärmelkanal und dem Hafen von Cuxhaven in Deutschland ihren Geschwindigkeitsrekord auf: 298 Meilen in 24 Stunden. Bei dieser Fahrt erlitt das Schiff nicht die kleinste Beschädigung. Es nahm an der »Operation Sail« teil und gewann mehrere Male. Ihr Bild zierte die Rückseite der deutschen 10-Mark-Banknoten.

TECHNISCHE DATEN Abmessungen: 89,32 x 12 x 5 m. **Wasserverdrängung:** 1870 ts. **Höhe des Großmastes:** 45,3 m über der Wasserlinie. **Segelfläche:** 2037 m². **Hilfsmotor:** 1 »MAN«-Dieselmotor mit 800 PS. **Besatzung:** 69 und 200 Kadetten.

Visitenkarte

Land
Deutschland

Typ
Brigantine

Werft
Blohm & Voss, Hamburg, Deutschland

Stapellauf
23. August 1958

Verwendung
Schulschiff

Henry Grace à Dieu

Diese auf Anordnung von König Heinrich VIII., der eine mächtige Seestreitkraft errichten wollte, gebaute »große Karacke« oder »Reichs-Karacke« war ein Ereignis im 16. Jh. Sie hatte vier Masten mit goldenen Segeln und eine ungeheure Anzahl an Kanonen, gut 186, darunter zwei bronzene Geschütze mit jeweils 4500 Pfund und eine bronzene Kartätsche mit rund 3000 Pfund. Sie hatte auch eine doppelte Beplankung, die mit Holznägeln festgemacht war. Zwischen 1536–1540 wurde sie umgebaut und um rund 60 Kanonen erleichtert. Doch aus dem Kriegseinsatz, für den sie von 1512 bis 1514 gebaut worden war, wurde eine lange Phase Friedens mit Frankreich. Die *Henry Grace à Dieu* (von den Seeleuten »Great Harry« [»großer Harald«] genannt) blieb bis zum Juli 1545, als die Franzosen Portsmouth angriffen, praktisch inaktiv. Als Eduard VI. den Thron bestieg, wurde das Schiff auf den Namen des Monarchen umgetauft. Am 23. August 1553 wurde es bei einem Feuer, das in der Werft ausbrach, in der es gebaut worden war, zerstört.

TECHNISCHE DATEN Abmessungen: 41 (61 ft.) x 15 x 7 m. **Wasserverdrängung:** 1000 ts. **Bewaffnung:** 43 schwere Kanonen, 141 Geschütze. **Besatzung:** 70.

Visitenkarte

Land
Großbritannien

Typ
Karacke mit vier Masten

Werft
Woolwich Royal Dockyard, Großbritannien

Stapellauf
1514

Verwendung
Kriegsschiff

Herzogin Cecilie

Visitenkarte

Land
Deutschland

Typ
viermastiges Segelschiff

Werft
Rickmers Reismühlen Reederei & Schiffbau AG, Bremerhaven, Deutschland

Stapellauf
25. Juni 1902

Verwendung
Schulschiff

Nach den guten Erfahrungen, die der »Norddeutsche Lloyd« mit seinem ersten Schulschiff, der *Herzogin Sophie Charlotte,* gemacht hatte, entschied er sich für den Bau eines zweiten. Es bekam den Namen *Herzogin Cecilie,* nach der Gräfin Cecilie von Mecklenburg-Schwerin, der zukünftigen Schwiegertochter Kaiser Wilhelms II. Um die Kosten wieder hereinzuspielen, diente das Segelschiff – außer der Ausbildung von Offiziersanwärtern der Gesellschaft – auch als Handelstransporter. Bis 1914 befuhr das Schiff alle Weltmeere, während des Ersten Weltkriegs wurde es in Chile entwaffnet und wurde nach Kriegsende Frankreich überlassen. Frankreich verkaufte es an den finnischen Reeder Gustav Erikson, der dabei war, eine Flotte von Segelschiffen aufzubauen. In den ersten 30 Jahren pendelte die *Herzogin Cecilie* zwischen Australien und Europa, bis sie am 25. April 1936 bei Bolt Head in Devon strandete. Nachdem sie wieder flott gemacht worden war, strandete sie am 9. September erneut. Sie wurde aufgegeben und ihre Teile als Schrott verkauft.

TECHNISCHE DATEN Abmessungen: 94,5 x 14 x 7,4 m. **Wasserverdrängung:** 3247 ts. **Höhe des Großmastes:** 53,5 m. **Segelfläche:** 4200 m². **Besatzung:** 100.

Juan Sebastián de Elcano

Dieser nach Plänen des Ingenieurs Nicholson gebaute Schoner trat im August 1928 in den Dienst der spanischen Kriegsmarine. Auf ihr wurden ganze Generationen von Offizieren der *Armada* ausgebildet, sie hat zehn Mal die Welt umsegelt und mehr als eineinhalb Millionen Meilen auf allen Meeren dieser Erde zurückgelegt. 1975 gewann sie das »Boston Teapot«-Rennen, indem sie unter allen teilnehmenden Seglern am meisten Meilen in 124 Stunden zurückgelegt hatte. Bis 1993 hatte sie 72 Ausbildungsfahrten absolviert, sieben davon waren Weltumschiffungen. 1956 und später 1978 wurde sie großzügigen Modernisierungsarbeiten unterzogen, die den Komfort und die Wohnverhältnisse verbesserten. Der Name *Juan Sebastián de Elcano* erinnert an den Kommandanten der *Victoria*, das einzige Schiff der tragischen Expedition von Magellan, das 1519 die Rückkehr von den Philippinen schaffte.

Visitenkarte

Land
Spanien

Typ
Schoner

Werft
Echevarrieta e Larrinaga, Cádiz, Spanien

Stapellauf
5. März 1925

Verwendung
Schulschiff

TECHNISCHE DATEN Abmessungen: 113,1 x 13,15 x 7,3 m. **Wasserverdrängung:** 3700 ts. **Höhe des Großmastes:** 45,72 m. **Segelfläche:** 2467 m². **Hilfsmotor:** 1 »Bazan-Sulzer«-Dieselmotor mit 1500 PS. **Bewaffnung:** 4 57-mm-Kanonen für Salutschüsse. **Besatzung:** 250 und 90 Kadetten.

Krùzenshtern

Visitenkarte

Land
Russland

Typ
Segelschiff

Werft
Trecklenborg, Wesermunde, Deutschland

Stapellauf
1926

Verwendung
Schulschiff

Dieses viermastige Segelschiff mit stählernem Rumpf wurde für den berühmten Unternehmer Erich Ferdinand Laeisz gebaut, der in den 30er-Jahren eine Segelschiffflotte besaß, die Nitrat aus Chile transportierte. Es handelte sich um die legendäre *Flying-P-Line,* die so genannt wurde, weil die Namen all ihrer Schiffe mit einem »P« begannen. Das Segelschiff hieß auch *Padua* und war das schnellste dieser Flotte von Frachtschiffen, die man als »Windjammer« bezeichnete. 1933/34 stellte das Schiff den Geschwindigkeitsrekord auf der Route Hamburg-Port Lincoln auf, indem es die Strecke in 67 Tagen schaffte. 1946 wurde es als Wiedergutmachung für erlittene Kriegsschäden der Sowjetunion überlassen, die es unter dem Namen *Krùzenshtern* zum Schulschiff machte. In den 70er-Jahren ging es an das Fischfangministerium über, das seinen Sitz in Riga hatte. Momentan ist es eines von sechs russischen Schulschiffen, die ihren Stützpunkt in Kaliningrad (Königsberg) in der Ostsee haben.

TECHNISCHE DATEN Abmessungen: 114,5 x 14 x 7 m. **Wasserverdrängung:** 3545 ts (5750 ts bei voller Beladung). **Höhe des Großmastes:** 55 m. **Segelfläche:** 3400 m². **Hilfsmotor:** 1160 PS. **Besatzung:** 68 und 110 Kadetten.

La Belle Poule

Die *Belle Poule,* ein Segelschoner, wurde gemeinsam mit ihrer Schwester ***Étoile*** als Schulschiff gebaut. Ab 1932 wurde sie zur Ausbildung der Kadetten der »École Navale« in Brest eingesetzt. Während des Zweiten Weltkriegs lagen die beiden Segler in Portsmouth vor Anker. Oft traten die beiden Schiffe auf Übungsfahrten paarweise auf. Sie haben an einigen »Tall Ship Races« und an der »Operation Sails« teilgenommen. In der Geschichte der französischen Marine trugen bereits drei andere Schiffe den Namen *Belle Poule.* Eine davon war die Fregatte, die am 15. Oktober 1840 die sterbliche Hülle Napoleons in die Heimat überführte.

TECHNISCHE DATEN Abmessungen: 37,5 x 7,2 x 3,5 m. **Wasserverdrängung:** 275 ts. **Höhe des Großmastes:** 32,5 m über der Wasserlinie. **Segelfläche:** 424 m². **Hilfsmotor:** 1 »Deutz«-Dieselmotor mit 125 PS. **Besatzung:** 20 und 30 Kadetten.

Visitenkarte

Land
Frankreich

Typ
Schoner

Werft
Chantier Naval de Normandie, Fécamp, Frankreich

Stapellauf
Jänner 1932

Verwendung
Schulschiff

Libertad

Die *Libertad* ist ein hochseetaugliches Segelschiff vom Typ Fregatte mit drei Masten und einem Bugspriet, viereckigen Segeln, Besansegel, Stag- und Focksegel. Sie steht seit 1963 im Dienst der argentinischen Marine und war von jeher für die Vorbereitung auf die Seefahrt von Offiziersanwärtern der Marineakademie bestimmt. In ihrer 40-jährigen Laufbahn unternahm sie 31 Ausbildungsfahrten auf hoher See. 1966 errang sie den Weltrekord für die komplett unter Segel gefahrene Durchquerung des Nordatlantik (2058,6 Meilen in acht Tagen und zwölf Stunden), wobei sie auch 19 Knoten erreichte. Die *Libertad* ist eines der größten Segelschiffe der Welt. Man kann auf ihr bis zu 27 Segel setzen und ihr Großmast ist beinahe 50 m hoch. Die Farbe ihrer Segel ist ein schmutziges Weiß, was von der Antischimmer-Imprägnierung herrührt.

TECHNISCHE DATEN Abmessungen: 103,5 x 91,75 x 14,31 m. **Wasserverdrängung:** 3720 ts. **Höhe des Großmastes:** 49,8 m. **Segelfläche:** 2652 m². **Hilfsmotor:** 2 »Sulzer«-Dieselmotoren mit je 1200 PS. **Besatzung:** 25 und 70–80 Kadetten.

Visitenkarte

Land
Argentinien

Typ
Fregatte

Werft
Rio Santiago a Esmeralda, Buenos Aires, Argentinien

Stapellauf
30. Mai 1956

Verwendung
Schulschiff

Malcolm Miller

Visitenkarte

Land
Großbritannien

Typ
Schoner

Werft
John Lewis & Son, Aberdeen, Großbritannien

Stapellauf
5. Oktober 1967

Verwendung
Schulschiff

Hierbei handelt es sich um eines von zwei Schwesterschiffen, die nach Plänen des berühmten Studios »Camper & Nicholson« für die »Sail Training Association« gebaut wurden. Das erste, die ***Sir Winston Churchill,*** kam aus der Werft »Richard Dunston« in Hessle. Die ein Jahr später vom Stapel gelaufene *Malcolm Miller* hingegen wurde bei »John Lewis & Son« in Aberdeen (Schottland) gebaut. Ihre Galionsfigur stellte den roten Löwen mit erhobenen Tatzen der Schotten dar, der das Wappen von Sir James Miller zierte. Er hatte durch eine großzügige Schenkung die Hälfte der Baukosten des Schiffes beglichen (Malcolm war der Name des Sohnes von Sir James, der bei einem Verkehrsunfall ums Leben gekommen war). Die *Malcolm Miller* wurde 1999 außer Dienst gestellt und verkauft.

TECHNISCHE DATEN Abmessungen: 41,04 (45,6 ft.) x 8,38 x 4,9 m. **Wasserverdrängung:** 332 ts bei voller Beladung. **Höhe des Großmastes:** 29,8 m. **Segelfläche:** 811,8 m². **Hilfsmotor:** 2 mit 240 PS. **Besatzung:** 14 und 40 Kadetten.

Mircea II

Visitenkarte

Land
Rumänien

Typ
Brigantine

Werft
Blohm & Voss, Hamburg, Deutschland

Stapellauf
1938

Verwendung
Schulschiff

Sie ist die vierte der berühmten »fünf Schwestern«, die von der Hamburger Werft zwischen 1932 und 1958 gebaut wurden. Der elegante weiße Windjammer des Schifffahrtsinstitutes von Constanta stand im Unterschied zu seinen Schwesterschiffen immer im Dienst der rumänischen Marine und war seit 1939 ununterbrochen Schulschiff. Die *Gorch Fock,* die *Horst Wessel* und die *Albert Leo Schlageter* gingen nach dem Krieg unter anderen Namen als Wiedergutmachungen an verschiedene Länder. Für eine kurze Zeit fiel die *Mircea II* gegen Ende des Krieges in die Hände der Sowjets. Nachdem sie bis dahin fast ausschließlich im Schwarzen Meer aktiv war, unterzog man sie 1966 einem Umbau mit zahlreichen Modifikationen. Das war der Startschuss für die langen Kreuzfahrten des Schiffes im ganzen Mittelmeer. Die erste Atlantiküberquerung mit dem Ziel New York und zurück absolvierte es 1975. Der Name des Schiffes erinnert an König Mircea II., der das Land im 14. Jh. regierte und dessen Abbildung als Galionsfigur auch dessen Bug schmückt.

TECHNISCHE DATEN Abmessungen: 73,7 (82,1 ft.) x 12 x 5,2 m. **Wasserverdrängung:** 1727 ts. **Höhe des Großmastes:** 41,38 m. **Segelfläche:** 1748 m². **Hilfsmotor:** 1 Dieselmotor mit 1100 PS. **Besatzung:** 90 und 140 Kadetten.

Mayflower

Visitenkarte

Land
Großbritannien

Typ
Galeone

Stapellauf
um 1605

Verwendung
Handelsschiff

Die *Mayflower* ging in die Geschichte ein, weil sie eine Gemeinde von Puritanern, Abtrünnige der Anglikanischen Kirche, die man als Pilgerväter kennt, nach Nordamerika beförderte. Am 11. November 1620 ging sie in der Bucht von Kap Cod (Massachusetts) vor Anker. 102 Siedler ließen sich in der Gegend des heutigen Plymouth nieder. Die wenigen Aufzeichnungen, die wir über die *Mayflower* haben, betreffen ihre Verwendung als Handelsschiff. In den 1950er-Jahren finanzierte eine Gruppe von Nachfahren der *Mayflower*-Siedler den Bau einer Nachbildung, die dann 1957 die Fahrt von 1620 wiederholte. Das Studium der Proportionen der Mayflower und die Gestaltung des Nachbaus oblag dem Schiffsbaumeister William A. Baker, dem Kurator des Schifffahrtsmuseums des Technologischen Instituts von Massachusetts (MTI).

TECHNISCHE DATEN Abmessungen (angenommen): 35 x 7,6 x 7,16 m. **Wasserverdrängung:** 180 ts. **Höhe der Masten:** 17,68 m Fockmast, 24,38 m Großmast, 12,8 m Besanmast.

Mit dem »Mayflower Contract«, der Verfassungsurkunde eines regelrechten eigenen Staates, erreichten die Pilgerväter 1620 die Neue Welt und legten den Grundstein für die zukünftigen USA.

Narcissus

Visitenkarte

Land
Großbritannien

Typ
Segelschiff

Werft
Robert Duncan & Co., Glasgow, Großbritannien

Stapellauf
1876

Verwendung
Handelsschiff

Ein dreimastiges Segelschiff mit fünf Segeln, einem Bugspriet mit vier Vorsegeln und einem Besanmast mit Besan- und Gegenbesansegel. Berühmt wurde sie durch Joseph Conrad *(auf der Abbildung nebenan)*, der 1884 als 2. Offizier an Bord ging. In seinem Roman *Der Neger der Narcissus* erzählt er die Geschichte einer Reise von Bombay nach London. 1899 wurde das Schiff an den Reeder Vittorio Bertolotto in Camogli verkauft. 1907 geriet es auf der Fahrt nach Chile in einen schweren Sturm und musste in Rio de Janeiro repariert werden. Nach der Rückkehr nach Italien wurden die Masten abmontiert und die *Narcissus* als Pontonschiff im Hafen von Genua verwendet. 1917 rüstete man sie wieder auf und sie wurde unter dem Namen *Iris* in Dienst gestellt. 1922 kollidierte sie in der Bucht von Rio de Janeiro mit einem anderen Schiff und sank. Die schöne Galionsfigur befindet sich im »Mystic Seaport«, dem Schifffahrtsmuseum von Connecticut.

TECHNISCHE DATEN Abmessungen: 73 x 13,07 x 5,2 m. **Wasserverdrängung:** 1336 ts. **Besatzung:** 46.

Nippon Maru

Visitenkarte

Land
Japan

Typ
Segelschiff

Werft
Kawasaki Dockyard Co., Kobe, Japan

Stapellauf
1930

Verwendung
Schulschiff

Ende der 20er-Jahre gab das Transportministerium von Japan den Bau von zwei Schulschiffen für das »Kokai-Kunrensho« (Institut für die Berufsausbildung zur See) in Auftrag, das bereits zwei in seinem Besitz hatte. Die beiden Segelschiffe bekamen die Namen *Nippon Maru (siehe Foto)* und ***Kaiwo Maru.*** Maru ist ein Suffix, das japanische Handelsschiffe im Namen tragen, *Nippon* bedeutet Japan und *Kaiwo* ist eine Meeresgottheit, vergleichbar dem römischen Neptun. Nach dem Zweiten Weltkrieg kamen die beiden Schiffe nicht nur ihrem Ausbildungsauftrag nach, sondern dienten auch zur Heimführung von Truppen und Zivilisten, die von ihrem Heimatland abgeschnitten waren. Bei diesen Einsätzen beförderten sie rund 54.000 Personen. 1958 nahm die *Nippon Maru* an den Feiern zum 100. Jahrestag von British Columbia in Kanada teil. Die beiden Segelschiffe blieben bis 1980 im Dienst, dann wurden sie von zwei neuen Schulschiffen abgelöst, die auch die gleichen Namen erhielten.

TECHNISCHE DATEN Abmessungen: 93,5 (97 ft.) x 12,95 x 6,07 m. **Wasserverdrängung:** 4200 ts. **Höhe des Großmastes:** 44,26 m. **Segelfläche:** 2397 m². **Hilfsmotor:** 2 mit 1200 PS. **Besatzung:** 66 plus Kadetten.

Orsa Maggiore

Visitenkarte

Land
Italien

Typ
Ketsch

Werft
Tencara, Venedig, Italien

Stapellauf
1993

Verwendung
Schulschiff

Die *Orsa Maggiore* ist das modernste Schulschiff der italienischen Kriegsmarine. Sie wurde in der Werft Tencara in Venedig nach den Plänen von Andrea Vallicelli gebaut. Es handelt sich um eine als Ketsch gerüstete Regattajacht, deren Rumpf aus fortschrittlichen Verbundmaterialien besteht. Seit seinem Dienstantritt 1994 hat das Schiff an verschiedenen internationalen Wettkämpfen teilgenommen. 1995 gewann es die erste Regatta, an der es jemals teilgenommen hatte und kam nach einer Fahrt von 560 Meilen als erstes in Djakarta an. Die *Orsa Maggiore* war das erste Segelschulschiff der italienischen Marine, das eine Weltumsegelung absolvierte. Während dieser Weltumschiffung nahm sie an einer Hochseeregatta teil, wurde Erste in einer Regatta von etwa 4000 Meilen von Honolulu nach Fokuoka, und in jüngerer Zeit schlug sie während ihres Aufenthaltes in australischen Gewässern den Rekord Brisbane-Noumes (Neukaledonien), der zehn Jahre lang gehalten hatte, um rund 17 Stunden.

TECHNISCHE DATEN Abmessungen: 28,3 x 6,5 x 4 m. **Wasserverdrängung:** 70 ts. **Segelfläche:** 802 m^2. **Hilfsmotor:** 1 Dieselmotor mit 400 PS. **Besatzung:** 24.

Palinuro

Visitenkarte

Land
Italien

Typ
Schoner

Werft
Anciens Chantiers Dubigeon, Nantes, Frankreich

Stapellauf
1993

Verwendung
Schulschiff

Nach dem Verlust der *Cristoforo Colombo,* die 1946 als Wiedergutmachung für Kriegsschäden an die UdSSR ging, blieb der italienischen Kriegsmarine nur noch ein einziges Schulschiff, die *Amerigo Vespucci.* Daher wurde 1950 entschieden, ein Segelschiff anzukaufen und es für den gewünschten Zweck umzurüsten. Die Wahl fiel auf ein französisches Fischereischiff, die *Commandant Louis Richards,* die in Nantes gebaut worden und 1933 vom Stapel gelaufen war. Ursprünglich war sie mit drei Masten mit trapezförmigen Segeln und einem aus einem 375 PS starken Dieselmotor bestehenden Antrieb ausgestattet. Nach umfassenden Änderungen, die im Arsenal von La Spezia vorgenommen wurden, war sie 1955 bereit, ihren Dienst als Schulschiff anzutreten. Die *Palinuro* ist ein Schoner mit drei Masten und einem Bugspriet, der Fockmast hat viereckige Segel, der Großmast und der Besanmast trapezförmige. Der Rumpf besteht aus vernietetem Metall, ebenso die Masten und der Bugspriet. Es hat nur ein einziges Deck, auf dem das Vorder- und das Hinterdeck ruhen. Am äußersten Achterdeck befindet sich die Kommandobrücke. Die *Palinuro* wurde für die Ausbildung von Unteroffizieren der Kategorien Steuermann, Hafensteuermann sowie Schiffsmechaniker und -maschinisten, die der Unteroffiziersschule der Kriegsmarine angehörten, herangezogen. Diese Schule war erst in Venedig, dann in Porto Ferraio und seit 1960 ist sie in La Maddalena, gleichzeitig Stützpunkt des Schiffes. Seit 1955 hat die *Palinuro* 34 Ausbildungsfahrten absolviert, die meisten davon im Mittelmeer. Seit 1986, in diesem Jahr erlebte sie etwas wie eine Aufwertung, unternahm sie weite Ausbildungsfahrten, die sie bisweilen bis in die Häfen Nordeuropas brachten. In der Saison 1996 hat sie am »Cutty Sark Tall Ship's Race« teilgenommen, das im Mittelmeer ausgetragen wurde und bei dem viele berühmte Schiffe aus aller Welt an den Start gingen. *Palinuro,* der Name des sagenhaften Steuermannes des Schiffes von Äneas, war bereits einmal an einen Schoner der italienischen Kriegsmarine von 1889 vergeben worden.

TECHNISCHE DATEN Abmessungen: 68,95 x 10,09 x 4,9 m. **Wasserverdrängung:** 1341 ts. **Höhe des Großmastes:** 35 m. **Segelfläche:** 1000 m². **Hilfsmotor:** 1 Dieselmotor mit 450 PS. **Besatzung:** 48 und 90 Kadetten.

Die Galionsfigur der Palinuro *stellt den gleichnamigen Helden, den legendären Steuermann von Äneas, dar.*

Pallada

Visitenkarte

Land
Russland

Typ
Segelschiff

Werft
Stocznia Gdanska, Gdansk (Danzig), Polen

Stapellauf
1989

Verwendung
Schulschiff

1984 schloss das damalige Ministerium für Handelsmarine und Fischfang der UdSSR einen Vertrag mit Polen über die Lieferung von vier Schulschiffen nach Vorbild der *Dar Młodzieży,* jenem Schiff, das 1980 die alte *Dar Pomorza* ersetzte. Die vier Schiffe wurden zwischen 1987 und 1989 nach Plänen des polnischen Schiffbauers Zygmunt Choren in Gdansk (Danzig) gebaut. Es waren die ***Druzhba,*** die ***Khersones,*** die in der Ukraine stationiert wurden, die ***Mir*** und die *Pallada,* die in Russland blieben. Zu ihnen gesellte sich noch ein fünftes Schiff, die ***Nadezhda***, die 1992 in Dienst trat. Diese Segelschiff-Baureihe wird auch *Klasse M 108* genannt, weil alle eine Länge von 108 m inklusive Bugspriet aufweisen. Nur die *Pallada* ist nicht komplett weiß lackiert. Ihr Rumpf ist schwarz mit einem weißen Streifen, auf den falsche Luken aufgemalt sind. Ihr Stützpunkt ist Wladiwostok (Ostsibirien), wo sie der Ausbildung für die Kadetten der Fischereiakademie dient. *Pallada* (Pallas) ist ein Attribut der griechischen Göttin Athene, das wahrscheinlich, »die, welche die Lanze ergreift«, bedeutet.

TECHNISCHE DATEN Abmessungen: 108,6 x 14 x 6,7 m. **Wasserverdrängung:** 2987 ts. **Segelfläche:** 2771 m^2. **Hilfsmotor:** 2 Dieselmotoren mit 1140 PS. **Besatzung:** 50 und 120 Kadetten.

Pamir

Visitenkarte

Land
Deutschland

Typ
Brigantine

Werft
Blohm & Voss, Hamburg, Deutschland

Stapellauf
29. Juli 1905

Verwendung
Handelsschiff

Die *Pamir* war eine der berühmten »*Flying P-Liners*«, einer Reihe von sehr schnellen Frachtseglern, deren Namen alle mit einem »P« begannen. Sie waren für die deutsche Gesellschaft F. Laeisz gebaut, die mit Nitraten aus Südamerika handelte. Bis 1914 fuhr die *Pamir* acht Mal nach Chile, wobei sie die Strecke im Schnitt in 64 bis 70 Tagen bewältigte. Nach Ende des Ersten Weltkriegs wurde sie als Wiedergutmachung für Kriegsschäden an Italien übergeben (1920), doch 1924 kaufte sie Laeisz, der seine Geschäftstätigkeit wieder aufgenommen hatte, zurück. Doch 1931 verkaufte er das Schiff an den finnischen Reeder Gustav Erikson, der es für seinen Handel mit Australien einsetzte. Während des Zweiten Weltkriegs wurde die *Pamir* von Neuseeland konfisziert, als sie sich gerade im Hafen von Wellington aufhielt. Wieder in das Eigentum von Erikson zurückgekehrt, brach sie 1949 zu ihrer letzten Reise nach Australien auf. Sie war der letzte Frachtsegler, der Kap Hoorn umsegeln sollte. Sie war bereits zur Verschrottung bestimmt, als sie ein deutscher Reeder kaufte, der bereits ihre Schwester ***Passat*** besaß. Er setzte sie als Schul- und Frachtschiff auf der Route nach Argentinien ein. Am 10. August 1957 brach sie zu ihrer letzten Reise von Buenos Aires nach Hamburg auf, bevor sie abgetakelt werden sollte. An Bord befanden sich 86 Mann, 52 davon Kadetten. Am 21. September wurde das Segelschiff vom Orkan »Carrie« erfasst. Die Ladung Getreide, die sich im Frachtraum befand, verlagerte sich auf eine Seite und ließ das Schiff kentern. Es sank innerhalb von 30 Minuten. Nach sechstägiger Suche waren nur sechs Mann lebend geborgen worden, zwei von ihnen Kadetten.

TECHNISCHE DATEN Abmessungen: 114,5 ft. x 14 x 7,25 m. **Wasserverdrängung:** 3020 ts. **Höhe des Großmastes:** 51,2 m. **Segelfläche:** 40.900 m^2. **Höchstgeschwindigkeit:** 16 kn. **Besatzung:** 86.

Preußen

Visitenkarte

Land
Deutschland

Typ
fünfmastiges Segelschiff

Werft
J. C. Tecklenborg, Geestemünde, Deutschland

Stapellauf
1902

Verwendung
Handelsschiff

Sie war das zweite der fünf berühmten schnellen Segelschiffe, die (weil alle ihre Namen mit einem »P« anfingen) *»Flying P-Liners«* genannt wurden. Sie waren im Auftrag der deutschen Gesellschaft F. Laeisz für den Nitrathandel mit Chile gebaut worden. Die *Preußen* war viel größer als ihre Schwesterschiffe, verfügte über fünf Masten und war das einzige derart ausgestattete Schiff der Welt ohne Hilfsmotor. 1903 stellte sie mit 55 Tagen den Rekord für die Überfahrt vom Ärmelkanal nach Iquique in Chile auf. Am 7. November 1910 kollidierte die *Preußen* 18 Meilen vor Dover in dichtem Nebel mit dem Dampfschiff *Brighton* und wurde praktisch entzweigerissen. Man versuchte sie abzuschleppen, doch die Kette riss und sie strandete schließlich an der Ostküste von Dover, obwohl drei Schleppkähne sie zu retten versuchten. 1999 trat ein Segelkreuzfahrtschiff in Dienst, die ***Royal Clipper,*** deren äußere Erscheinung jener der *Preußen* gleicht.

TECHNISCHE DATEN Abmessungen: 124,3 x 16,3 x 8,3 m. **Wasserverdrängung:** 5081 ts. **Höhe des Großmastes:** 68 m. **Anzahl der Segel:** 43. **Segelfläche:** 59.848 m². **Höchstgeschwindigkeit:** 17–18 kn. **Besatzung:** 48.

Rainbow

Visitenkarte

Land
USA

Typ
Klipper

Werft
Smith & Dimon, New York, USA

Stapellauf
22. Jänner 1845

Verwendung
Handelsschiff

Die *Rainbow* ist eines der wichtigsten Segelschiffe in der Geschichte des Schiffbaus, weil sie die erste aus einer Baureihe war, das die schönsten, schnellsten und am meisten bewunderten Schiffe aller Zeiten hervorbrachte: den Amerikanischen Klipper, ein außerordentliches Fahrzeug, das für den Überseehandel gebaut wurde. Die Pläne stammten vom Schiffbauer John Willis Griffiths, dem Sohn eines Werftinhabers und Planer der bekannten Werft Smith & Dimon in New York. Die *Rainbow* wurde für die Firma Howland & Aspinwall in New York gebaut, die Tee aus China importierte. Sie hatte die gleichen massigen Formen wie die großen Postschiffe im Atlantik, doch war der Rumpf enger, der Bug schmal und beinahe konkav, das Heck abgerundet wie der Bug eines herkömmlichen Schiffes, und die nach hinten geneigten Masten waren viel höher als man je zuvor gesehen hatte. Das größte Spant lag gegenüber herkömmlichen Schiffen weiter vorne, was Zweifel an der Manövrierfähigkeit aufkommen ließ. Nach einigen Unsicherheiten wurde die *Rainbow* schließlich am 22. Jänner 1845 vom Stapel gelassen und am 1. Februar unternahm sie unter dem Kommando von Kapitän John Land ihre erste Reise nach Hongkong. Es gab zahlreiche Zwischenfälle mit kaputt gegangener Ausrüstung, und wegen der verspäteten Fertigstellung geriet man in die Monsunzeit hinein. Dessen ungeachtet erreichte die *Rainbow* nach 102 Tagen Hongkong und im selben Jahr unternahm sie eine zweite Reise von New York nach Kanton in nur sechs Monaten und 14 Tagen. Trotzdem war dem Schiff keine lange Laufbahn beschieden. Am 17. März 1848 legte sie von New York mit Kurs auf Valparaiso ab und seither hat niemand mehr etwas von ihr gehört. Man nahm an, dass sie nahe des gefürchteten Kap Hoorn gesunken ist. Nach Monaten, in denen man vergeblich auf die Ankunft des Schiffes in seinem Zielhafen gewartet hatte, wurde es als »posted as missing« (»als vermisst gemeldet«) erklärt.

TECHNISCHE DATEN
Abmessungen: 48,5 x 9,7 x 5,6 m. **Wasserverdrängung:** 757 ts. **Höchstgeschwindigkeit:** 15 kn.

Redoutable

Dieses Kriegsschiff mit 74 Kanonen wurde nach den Plänen des Schiffbauingenieurs Jacques-Noël Sané in Brest gebaut und 1791 unter dem Namen *Suffren* vom Stapel gelassen. Seine Mannschaft nahm an der Meuterei des Geschwaders von Konteradmiral Morard de Galles teil. 1794 wurde das Schiff in *Redoutable* umgetauft und nahm unter dem Kommando von Kapitän Lucas an der Schlacht von Trafalgar teil. Als er sah, dass die *Bucentaure* im Kampf mit der *Victory* in großen Schwierigkeiten steckte, eilte Kapitän Lucas mit seinem Flaggschiff zu Hilfe. Er lieferte sich mit dem Schiff Nelsons einen erbitterten Kampf, zog aber den Kürzeren, als er versuchte, das Schiff zu entern. Das französische Schiff sank. Einer seiner Füsiliere traf jedoch Admiral Nelson tödlich, der so das Ende seines größten Sieges nicht mehr miterleben konnte.

TECHNISCHE DATEN
Abmessungen: 52,4 x 13,4 x 6,7 m. **Wasserverdrängung:** 1630 ts. **Bewaffnung:** 28 36-Pfund-Kanonen, 30 18-Pfund-Kanonen, 16 8-Pfund-Kanonen. **Besatzung:** 550.

Visitenkarte

Land
Frankreich

Typ
Kriegsschiff

Werft
Arsenal von Brest, Frankreich

Stapellauf
31. Mai 1791

Verwendung
militärische Zwecke

Sagres II

Das Schulschiff *Sagres II* entstand als drittes einer Reihe von vier für die deutsche Marine gebauten Segelschiffen als *Albert Leo Schlageter* in Deutschland. Nach Ende des Zweiten Weltkriegs fiel sie in die Hände der Amerikaner, die sie Brasilien überließen. Ab 1948 diente sie der Ausbildung von Kadetten der dortigen Marine. Im Oktober 1961 wurde sie an die portugiesische Kriegsmarine verkauft, um die alte *Sagres* zu ersetzen. 1964 nahm sie an einigen »Tall Ship Races« teil. Diesen Segler kann man an den typischen roten Ludwigskreuzen erkennen, die auf den rechteckigen Segeln des Haupt- und des Fockmastes prangen. Unter dem Bugspriet befindet sich eine Galionsfigur, die Heinrich den Seefahrer (1394–1460) darstellt, dessen Flottenstützpunkt in Sagres, an der südlichsten Spitze Portugals, lag.

TECHNISCHE DATEN
Abmessungen: 89,48 x 12,02 x 5,2 m. **Wasserverdrängung:** 1869 ts. **Höhe des Großmastes:** 45,30 m über der Wasserlinie. **Segelfläche:** 1935 m^2. **Hilfsmotor:** 1 »MAN«-Dieselmotor mit 750 PS. **Besatzung:** 140 und 90 Kadetten.

Visitenkarte

Land
Portugal

Typ
Brigantine

Werft
Blohm & Voss, Hamburg, Deutschland

Stapellauf
30. Oktober 1937

Verwendung
Schulschiff

Santa Maria

Visitenkarte

Land
Spanien

Typ
Handelsschiff

Takelage
Karacke

Werft
Cantiere di Santander, Spanien

Stapellauf
1489

Verwendung
Handelsschiff

Das berühmte »Admiralschiff« von Christoph Kolumbus hält man wie die *Pinta* und die *Niña* für eine Karavelle, tatsächlich war sie jedoch eine Karacke. Kolumbus nannte sie »Nao«. Die *Santa Maria* war in Santander, Galicien, unter dem Namen *Gallega* gebaut worden und stand im Eigentum von Juan de la Cosa, der sich als Steuermann seines eigenen Schiffes an Kolumbus' Expedition beteiligte. Das Schiff war größer und rundlicher als eine Karavelle und im Unterschied zu dieser, die dreieckige Segel hatte, war sie mit vier Segeln ausgestattet: der Fockmast trug ein rechteckiges Segel, der Hauptmast zwei und der Besanmast ein dreieckiges. Am Bugspriet befand sich noch ein viereckiges Vorsegel. Die *Santa Maria* verfügte über ein geschlossenes Deck, ein Vordeck und ein erhöhtes Achterdeck, das die sehr spartanische Unterkunft des Kapitäns beherbergte. Die berühmteste aller Seereisen nahm ihren Anfang in Saltes nahe bei Palos im Morgengrauen des 3. August 1492. Nach einem Aufenthalt auf den Kanaren, um kleinere Reparaturen durchzuführen und die Vorräte aufzufüllen, überquerten die drei Segler den Atlantik und erreichten am 12. Oktober die Insel Guanahani (heute Watling) in den Bahamas, die Kolumbus San Salvador taufte. In der Weihnachtsnacht streifte der Kiel der *Santa Maria* vor der Insel Hispaniola (Haiti) ein Korallenriff und erlitt Schiffbruch. Von der *Santa Maria* wurden einige Nachbauten angefertigt. Den ersten ließ die spanische Regierung 1892 im Arsenal von Carraca bei Cádiz herstellen. Dem Schiff gelang die Wiederholung von Kolumbus' Fahrt bei schlechten Wetterbedingungen, obwohl sich seine Seetauglichkeit als mangelhaft erwies (doch auch Kolumbus hatte sich über sein Schiff beschwert). Andere Nachbildungen wurden 1927, 1951, 1964 und 1991 gebaut. Auch die letzte – von der spanischen Regierung aus Anlass des 500. Jahrestages der Entdeckung Amerikas in Auftrag gegeben – überquerte den Atlantischen Ozean.

TECHNISCHE DATEN Abmessungen: Länge des Decks: 26,32 m, Länge an der Wasserlinie: 21,76 m, Länge des Kiels: 18,5 m, Breite: 8 m. **Wasserverdrängung:** 233 ts. **Höhe der Masten:** Fockmast: 18,69 m, Großmast: 27,25 m, Besanmast: 13,73 m. Bugspriet: 14,02 m. **Bewaffnung:** 4 90-mm-Bombarden, eine unbestimmte Anzahl Geschütze, tragbare Waffen. **Besatzung:** 44.

Die Santa Maria war das historische »Admiralschiff« der Expedition von Kolumbus. Man schätzt, dass die Fahrt mit einer Geschwindigkeit von 5 bis 7 Knoten erfolgt ist, obwohl Kolumbus in seinem Tagebuch davon schreibt, 11 Knoten erreicht zu haben.

Santissima Trinidad

Visitenkarte

Land
Spanien

Typ
Kriegsschiff

Werft
Arsenal von Havanna, Kuba

Stapellauf
1769

Verwendung
militärische Zwecke

Das Kriegsschiff mit vier Decks der 1. Klasse war das größte und am schwersten bewaffnete Schlachtschiff seiner Zeit. Es war vom englischen Schiffbaumeister Matthew Mullan gebaut worden, den der Marquis del la Ensenada zu diesem Zweck nach Havanna auf Kuba eingeladen hatte. Er musste bis zur Fertigstellung vier Jahre dort bleiben. Der Rumpf bestand aus Holz, das zwei Jahre gelagert worden war. Das Achterdeck war gegenüber dem Hauptdeck, das mit dem Vorderdeck eine Einheit bildete, nur leicht erhöht. So hatte die Artillerie an Bord die größtmögliche Bewegungsfreiheit. Aus ästhetischer Sicht wies das Schiff wenig Verzierungen auf, da zu jener Zeit die Tendenz herrschte, alles Überflüssige wegzulassen, um die Funktionalität der Kriegsmaschine zu erhöhen. Und als Kriegsmaschine suchte die *Santissima Trinidad* mit ihren 130 Kanonen (manche sprechen sogar von 140) ihresgleichen. Doch in ihrer wichtigsten Schlacht, bei Trafalgar (21. Oktober 1805), war ihr kein Glück beschieden. Die *Santissima Trinidad* befand sich an der Spitze der mit den Franzosen alliierten spanischen Flotte, die unter dem Kommando von Konteradmiral Baltaser Cisneros Uriarte stand. Die Schlacht nahm für die Verbündeten bald eine unglückliche Wendung. Das Flaggschiff *Bucentaure* drohte dem Schiff *Victory* von Admiral Nelson im Kampf zu unterliegen. Die *Redoutable* und die *Santissima Trinidad* versuchten ihr zu Hilfe zu eilen, wurden jedoch mit einem wahren Feuersturm empfangen. Das spanische Schiff ging seiner Masten verlustig und war gezwungen, sich gemeinsam mit der *Bucentaure* zu ergeben. Die *Santissima Trinidad* wurde der *HMS Prince* übergeben, sank jedoch wenig später, am 24. Oktober, in Folge der erlittenen Schäden.

TECHNISCHE DATEN Abmessungen: 62,4 x 16,5 x 7,5 m. **Wasserverdrängung:** 2274 ts. **Höhe des Großmastes:** 63 m. **Bewaffnung:** 42 42-Pfund-Kanonen, 36 24-Pfund-Kanonen, 22 18-Pfund-Kanonen, 22 9-Pfund Geschütze, 8 Geschütze. **Besatzung:** 836.

Sea Witch

Visitenkarte

Land
USA

Typ
Klipper

Werft
Smith & Dimon, New York, USA

Stapellauf
1846

Verwendung
Handelsschiff

Nachdem er die *Rainbow* entwickelt hatte, übertraf John Willis Griffiths seine eigenen Pläne durch einen zweiten Klipper mit noch schlankerem Rumpf, der scharf wie eine Rasierklinge war und noch höheren Masten. Griffiths arbeitete mit Kapitän Robert H. Waterman zusammen, der die Vervollständigung der Takelage überwachte. Werft und Reederei waren dieselben wie bei der *Rainbow*. Der neue, *Sea Witch* genannte Klipper erwies sich bald als das schnellste jemals vom Stapel gelaufene Segelschiff. 1849 fuhr Waterman mit diesem Schiff in 74 Tagen von Hongkong nach New York, eine Reise, für die man kurz zuvor noch sechs Monate (hin und zurück) benötigte. In den neun Jahren auf der Teeroute brachte sie ihren Reedern viel Glück und stellte mindestens sechs Rekorde auf, die in der Geschichte der Segelschifffahrt nie gebrochen werden sollten. Auf ihrer neunten Fahrt 1855 gab Waterman das Kommando an Kapitän Fraser ab, der während einer Überfahrt von einem seiner Offiziere getötet wurde. Im Jahr darauf, am 28. März 1856, fuhr die *Sea Witch* auf eine Klippe auf und sank zwei Meilen vor Havanna.

TECHNISCHE DATEN Abmessungen: 52 x 10,3 x 5,8 m. **Wasserverdrängung:** 1100 ts.

Seeadler

Visitenkarte

Land
Großbritannien

Typ
Segelschiff

Werft
Glasgow, Großbritannien

Stapellauf
1888

Verwendung
Kaperschiff

Die *Seeadler* war das einzige Kaperschiff unter Segel, das im Ersten Weltkrieg in Einsatz stand. Dieses Schiff hieß ursprünglich *Pass of Balmaha* und war in Glasgow gebaut worden. Am 24. Juli 1915 wurde sie auf der Fahrt von Murmansk nach Großbritannien vom deutschen U-Boot *U-36* aufgebracht. Man erklärte sie zur Kriegsbeute und verwendete es unter dem Namen *Seeadler* als Kaperschiff. Sie kaperte 16 feindliche Frachtschiffe, bevor sie am 2. August 1917 vor der Insel Mopelia (nahe Tahiti) zerstört wurde.

TECHNISCHE DATEN Abmessungen: 83,5 x 11,8 x 5,5 m. **Wasserverdrängung:** 4572 ts. **Hilfsmotor:** Dieselmotor, 1 Schraube. **Höchstgeschwindigkeit:** 9 kn. **Bewaffnung:** 2 105-mm-Kanonen.

Sedov

Die *Sedov* ist eines der größten Schiffe der Welt mit rechteckigen Segeln. Sie wurde 1921 als *Magdalene Vinnen* in einer Werft in Kiel vom Stapel gelassen. 15 Jahre lang transportierte sie Salpeter aus Chile, wobei sie zur gleichen Zeit als Schulschiff fungierte. 1936 wurde sie an den »Norddeutschen Lloyd« verkauft, der ihr den Namen *Kommodore Johnsen* verlieh und sie für den Getreidetransport aus Australien einsetzte. Nach Ende des Zweiten Weltkriegs ging der Segler als Wiedergutmachung für Kriegsschäden an die UdSSR. 1965 wurde sie als Schulschiff mit Basis in Leningrad (St. Petersburg) stationiert. Nach siebenjährigen Erneuerungsarbeiten (1974–1981) durchpflügte sie komplett renoviert wieder die Weltmeere. Die *Sedov* hat einen Rumpf aus Stahl, drei Masten mit viereckigen Segeln und einen Besanmast mit Besan- und Gegenbesansegel – Insgesamt 34 Segel.

Visitenkarte

Land
Russland

Typ
Segelschiff

Werft
Germania Werft (Friedrich Krupp), Kiel, Deutschland

Stapellauf
1921

Verwendung
Schulschiff

TECHNISCHE DATEN Abmessungen: 117,5 x 14,6 x 7,2 m. **Wasserverdrängung:** 3476 ts. **Höhe des Großmastes:** 54,5 m. **Segelfläche:** 4192 m^2. **Hilfsmotor:** 1 Dieselmotor mit 1160 PS. **Besatzung:** 70 und 120 Kadetten.

Shabab 'Oman

Visitenkarte

Land
Oman

Typ
Schoner

Werft
Herd & Mackenzie, Buckie, Großbritannien

Stapellauf
1971

Verwendung
Schulschiff

Das einzige Schulschiff der arabischen Welt ist der Stolz des Sultanats Oman. Dieser ausgezeichnete Schoner aus Holz wurde 1971 unter dem Namen *Captain Scott* als Schulschiff für den »Dulverton Trust« in Schottland gebaut. 1979 kaufte Oman das Schiff und taufte es in *Shabab 'Oman* (»Jugend Omans«) um und stellte es der Königlichen Marine zur Verfügung. Im Lauf der Jahre nahm die *Shabab 'Oman* an vielen internationalen Regatten und verschiedenen historischen Feierlichkeiten teil. Sie war bei rund 30 Nationen zu Gast und so eine perfekte Botschafterin ihres Landes. Sie hat zwei Mal, 1996 und 2001, die »Cutty Sark Trophy« gewonnen und war das erste arabische Schiff, dessen Namen bei einer der wichtigsten Segelregatten des Westens genannt wurde.

TECHNISCHE DATEN Abmessungen: 52 x 8,5 x 4,7 m. **Wasserverdrängung:** 484 ts. **Höhe des Großmastes:** 30 m. **Segelfläche:** 1020 m^2. **Hilfsmotor:** 1 »Caterpillar«-Dieselmotor mit 250 PS. **Höchstgeschwindigkeit:** 13 kn. **Besatzung:** 24 Kadetten plus Besatzung.

Simon Bolivar

Visitenkarte

Land
Venezuela

Typ
Brigantine

Werft
Astilleros Talleres Celaya, Bilbao, Spanien

Stapellauf
21. November 1979

Verwendung
Schulschiff

Nach dem Erfolg des Schulschiffes *Gloria,* das im Dienst der kolumbianischen Kriegsmarine steht, und der *Guayas,* die von Ecuador in Auftrag gegeben worden war, wandte sich auch die Marine Venezuelas an die Werft Celaya in Bilbao, um eine Brigantine zu bestellen, die auf den Plänen der vorgenannten Schiffe beruht. Die *Simon Bolivar* wurde am 12. August 1980 ausgeliefert und erreichte nach einer Probefahrt ihren Bestimmungshafen La Guaira. Das Schiff ist an dem schwarzen Streifen auf seinem weißen Rumpf gut zu erkennen. Der Bug wird von einer schönen Galionsfigur geschmückt, die ein symbolisches Abbild der Freiheit verkörpert. Das Schiff ist nach dem »Libertador« (»Befreier«) benannt, dem Helden der lateinamerikanischen Unabhängigkeitskriege.

TECHNISCHE DATEN Abmessungen: 82,4 x 10,6 x 4,4 m. **Wasserverdrängung:** 1248 ts. **Höhe des Großmastes:** 37,5 m über der Wasserlinie. **Segelfläche:** 1650 m^2. **Hilfsmotor:** 1 Dieselmotor mit 750 PS. **Höchstgeschwindigkeit:** 13 kn. **Besatzung:** 135 und 100 Kadetten.

Sir Winston Churchill

Visitenkarte

Land
Großbritannien

Typ
Schoner

Werft
Richard Dunston Ltd., Haven Shipyard, Hessle, Großbritannien

Stapellauf
1966

Verwendung
Schulschiff

1954 kam der Engländer Bernard Morgan auf die Idee, Regatten für Segelschulschiffe, die »Tall Ship Races«, zu organisieren. Daraus entstand die »Sail Training Association« (STA), welche die Regatten ab 1956 in zweijährigem Abstand veranstaltete. Großbritannien, ein Land mit langer Seefahrertradition, verfügte seltsamerweise über kein ausreichend großes Schiff für diese Wettbewerbe und musste daher welche mieten, um teilnehmen zu können. 1964 hatte die STA sich finanzielle Unterstützung durch Segelsportbegeisterte gesichert und beschloss, zwei Schiffe nach den Plänen des bekannten Studios »Camper & Nicholson« bauen zu lassen. 1966 lief die *Sir Winston Churchill* vom Stapel, im Jahr darauf ihre Schwester *Malcolm Miller.* Die beiden als Schoner ausgestatteten Segler dienten als Schulschiffe und nahmen an allen bedeutenden Regatten teil. Sie *Sir Winston Churchill* absolvierte ihre letzte Ausbildungsfahrt im Dezember 2000, dann wurde sie außer Dienst gestellt und verkauft.

TECHNISCHE DATEN Abmessungen: 41,04 (45,6 ft.) x 8,1 x 4,73 m. **Wasserverdrängung:** 299 ts. **Höhe des Großmastes:** 29,8 m. **Segelfläche:** 817 m². **Hilfsmotor:** 2 mit 240 PS. **Besatzung:** 14 und 40 Kadetten.

Sørlandet

Visitenkarte

Land
Norwegen

Typ
Segelschiff

Werft
Hoivolds Mek Verksted, Kristiansand, Norwegen

Stapellauf
1927

Verwendung
Schulschiff

Die *Sørlandet* ist das schnellste der drei zur Zeit im Besitz Norwegens befindlichen »Tall Ships«. Bis zum Zweiten Weltkrieg diente sie als Ausbildungsschiff, dann wurde sie von den Deutschen beschlagnahmt und als Unterkunft für U-Boot-Besatzungen verwendet. Bei einem sowjetischen Luftangriff wurde sie getroffen und teilweise versenkt. Doch nach Ende des Krieges ließ man sie wieder in altem Glanz erstrahlen. Bis 1959 war sie das einzige Schulschiff ohne Hilfsmotor. 1964 nahm die an der »Operation Sail« teil und belegte 1968 den zweiten Platz bei der Regatta Gøteborg-Ocean Viking. Nach 46-jähriger Dienstzeit stellte man sie 1973 außer Dienst und verkaufte sie an einen Reeder in Oslo. Dieser schenkte sie 1977 der Stadt Kristiansand, wo sie gebaut worden war. Nach einer grundlegenden Erneuerung kehrte sie zurück auf See und diente für Ausbildungsfahrten von Privatleuten. Heute steht sie im Eigentum einer Nonprofitgesellschaft, die der Kulturabteilung Norwegens untersteht.

TECHNISCHE DATEN Abmessungen: 65 x 9,6 x 4,8 m. **Wasserverdrängung:** 645 ts. **Höhe des Großmastes:** 35,05 m über der Wasserlinie. **Segelfläche:** 912 m^2. **Hilfsmotor:** 1 Dieselmotor mit 564 PS. **Besatzung:** 14 und 70-85 Kadetten.

Sovereign of the Seas (1637)

Im Juni 1634 beabsichtigte König Karl I. von England ein Schiff bauen zu lassen, das die Welt wegen seiner Größe und des Reichtums seiner Verzierungen in Erstaunen versetzen sollte. Trotz der Einwände der Marineführung, was zumindest die Größe betraf, wurde mit dem Bau des Schiffes begonnen. Mit der Konstruktion beauftragt war der Schiffsbaumeister und ständige Kommissar des Arsenals von Catham, Phineas Pett, der sich bei diesem Auftrag von seinem Sohn Peter helfen ließ. Nach zweijähriger Bauzeit lief das Schiff in der Königlichen Werft in Woolwich (1512 von Heinrich VIII. gegründet) vom Stapel. Es war nach der *Prince Royal* von 1610 das zweite in England gebaute Schiff mit drei Decks. Die Vielfalt und Erlesenheit der Verzierungen war überwältigend. Die Galionsfigur zeigte Edgar den Friedlichen auf dem Rücken eines weißen Pferdes, der über sieben feindliche Könige triumphiert – eine Allegorie für den Sieg der Tugend über die sieben Todsünden. Der Bildhauer war Anton van Dyck, ein Schüler Rubens'. Die Kosten waren wie vorausgesehen ausgesprochen hoch, lösten eine Finanzkrise aus, die man Karl I. zuschrieb, und führten dann zum englischen Bürgerkrieg. Die *Sovereign of the Seas* war das Admiralschiff von Robert Blake und kämpfte in allen Kriegen gegen Holland und Frankreich. Zwischen 1654 und 1660 wurde sie von Peter Pett umgebaut. Er verwandelte sie in ein Schiff mit zwei Decks (ursprünglich drei), um Gewicht zu sparen und das Manövrieren zu erleichtern. Anschließend wurde auch die Anzahl der Kanonen verringert. Mit der Thronbesteigung Karls II. (1660–1685) wurde der Name in *Royal Sovereign* geändert. Das Schiff nahm am zweiten und dritten Krieg gegen Holland (1666–1673) und am Krieg der Großen Allianz gegen Frankreich teil, der 1689 begann. Es kämpfte 1690 bei Beachy Head und 1692 bei Le Hogue (in der Nähe von Barfleur). Trotz der vielen Schlachten blieb es für beinahe 60 Jahre in Dienst und war stets das beste Schiff der englischen Flotte. Seine Laufbahn endete jäh, als es 1696 bei Catham durch ein Feuer zerstört wurde.

TECHNISCHE DATEN Abmessungen: 71 x 14,75 x 7,16 m. **Wasserverdrängung:** 1541 ts. **Bewaffnung:** 44 42-Pfund-Kanonen, 22 18-Pfund-Kanonen, kleinere Geschütze zu 9 und 12 Pfund. **Besatzung:** 780.

Visitenkarte

Land
Großbritannien

Typ
Kriegsschiff

Werft
Woolwich Dockyard, Großbritannien

Stapellauf
12. Oktober 1637

Verwendung
militärische Zwecke

Um den Bau der Sovereign of the Seas *zu finanzieren, der den exorbitanten Betrag von 65.000 Pfund Sterling kostete, wurde auch eine eigene Steuer eingeführt, das so genannte* »Ship Money«.

Spray

Visitenkarte

Land
USA

Typ
Slup mit dreieckigem Besansegel

Werft
Joshua Slocum, USA

Stapellauf
1895

Verwendung
Segeljacht

Joshua Slocum war der erste Seemann, der jemals eine Weltumsegelung im Alleingang durchführte. Der Amerikaner mit kanadischen Wurzeln war Zimmermann, Kaufmann zur See und vor allem Seefahrer. Er begann mit 14 Jahren zur See zu fahren, zuerst als einfacher Matrose, später als Kapitän von Frachtschiffen auf der Route in den Fernen Osten. Von 1882 bis 1884 war er Kommandant und Mitinhaber der *Northern Light.* Nachdem er seine Anteile verkauft hatte, erwarb er die *Aquidneck,* mit der er viele Fahrten unternahm, bevor er sie 1887 in einer Untiefe vor der Küste Brasiliens verlor. 1892 bot ihm sein Freund, Kapitän Eben Pierce, ein Boot an, das »etwas reparaturbedürftig war«. Slocum begab sich nach Fairhaven in Massachusetts, um es abzuholen. Es handelte sich um eine total verfallene Slup für die Austernfischerei. Slocum erneuerte das Boot Stück für Stück, gab ihm den Namen *Spray* und legte 1895 von Boston ab, um sich auf ein Abenteuer zu begeben, von dem er immer geträumt hatte: eine Weltumsegelung. Er brauchte drei Jahre, zwei Monate und zwei Tage, in denen er 46.000 Meilen zurücklegte. Am 27. Juni 1898 landete er in Newport (Rhode Island) und wurde zum Mythos für viele Generationen von jungen Segelbegeisterten und ein »Schutzheiliger« für alle Seeleute und Abenteurer der Welt. Er schrieb ein Buch über seine Reise, *Sailing alone around the world* (»Allein um die Welt segeln«), das ziemlich erfolgreich war und ihm ermöglichte, seine erste Behausung auf dem Festland zu erwerben. 1901 wurde die *Spray* bei der Panamerikanischen Ausstellung in Boston gezeigt, dann ging sie wieder auf Reisen. 1909, im Alter von 65 Jahren, brach Joshua Slocum mit seiner *Spray* Richtung Westindien auf. Doch er kam dort nie an. Weder Slocum noch die *Spray* wurden je wieder gesehen. Im Jahr darauf wurde der Seefahrer für vermutlich tot erklärt, als Datum nahm man den 14. November 1909 an, jenen Tag, an dem man ihn zuletzt gesehen hatte.

TECHNISCHE DATEN Abmessungen: 11,2 x 4,3 x 1,3 m. **Wasserverdrängung:** 13 ts. **Besatzung:** 1.

Nebenan: die Spray. *Oben: Joshua Slocum, der erste Seefahrer, der eine Weltumsegelung im Alleingang absolvierte.*

Stella Polare (1881)

Die *Stella Polare* war ursprünglich ein Walfänger aus Sandefjord, den man zur Robbenjagd eingesetzt hatte. Sie war eine Brigantine mit zwei Masten, rechteckigen Segeln und Besansegel. Der Rumpf bestand aus massivem Holz, um den Anforderungen des arktischen Meeres zu trotzen. 1888 verwendete Fridtjof Nansen das Schiff für eine Reihe wissenschaftlicher Untersuchungen in Grönland. 1893 war sie hingegen unter dem Kommando des Norwegers Carl Anton Larsen in der Antarktis, der auf der Insel Seymur pflanzliche Fossilien fand. 1899 kaufte Luigi Amadeo di Savoia, Herzog der Abruzzen, das Schiff für sein Vorhaben, eine Expedition zum Nordpol zu unternehmen. Der junge Herzog hatte als Kapitänleutnant schon viele Jahre auf See zugebracht – er war mit 16 in die Marine eingetreten – und war zwei Jahre zuvor in Alaska gewesen, wo er den Mount Saint Elia bestieg. Die *Jason* wurde in *Stella Polare* umgetauft und zum Schoner umgebaut. Mit allem ausgestattet, was man für eine über einjährige Expedition braucht, legte die *Stella Polare* am 12. Juni 1899 von Kristiania (Oslo) ab, überquerte die Barentssee und erreichte die Teplizbucht auf 80° und 4' nördlicher Breite. Vom Packeis in starke Schräglage versetzt, verließ die Besatzung das Schiff Ende August 1900, als sie vom Eis befreit und aufgerichtet werden konnte. Die Rückfahrt nach Norwegen über das Nordkap glückte. 1901 schenkte Luigi di Savoia den Schoner der italienischen Kriegsmarine, und im Mai desselben Jahres kam sie in La Spezia an. Einige Jahre später ging sie nach einer Unterschriftenaktion an die »Lega Navale Italiana«, die sie der römischen Stadtverwaltung schenkte. Vom Ersten Weltkrieg überrascht, ließ man sie in Fiumicino zurück, wo sie zerstort wurde. Einige Teile der Takelage befinden sich heute im Schiffstechnischen Museum von La Spezia. Der Bug wird aber im Museum für Wissenschaft und Technik »Leonardo da Vinci« in Mailand aufbewahrt.

TECHNISCHE DATEN Abmessungen: 40 x 9,25 x 5,5 m. **Wasserverdrängung:** 495 ts. **Hilfsmotor:** Dampfmaschine mit 60 PS, 1 Schraube. **Besatzung:** 30.

Visitenkarte

Land
Italien

Typ
Schoner

Werft
Rødsværven, Sandefjord, Norwegen

Stapellauf
1881

Verwendung
Polarforschungsschiff

Nebenan: der Stab der Stella Polare *auf einem zeitgenössischen Foto. Oben: das Schiff im Polareis, abgebildet auf einer der populären Titelseiten des* Domenica del Corriere*, eine Arbeit von Achille Beltrame.*

Stella Polare (1965)

Visitenkarte

Land
Italien

Typ
Jolle

Werft
Sangermani, Lavagna, Italien

Stapellauf
1965

Verwendung
Schulschiff

Hier handelt es sich um das zweite kleine Segelschulschiff der italienischen Kriegsmarine, eine von »Sparkman & Stephens« geplante Jolle. Genau genommen ist sie ein Schwesterschiff der *Corsaro II*, die einige Jahre zuvor in Dienst gestellt worden war. Und wie die *Corsaro* dient die *Stella Polare* der Ausbildung von Offiziersanwärtern und ist gleichzeitig auch auf sportlichem Gebiet aktiv und nimmt an den unterschiedlichsten Regatten teil. Zu ihren wichtigsten Erfolgen zählen die Regatten Plymouth-Teneriffa 1970, La Coruna-Portsmouth 1974 und die »Operation Sail« 1976 auf den Bermudas. 1992 wurde sie für die Teilnahme an der Regatta zum 500. Jahrestag der Entdeckung Amerikas ausgewählt, die zu Ostern in Genua stattfand.

TECHNISCHE DATEN Abmessungen: 21,46 x 4,9 x 3,01 m. **Wasserverdrängung:** 45 ts. **Höhe des Großmastes:** 24,35 m. **Segelfläche:** 450 m^2. **Hilfsmotor:** 1 Dieselmotor mit 350 PS. **Besatzung:** 16 und 16 Kadetten.

Thomas W. Lawson

Visitenkarte

Land
USA

Typ
Schoner

Werft
Fore River Shipbuilding, Quincy, USA

Stapellauf
1902

Verwendung
Handelsschiff

Die vom Schiffsbaumeister Bowdoin Crowninshield entworfene *Thomas W. Lawson* war der einzige Schoner mit sieben Masten und einer Segelfläche von rund 4000 m^2. Die Masten hatten alle die gleiche Höhe, fast 60 m, und bestanden aus einem eisernen Kern mit einer Umhüllung aus Holz. Die Besatzung bestand aus lediglich 27 Mann, da die meisten der anfallenden Manöver mittels dampfbetriebener Winden durchgeführt wurden. Aber das Schiff war langsam und ließ sich schlecht steuern. Die Reedereigesellschaft »Coastwise Transportation« in Boston verwendete die *Thomas W. Lawson* zuerst als Kohlentransporter, später ließ sie sie zum Tankschiff umbauen, um Ölfässer von Texas an die Ufer des Delaware zu transportieren. 1907 wurde sie an die »Sun Oil Company« vermietet. Während sie im Dezember desselben Jahres Erdöl von Philadelphia nach London transportierte – sie hatte zwei Millionen Gallonen Brennstoff geladen –, erlitt sie in einem heftigen Sturm auf Höhe der Scilly-Inseln Schiffbruch.

TECHNISCHE DATEN Abmessungen: 117,3 x 15,2 x 10,71 m. **Wasserverdrängung:** 5218 ts. **Segelfläche:** 4000 m^2. **Besatzung:** 27.

Thermopylae

Sie war ein »extremer« Klipper, der von Bernard Waymouth für den Reeder und Eigentümer der »White Star Line«, einer Gesellschaft, die Tee aus China importierte, George Thompson entworfen wurde. Die *Thermopylae* war das zweite Schiff, welches von Walter Hood unter Verwendung eines Materialmix aus Eisen und einer Schiffsverkleidung aus Holz gebaut wurde. An der Spitze des Großmastes prangte ein vergoldeter Wetterhahn, unter dem Bugspriet eine Galionsfigur, die Leonidas, den bei den Thermopylen gefallenen Helden, verkörperte. Auf der Teeroute erwies sie sich bald als das schnellste Segelschiff seiner Zeit. Auf ihrer Jungfernfahrt unter dem Kommando von Kapitän Robert Kemball legte sie die Strecke Gravesend (London)-Melbourne in nur 63 Tagen zurück und stellte so einen Geschwindigkeitsrekord auf. Dann fuhr sie nach Shanghai weiter und stellte auch auf dieser Strecke einen neuen Rekord auf. Unvergesslich ist das Duell, das sie sich mit der *Cutty Sark* lieferte. Am 18. Juni 1872 legten die beiden Klipper mit ihren Teeladungen von Shanghai ab. Zwei Wochen lang segelten sie auf Tuchfühlung, doch nach dem Sundagraben verlor die *Cutty Sark* ihren Steuermann und die *Thermopylae* ging uneinholbar in Führung und kam sieben Tage vor ihrer Rivalin in London an. 1882 kehrte sie dem Teehandel den Rücken, um sich dem lukrativeren Transport von Wolle aus Australien zu widmen. 1890 ging die *Thermopylae* an die kanadische Gesellschaft »Mount Royal Milling and Manufacturing«, die sie für den Transport von Reis aus China nach Britisch-Kolumbien einsetzte. 1896 wurde sie nach Portugal verkauft, in *Pedro Nuñes* umgetauft und als Schulschiff verwendet. In ihren letzten Jahren fungierte das Schiff, das sich schon in einem schlechten Zustand befand, als Kohlendepot am Ufer des Tago. Über das Ende der *Thermopylae* werden unterschiedliche Geschichten erzählt. Die einen erzählen, sie sei auf See vor dem Kap der Guten Hoffnung gesunken, andere wieder, sie sei als Zielobjekt bei den Geburtstagsfeierlichkeiten eines nicht näher bekannten Sultans versenkt worden. In Wirklichkeit wurde am 13. Oktober 1907 eine Seebestattung veranstaltet. In Beisein von Amelia di Orléans, der Königin Portugals, wurde sie torpediert und versenkt. Vor kurzem wurden Reste ihres Rumpfes auf der Höhe von Cascais (Portugal) entdeckt.

Visitenkarte

Land
Großbritannien

Typ
Klipper

Werft
Walter Hood, Aberdeen, Großbritannien

Stapellauf
1868

Verwendung
Handelsschiff

TECHNISCHE DATEN Abmessungen: 64,6 x 11 x 6,4 m. **Wasserverdrängung:** 991 ts. **Besatzung:** 36.

Vasa

Visitenkarte

Land
Schweden

Typ
Galeone

Werft
Henrik Hybertszoon de Groot, Schweden

Stapellauf
1627

Verwendung
militärische Zwecke

Der schwedische König Gustav II. Adolf beauftragte 1625 den berühmten holländischen Schiffbauer Arent Hybertssoon und seinen Bruder Henrik, die gesamte Kriegsflotte Schwedens zu überholen und vier neue Schiffe zu bauen, wovon eines die prächtigste und größte Galeone ihrer Zeit werden sollte. Mit dem Bau dieses Schiffes, dem man den Namen *Vasa* (Wasa, der Name der königlichen Familie) gab, wurde 1626 begonnen. Ornamente waren in einer außerordentlichen Reichhaltigkeit, mit Hunderten geschnitzten und vergoldeten Figuren, vorhanden, doch die Abmessungen und das Gewicht schienen bald den Rahmen zu sprengen. Doch niemand wagte den Anordnungen des Königs zu widersprechen. Stattdessen wurden nach dem Tod Henrik Hybertszoons, der vor der für den 10. August 1628 festgesetzten Jungfernfahrt verstarb, noch einige Änderungen vorgenommen. So wurde der Großmast verlängert und schwere Bewaffnung an Bord gebracht, was das ohnehin schon unstabile Gleichgewicht noch weiter gefährdete. Am 10. August 1628 verließ die *Vasa* in Abwesenheit des Königs, aber beobachtet von einer großen Menschenmenge, den Hafen von Stockholm. Doch die Jungfernfahrt endete nach rund tausend Metern noch im Hafen, als sie sich nach einer überraschenden Richtungsänderung nach Backbord neigte, in wenigen Minuten sank und etwa 25 Menschen mit sich in die Tiefe riss. Die Wassertiefe betrug an diesem Punkt ungefähr 30 m. 50 Jahre lang unternahm man diverse Versuche, die *Vasa* an die Oberfläche zu bringen, doch sie waren alle vergeblich. Drei Jahrhunderte lang blieb die größte Galeone der Welt auf dem Meeresgrund liegen und geriet nach und nach in Vergessenheit. Schließlich gingen sogar die Koordinaten ihrer genauen Lage verloren. Erst 1956 wurde das Wrack ausgemacht, und nach fünf Jahren vorsichtigster Bergungsarbeiten beförderte man sie am 24. April 1961 ans Tageslicht. Zusammen mit der *Vasa* wurden noch mehr als 14.000 Gegenstände geborgen, darunter 700 Holzskulpturen. Nachdem sie perfekt restauriert wurde, erhielt die *Vasa* ihr eigenes Museum, das *Vasamuseet* in Stockholm, das ausschließlich ihrer Geschichte gewidmet ist.

TECHNISCHE DATEN Abmessungen: 61 (70 ft.) x 9,7 x 3,9 m. **Wasserverdrängung:** 1210 ts. **Höhe des Großmastes:** 58 m. **Segelfläche:** 14.000 m². **Bewaffnung:** 64 Kanonen, davon 48 24-Pfund-Kanonen.

Victory

Visitenkarte

Land
Großbritannien

Typ
Kriegsschiff

Werft
Catham Dockyard, Großbritannien

Stapellauf
7. Mai 1765

Verwendung
militärische Zwecke

Gegen Ende des Siebenjährigen Krieges (1756–1763) forderte die britische Admiralität zwölf Kriegsschiffe an, von denen eines ein Linienkriegsschiff 1. Klasse mit 104 Kanonen sein sollte. Mit diesem Projekt wurde der Superintendent der Royal Navy, Thomas Slade, beauftragt. Der Bau erfolgte im Arsenal von Catham und am 28. Oktober 1760 wurde das zukünftige Admiralschiff auf Kiel gelegt und es erhielt, in Erinnerung an die 1759 errungenen Siege, den Namen *Victory* (Sieg). Obwohl sie 1765 vom Stapel lief, dauerte es wegen technischer Probleme noch 13 Jahre, bis sie in Dienst trat. Am 8. Mai 1778 stach die *Victory* schließlich unter der Flagge des Admirals Lord Augustus Keppel in See und nahm an dessen erster Schlacht gegen die französische Flotte vor Quessant teil. In ihrer mehr als 30-jährigen Laufbahn schlug dieses ruhmreiche Kriegsschiff unzählige Schlachten. Hervorzuheben sind jene von Kap Saint-Vincent gegen die spanische Flotte (14. Februar 1797) unter dem Befehl von Sir John Jervis und die legendärste von allen, die Schlacht von Trafalgar am 21. Oktober 1805 unter dem Befehl von Horatio Nelson. Es war ein trauriger Sieg, denn der Admiral fiel und die *Victory* wurde schwer beschädigt. Nach Ende der Napoleonischen Kriege wurde sie das Admiralsschiff des Oberkommandos der Seestreitkräfte mit Basis in Portsmouth, eine Ehre, die bis 1869 anhielt und ihr 1901 nochmals zukam. 1992 wurde sie ins historische Dock Nr. 2 in Portsmouth geschleppt und ins Trockene gebracht. Wieder zu altem Glanz gebracht, öffnete man der Offentlichkeit den Zugang zu ihr als Museumsschiff. Zu jedem Jahrestag der Schlacht von Trafalgar wird auf den Fahnenmasten der *Victory* die berühmte Nachricht gehisst, die Admiral Nelson mittels Signalfahnen an die anderen britischen Schiffe übermittelte: »England erwartet sich, dass jeder Mann seine Pflicht erfüllt.« Die *Victory* wurde von einem englischen Historiker als »Westminster Abbey der Königlichen Marine« bezeichnet.

TECHNISCHE DATEN Abmessungen: 56,7 x 15,8 x 7,65 m. **Wasserverdrängung:** 2176 ts. **Bewaffnung:** 30 42-Pfund-Kanonen, 28 24-Pfund-Kanonen, 30 12-Pfund-Kanonen an Deck und 10 im Achterdeck. **Besatzung:** 850.

Für den Bau der Victory, *dem Admiralsschiff von Nelson in der Schlacht von Trafalgar, wurden ca. 10.000 m³ Holz, überwiegend Eiche, verbraucht.*

Achille Lauro

Visitenkarte

Land
Italien

Typ
Motorschiff

Werft
De Schelde, Vlissingen, Niederlande

Reeder
Flotta Laura

Stapellauf
1947

Verwendung
Passagierschiff

Dieses Passagierschiff, das nach dem Gründer des gleichnamigen Schifffahrtsunternehmens benannt wurde, wurde 1964 von der »Royal Rotterdamsche Lloyd« gekauft. Die holländische Gesellschaft hatte das Schiff 1937 in Auftrag gegeben, um es auf der Route Holland-Indonesien einzusetzen. Durch den Ausbruch des Krieges verzögerte sich jedoch die Auslieferung bis 1947. Der frühere Ozeandampfer, der den Namen *Willem Ruys* getragen hatte, wurde in der Tyrrhenischen Werft in Palermo modernisiert und Ende 1973 auf der Route Europa-Australien in Dienst gestellt. Später wurde das Schiff für Kreuzfahrten im Mittelmeer eingesetzt. 1982 ging es in den Besitz der Linie »Starlauro« (Mediterranean Shipping Company) über, die an die Stelle der »Flotta Lauro« getreten war und 1980 Bankrott machte. Mit dem Schiff gab es eine Reihe von Zwischenfällen: Im April 1975 kollidierte sie in den Dardanellen mit einem kleinen Tiertransporter, der *Yousset,* der daraufhin sank. Am 7. Oktober 1985 wurde sie während einer Fahrt von Alexandria nach Port Said von vier palästinensischen Terroristen entführt, die einen älteren Amerikaner ermordeten. Und vier Mal brach auf ihr Feuer aus: 1965, 1972 und 1981 (drei Passagiere starben, als sie von Bord gehen wollten) und schließlich am 2. Dezember 1994 bei einem Arbeitsunfall vor der somalischen Küste, bei diesem Brand sank sie.

TECHNISCHE DATEN Abmessungen: 192,4 x 25 x 14,5 m. **Wasserverdrängung:** 23.629 ts. **Antrieb:** 8 Dieselmotoren mit einfachem Untersetzungsgetriebe, 2 Schrauben. **Leistung:** 32.500 PS. **Höchstgeschwindigkeit:** 21 kn. **Passagierzahl:** 1307 (152 in der 1. Klasse, 1155 in der Touristenklasse). **Route:** Genua-Sydney-Wellington.

Africa

Visitenkarte

Land
Italien

Typ
Motorschiff

Werft
Cantieri Riuniti dell'Adriatico, Monfalcone, Italien

Reeder
Triestiner Lloyd

Stapellauf
24. Jänner 1951

Verwendung
Passagierschiff

Sie wurde vom Triestiner Lloyd zusammen mit der *Europa* in Auftrag gegeben, um nach Ende des Krieges den Liniendienst zwischen Italien und Südafrika wieder aufzunehmen, für den früher die *Giulio Cesare* und die *Duilio* zur Verfügung standen. Sie war mit sechs Decks ausgestattet, drei davon durchgehend. Sie hatte einen schlanken Bug und ein abgerundetes Heck. 1967 musste sie wegen der Sperre des Suezkanals den Weg entlang der westafrikanischen Küste nehmen. Als der Liniendienst eingestellt wurde, musterte man sie aus und stellte sie in Triest in Bereitschaft. Verkaufsverhandlungen mit dem Reeder Magliveras wurden aufgenommen. Als die Verhandlungen scheiterten, wurde das Schiff 1980 zu Verschrottung nach Taiwan verkauft.

TECHNISCHE DATEN Abmessungen: 158,4 x 20,7 x 7,4 m. **Tonnage:** 11.427 BRT. **Antrieb:** 2 Dieselmotoren mit Direktverbindung, 2 Schrauben. **Leistung:** 16.100 PS. **Dienstgeschwindigkeit:** 19,5 kn. **Besatzung:** 215. **Passagierzahl:** 484. **Route:** Genua-Kapstadt.

AIDAaura

Visitenkarte

Land
Deutschland

Typ
Motorschiff

Werft
Aker MTW, Wismer, Deutschland

Reeder
AIDA Cruises

Stapellauf
2003

Verwendung
Kreuzfahrtschiff

Oben: die Hemingway Lounge auf der AIDAaura.

Das Schwesterschiff der ***AIDAvita*** ist das dritte Clubschiff der AIDA-Flotte. Sie verfügt neben drei Restaurants und fünf Bars, einer Bibliothek und einem Theater über 3450 m² Sonnendeck und 1200 m² Wellnessbereiche. Das Kreuzfahrtschiff bietet seinen Passagieren zwölf Decks und 633 Kabinen. Als Taufpatin der *AIDAura* fungierte das deutsche Topmodell Heidi Klum. In der kalten Jahreszeit ist sie im tropischen Mittelamerika unterwegs. Stationen sind Jamaika, Kolumbien, Panama, Costa Rica, Honduras, Belize und die Cayman Islands. Im Sommer kreuzt sie im 14-Tage-Rhythmus im Mittelmeer zwischen Kreta, Zypern, Israel, Griechenland und der Türkei. Der Heimathafen der Schiffe der in Rostock angesiedelten Reederei ist Genua.

TECHNISCHE DATEN Abmessungen: 202,85 x 28,1 x 6,2 m. **Tonnage:** 42.289 BRT. **Antrieb:** Dieselmotoren, 2 Schrauben. **Leistung:** 37.468 PS. **Höchstgeschwindigkeit:** 21 kn. **Passagierzahl:** 1266. **Besatzung:** 418.

America (1883)

Visitenkarte

Land
Großbritannien

Typ
Dampfschiff mit Schraubenantrieb

Werft
J. & G. Thomson, Clydebank, Glasgow, Großbritannien

Reeder
National Steam Navigation Co., Liverpool

Stapellauf
28. Dezember 1883

Verwendung
Ozeandampfer

Als die *America* bei der Werft Thomson in Clydebank (Schottland) in Auftrag gegeben wurde, benötigte die Reederei »National Steam Navigation Company« in Liverpool ein ausreichend schnelles Schiff, um das begehrte »Blue Riband«, das »Blaue Band«, zu erobern. Es wird an jene Ozeandampfer verliehen, welche die Überfahrt am schnellsten schaffen. Zur Zeit ihres Stapellaufs, am 29. Dezember 1883, wurde der Rekord vom Ozeandampfer *Alaska* gehalten, der im Eigentum der Firma »Liverpool & Great Western Steamship Co.«, auch als »Guion Line« bekannt, stand, die Passagiere und Auswanderer auf der Route Liverpool-New York via Queenstown beförderte. Daher war sie auch der direkte Konkurrent der »National Line«. Die *America* absolvierte ihre Jungfernfahrt auf dieser Strecke am 27. Mai 1884 in sechs Tagen, 14 Stunden und 18 Minuten, um neuneinhalb Stunden weniger als die *Alaska* gebraucht hatte. Doch einen Monat zuvor hatte das neue Dampfschiff der »Guion«, die *Oregon,* sechs Tage, zehn Stunden und zehn Minuten benötigt und die Träume der »National Line« verflogen. Im Jahr darauf, als die Gefahr eines Krieges mit Russland drohte, zog man die *America* ein und rüstete sie zu einem Hilfskreuzer um. 1886 nahm sie den Liniendienst wieder auf, bis sie 1891 von der Königlichen Italienischen Marine gekauft und am 29. November 1891 in *Trinacria* umgetauft wurde. 1900 erklärte man sie zum »Königlichen Schiff« und sie diente zeitweise als Sitz des Kommandos der Seestreitkräfte. 1925 wurde sie verschrottet.

TECHNISCHE DATEN Abmessungen: 142,4 x 15,6 x 7,5 m. **Wasserverdrängung:** 9199 ts. **Antrieb:** eine liegend eingebaute, gegenläufig arbeitende Dampfmaschine, 1 Schraube. **Leistung:** 6100 PS. **Dienstgeschwindigkeit:** 18 kn. **Besatzung:** 265. **Passagierzahl:** 484. **Takelage:** 2 Masten und viereckige Segel.

America (1939)

Visitenkarte

Land
USA

Typ
Dampfschiff

Werft
Newport News, SB & DD, Newport News, USA

Reeder
United States Lines

Stapellauf
31. August 1939

Verwendung
Ozeandampfer

Die den »United States Lines« am 2. Juni 1940 ausgelieferte *America* wurde zuerst für Kreuzfahrten verwendet und dann 1942 der US-Marine überlassen, die sie unter dem Namen *AP 23 West Point* für Militärtransporte einsetzte. 1946 nahm sie den regulären Liniendienst auf der Strecke New York-Le Havre auf. 1964 wurde sie der »Chandris«-Gruppe überlassen, die sie unter dem Namen *Australis* für die Verbindungen zwischen Mitteleuropa, Australien und Neuseeland heranzog. 1978 nutzte man sie unter dem Namen *Italis* für Kreuzfahrten. Als sie veraltet war, lag sie bis 1993 im Hafen von Piräus. Dann schleppte man sie nach Indonesien. Auf der Höhe der Kanarischen Inseln lief das inzwischen in *Alferdoss* umgetaufte Schiff auf einen Felsen auf, nachdem das Schlepptau gerissen war, und sank. *Auf dem Foto:* Die *America* (oben) kreuzt die *United States* im Hafen von New York.

TECHNISCHE DATEN Abmessungen: 220,4 x 28,4 x 9,9 m. **Wasserverdrängung:** 26.454 ts. **Antrieb:** 2 Dampfturbinen mit direkter Verbindung, 6 Kessel, 2 Schrauben. **Leistung:** 37.800 PS. **Dienstgeschwindigkeit:** 22 kn. **Besatzung:** 643. **Passagierzahl:** 1202. **Route:** New York-Le Havre.

Andrea Doria

Visitenkarte

Land
Italien

Typ
Dampfschiff

Werft
Ansaldo, Genua, Italien

Reeder
Italia Società di Navigazione

Stapellauf
11. Juni 1951

Verwendung
Ozeandampfer

Das Schiff von »italienischer Eleganz« *(Italian Style)* war der Stolz der italienischen Handelsmarine. Sie wurde für die »Italia Società di Navigazione« (Italienische Linie) gebaut, und ihr Entwurf folgte streng den Richtlinien zur Unsinkbarkeit, Unbrennbarkeit und Sicherheit, die in der internationalen Übereinkunft von London 1929 auf Grundlage der Erkenntnisse, die man aus dem Untergang der *Titanic* gewonnen hatte, festgesetzt waren: in Schotten unterteilter Rumpf, wasserdichte Feuertüren und ausreichende Rettungseinrichtungen. Die *Andrea Doria* hatte elf Decks, von denen sich viele über die ganze Länge des Schiffs erstreckten, der nach oben zulaufende Bug verlieh ihr eine schlanke Linie. Das abgerundete Heck harmonierte mit dem Rest der Struktur und schuf ein Gesamtbild von seltener Schönheit und Ausgeglichenheit. Der Komfort war auf allen Ebenen hoch, mit großzügigen Platzangeboten für das gesellschaftliche Leben und drei Schwimmbecken für Aktivitäten an der frischen Luft. Die *Andrea Doria* trat ihre Jungfernfahrt am 14. Jänner 1953 in Richtung New York an und wurde sofort von den Passagieren angenommen. Doch hielt ihr Glück nicht lange an. Am 17. Juli 1959 lichtete sie in Genua die Anker mit Kurs direkt nach New York. Am Abend des 23. Juli wurde sie auf Höhe der Insel Nantucket plötzlich von dichtem Nebel überrascht und einige hundert Meilen vor New York vom schwedischen Motorschiff *Stockholm* seitlich gerammt. Die großen Wassermassen, die durch riesige Lecks eindrangen, krängten das Schiff, bis es sich um 25° geneigt hatte, was das Zuwasserlassen der Rettungsboote auf der unbeschädigten Seite verhinderte. Während es der *Stockholm* gelang, den Hafen zu erreichen, sank die *Andrea Doria* zwölf Stunden später. Helfer konnten beinahe alle Schiffbrüchigen auflesen und retten. Der Unfall forderte 43 Todesopfer auf der *Andrea Doria* und drei auf der *Stockholm*. Die dramatischen Szenen wurden von Fernseh- und Filmkameras von allen Medien der Welt aufgenommen.

Unten: eine dramatische Aufnahme vom Untergang der Andrea Doria.

TECHNISCHE DATEN
Abmessungen: 213,4 x 27,6 x 9,2 m. **Tonnage:** 29.083 BRT. **Antrieb:** 2 Dampfturbinen mit einfachem Untersetzungsgetriebe, 4 Kessel, 2 Schrauben. **Leistung:** 52.900 PS. **Dienstgeschwindigkeit:** 23,3 kn. **Besatzung:** 563. **Passagierzahl:** 1241. **Route:** Genua-Neapel-New York.

Aquitania

Visitenkarte

Land
Großbritannien

Typ
Dampfschiff

Werft
John Brown, Clydebank, Großbritannien

Reeder
Cunard Line

Stapellauf
21. April 1913

Verwendung
Ozeandampfer

Das letzte von drei großen Passagierschiffen, die von der »Cunard Line« zu Beginn des 20. Jh. in Auftrag gegeben worden waren, war größer, aber auch langsamer als seine Schwesterschiffe *Lusitania* und *Mauretania*. Sie bot ihren Passagieren so guten Service, dass sie zwischen 1918 und 1935 als das beste Dampfschiff galt, das im nördlichen Atlantik kreuzte. Während der beiden Kriege diente sie lange als Truppentransporter. Am 24. November 1949 brach sie von Halifax (Kanada) zu ihrer letzten Fahrt auf, nach der die »Große alte Dame«, wie man sie nannte, außer Dienst gestellt und später verschrottet (1950) wurde. In ihrer 38-jährigen Dienstzeit hatte sie 475 Atlantiküberfahrten absolviert und 1.200.000 Personen befördert.

TECHNISCHE DATEN Abmessungen: 274,7 x 29,6 x 10,4 m. **Tonnage:** 49.430 BRT. **Antrieb:** 4 Dampfturbinen mit Direktverbindung, 21 Kessel, 4 Schrauben. **Leistung:** 62.000 PS. **Dienstgeschwindigkeit:** 23,5 kn. **Besatzung:** 972. **Passagierzahl:** 3230. **Route:** Liverpool-Queenstown-New York.

Oben: die Aquitania *im Trockendock. Nebenan: der Pallas-Salon, eine der elegantesten Räumlichkeiten des englischen Ozeandampfers.*

Augustus (1926)

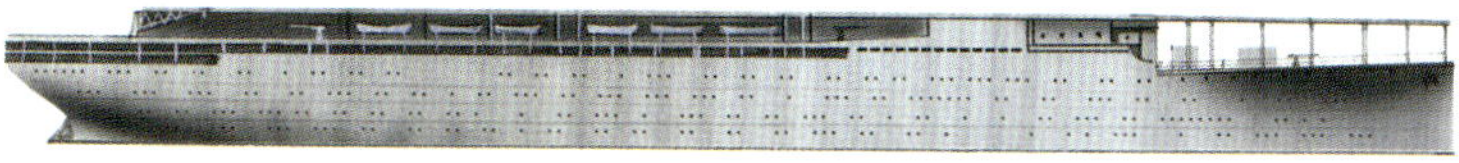

Visitenkarte

Land
Italien

Typ
Motorschiff

Werft
Ansaldo, Sestri Ponente, Italien

Reeder
Navigazione Generale Italiana

Stapellauf
13. Dezember 1926

Verwendung
Ozeandampfer

Die *Augustus* wurde mit ihrer Schwester *Roma* für die »Navigazione Generale Italiana« gebaut, um den Konkurrenten, den Savoyischen Lloyd auf der Strecke Genua-Südamerika zu schlagen. Wegen ihrer Größe und des Luxus und Komforts an Bord war sie das Flaggschiff der Handelsflotte. Die beiden Schiffe waren unterschiedlich motorisiert, hatten jedoch identische Rümpfe mit geradem Bug und elliptischem Heck sowie zwei nach hinten geneigte Schornsteine, die ihnen ein sehr modernes Aussehen verliehen. Die *Augustus* verfügte neben den drei herkömmlichen Klassen noch über eine billigere 3. Klasse, in der die Passagiere in kleinen Kabinen untergebracht waren. 1932 kam es auf Anordnung Mussolinis zu einem Zusammenschluss der größten Schifffahrtsunternehmen Italiens, wodurch die »Italia Società di Navigazione-Flotte Riunite« (»Italienische Schifffahrtsgesellschaft-Vereinigte Flotte«) entstand, und die *Augustus* nahm mit weiß lackierten Schornsteinen mit drei Streifen in den italienischen Nationalfarben an den Spitzen ihren Dienst für den neuen Reeder auf. Im Jahr darauf absolvierte sie in 129 Tagen eine Kreuzfahrt um die Welt, wobei sie von New York durch das Mittelmeer, den Suezkanal, über Indien, die Philippinen, China, Japan und wieder zurück nach New York fuhr. In der zweiten Hälfte der 30er-Jahre, als die moderneren *Rex* und *Conte di Savoia* in Dienst traten, war die Augustus veraltet und langsam geworden. Sie wurde im Hafen von Genua abgetakelt, um sie einer Generalüberholung zu unterziehen, die auch der Einbau von vier neuen Dieselmotoren einschloss. 1941 zog sie die Königliche Marine ein, um sie zu einem Flugzeugträger umzubauen, der für Geleitfahrten vorgesehen war und den Namen *Sparviero* erhielt. Aus Mangel an Geldmitteln gestalteten sich die Arbeiten bis zum Tag des Waffenstillstands (8. September 1943) mühsam und wurden nie abgeschlossen. Im Herbst 1944 wurde sie von den Deutschen an der östlichen Einfahrt des Hafens von Genua versenkt und nach dem Krieg an Ort und Stelle verschrottet.

TECHNISCHE DATEN Abmessungen: 216,1 x 25,2 x 9,2 m. **Tonnage:** 32.650 BRT. **Antrieb:** 4 Dieselmotoren mit Direktverbindung, 4 Schrauben. **Leistung:** 28.000 PS. **Dienstgeschwindigkeit:** 19 kn. **Besatzung:** 500. **Passagierzahl:** 2210. **Route:** Genua-Brasilien-La Plata.

Nebenan: der Stapellauf der Augustus *in der Werft Ansaldo. Oben: eine Zeichnung des Schiffes nach seinem Umbau zum Flugzeugträger.*

Augustus (1950)

Visitenkarte

Land
Italien

Typ
Motorschiff

Werft
Cantieri San Marco, Triest, Italien

Reeder
Italia Società di Navigazione

Stapellauf
19. November 1950

Verwendung
Ozeandampfer

Die zusammen mit ihrer Schwester *Giulio Cesare* in Auftrag gegebene *Augustus* war von schlanker, innovativer Form und verfügte nur über einen einzigen Schornstein (der vielleicht etwas zu massig im Vergleich zum Rumpf ausgefallen war). Sie wurde im Februar 1952 ausgeliefert und wurde ebenfalls auf der Route über den Nordatlantik eingesetzt. 1976 verkaufte man sie auf Grund der Rückläufe bei Seefahrten an die chinesische Reedereigruppe »Tung«, die ihren Sitz auf den Seychellen hat und das Schiff in *Great Sea* umtaufte. Nach einer Erneuerung wurde sie an die panamesische »Great Sea Shipping Co.« verkauft und 1980 an die »Ocean King Navigation Co.« in Manila weiter verkauft, die unter philippinischer Flagge fuhr und sie in *Ocean King* umtaufte. Ab 1982 wurde sie im Hafen von Manila als schwimmendes Hotel mit dem Namen *Philippines* benutzt. 1985 wechselte sie erneut den Besitzer und wurde unter dem Namen *President* für Kreuzfahrten in den Meeren des Ostens eingesetzt. 1990 wurde sie noch immer gut erhalten in das Schiffsregister der Republik der Philippinen eingetragen.

TECHNISCHE DATEN Abmessungen: 207,6 x 26,6 x 8,4 m. **Tonnage:** 27.090 BRT. **Antrieb:** 2 Dieselmotoren mit Direktverbindung, 2 Schrauben. **Leistung:** 37.000 PS. **Dienstgeschwindigkeit:** 21 kn. **Besatzung:** 493. **Passagierzahl:** 1180. **Route:** Italien-Brasilien-Argentinien.

Ausonia

Visitenkarte

Land
Italien

Typ
Dampfschiff

Werft
Cantieri Riuniti dell'Adriatico, Monfalcone, Italien

Reeder
Adriatica di Navigazione

Stapellauf
5. August 1956

Verwendung
Passagierschiff

Die am 23. September 1957 von der »Adriatica di Navigazione« georderte *Ausonia* war für rund 20 Jahre im Liniendienst auf der Strecke Triest-Alexandria-Beirut. Nachdem die Verbindung nach Ägypten aufgelassen worden war, ging sie in den Besitz der »Italia Crociere Internazionali« (»Internationale Kreuzfahrten Italiens«) über, die sie in der Werft San Marco in Triest in ein Kreuzfahrtschiff umbauen ließen. Sie war mit einer einzigen Klasse für 690 Personen ausgestattet. 1993 erwarb sie die »Ausonia Crociere« der Gruppe »Grimaldi-SIOSA«. Nach einem Umbau, bei dem die Aufbauten verändert wurden und sich die Passagierzahl auf 750 erhöhte, wurde sie erneut für Kreuzfahrten im Mittelmeer herangezogen. Dieser Aufgabe kommt sie bis heute im Dienst der »Louis Cruise Lines« auf Zypern nach.

TECHNISCHE DATEN Abmessungen: 159,2 x 21,2 x 6,5 m. **Tonnage:** 11.879 BRT. **Antrieb:** 2 Dampfturbinen mit doppeltem Untersetzungsgetriebe, 2 Schrauben. **Leistung:** 17.600 PS. **Höchstgeschwindigkeit:** 21 kn. **Besatzung:** 215. **Passagierzahl:** 529. **Route:** Triest-Alexandria-Beirut.

Berge Stahl

Visitenkarte

Land
Norwegen

Typ
Frachtschiff

Werft
Hyundai Heavy Industries, Co., Ltd., Ulsan, Südkorea

Reeder
Bergesen D. Y., Norwegen

Stapellauf
1986

Verwendung
Bulkcarrier

Die *Berge Stahl* ist ein Bulkcarrier, das heißt ein Massengutfrachter. Sie verkehrt seit 1987 zwischen Ponta de Madeira in Brasilien, wo sie Eisenerz lädt, und Rotterdam, von wo aus das Erz an die Ruhr-Stahlwerke TTKS du HKM geht. Das Schiff wurde speziell für diesen Zweck gebaut und ist der größte Erzfrachter der Welt. In einem Jahr legt die *Berge Stahl* die Strecke rund neun bis zehn Mal zurück, wobei sie jedes Mal rund 360.000 Tonnen Eisenerz aus Brasilien in 14 Tagen nach Europa transportiert. Von Rotterdam bis Ponta de Madeira braucht sie mit Ballast etwa zwölf Tage. Da sich Massengut leicht verlagern kann, sind die Frachträume von Bulkcarriern so konstruiert, dass ein Verrutschen weitgehend verhindert wird. Hoch gelegene Ballasttanks (»Wingtanks«) dienen zum Ausgleich der Krägung.

TECHNISCHE DATEN Abmessungen: 343 x 63,5 x 23 m. **Tonnage:** 364.767 NRT. **Antrieb:** »Hyundai-B & W 7L90MCE«-Dieselmotor. **Leistung:** 27.610 PS. **Dienstgeschwindigkeit:** 12 kn. **Besatzung:** 24.

Bremen

Visitenkarte

Land
Deutschland

Typ
Dampfschiff

Werft
Deschimag A. G., Weser, Bremen, Deutschland

Reeder
Norddeutscher Lloyd, Deutschland

Stapellauf
16. August 1928

Verwendung
Ozeandampfer

Die *Bremen* und ihre Schwester *Europa* entstanden im Auftrag der Firma »Norddeutscher Lloyd«, die auf den Gewinn des »Blauen Bandes« (»Blue Riband«) für die schnellste Atlantiküberquerung abzielte. Diese Trophäe wollte man dem englischen Schifffahrtsunternehmen »Cunard« abjagen, das seit 1907, zuerst mit der *Lusitania* und dann mit der *Mauretania,* die Auszeichnung innehatte. Das Schiff wurde am 24. Juni 1929 fertig gestellt und verließ anschließend den Bremer Hafen Richtung New York. Dabei gelang die Glanzleistung, das »Blaue Band« gleich bei der Jungfernfahrt zu erobern. Die *Bremen* brauchte vier Tage, 17 Stunden und 42 Minuten, wobei sie die 3164 Meilen von Cherbourg bis zum Leuchtturm von Ambrose (New York) mit durchschnittlich 27,83 kn zurücklegte. Auf der Rückreise war sie sogar noch schneller und legte eine Durchschnittsgeschwindigkeit von 27,92 kn hin. Die Erscheinung der *Bremen* war mächtig und modern, sie hatte zwei niedere, schlanke Schornsteine und einen eigens auf Geschwindigkeit getrimmten Rumpf. Sie verfügte über ein neuartiges Antischlingersystem, das Dr. H. Frahm entwickelt hatte. Dieses System arbeitete mit einer Reihe von U-förmigen Behältern, die mit Wasser gefüllt wurden. Bei Ausbruch des Zweiten Weltkriegs war die *Bremen* in New York. Es gelang ihr, die englische Blockade zu umgehen, indem sie eine Route sehr weit im Norden, über Murmansk und die norwegische Küste, wählte. Nach einer abenteuerlichen Fahrt von mehr als drei Monaten, kam sie – komplett neu in Grau lackiert – in Deutschland an. Zusammen mit ihrem Schwesterschiff brachte man sie nach Hamburg, wo die beiden Schiffe als Kasernenschiffe benutzt wurden. Am 16. März 1941 wurde die *Bremen* bei einem Brand zerstört, der keine kriegerischen Ursachen hatte. *Auf der Abbildung oben: die* Bremen *mit Tarnanstrich, nachdem sie zum Kasernenschiff umgestaltet wurde.*

TECHNISCHE DATEN Abmessungen: 258,9 x 31,1 x 10,3 m. **Tonnage:** 51.656 BRT. **Antrieb:** 2 Dampfturbinen mit einfachem Untersetzungsgetriebe, 20 Kessel, 4 Schrauben. **Leistung:** 96.800 PS. **Dienstgeschwindigkeit:** 27 kn. **Besatzung:** 990. **Passagierzahl:** 2200. **Route:** Bremerhaven-Southampton-Cherbourg-New York.

Campania

Die *Campania* und ihre Schwester ***Lucania*** waren die größten Dampfschiffe ihrer Zeit, die auf der Route durch den Nordatlantik in Dienst gestellt wurden. Sie konnten jede 2000 Passagiere in drei Klassen transportieren. Am 22. April 1893 trat die *Campania* zu ihrer Jungfernfahrt von Liverpool nach New York an. Auf der Rückfahrt brauchte sie fünf Tage, 17 Stunden und 27 Minuten, bevor sie in Queenstown ankam. Damit hatte sie einen neuen Rekord für die Atlantiküberquerung von West nach Ost aufgestellt. Zwei Monate später stellte sie mit fünf Tagen, 15 Stunden und 37 Minuten und einer Durchschnittsgeschwindigkeit von 21,12 kn den Rekord auf der Strecke Queenstown-New York auf. Dafür bekam sie das »Blue Riband« (das »Blaue Band«). 1901 war sie das erste Schiff, auf dem ein »Marconi«-Telegraf montiert wurde. Am 7. Mai 1904 ging der Erfinder in Liverpool an Bord, der die ganze Überfahrt lang mit Poldhu, Seaforth, Kap Breton, Kap Cod und den Ozeandampfern *Aurania, Etruria* und *Lucania* in Verbindung blieb. 1915 requirierte die Kriegsmarine das Schiff, um es als Luftschiffträger einzusetzen. Es wurde entsprechend dem neuen Verwendungszweck umgebaut und konnte anschließend zehn Luftschiffe transportieren. Die *Campania* überstand den Krieg unbeschadet. Doch am 4. November 1918 lag sie in Schottland vor Anker, als durch einen Sturm die Vertäuung riss. Das Schiff kollidierte mit dem Panzerkreuzer *HMS Revenge* und sank.

TECHNISCHE DATEN Abmessungen: 189 x 20 m. **Tonnage:** 18.288 BRT. **Antrieb:** Dampfmaschinen mit dreifacher Dampfdehnung über zwei Wellen, 2 Schrauben. **Dienstgeschwindigkeit:** 22 kn. **Passagierzahl:** 2000. **Route:** Liverpool-Queenstown-New York.

Visitenkarte

Land
Großbritannien

Typ
Dampfschiff

Werft
Fairfield Co., Glasgow, Großbritannien

Reeder
Cunard Line

Stapellauf
8. September 1892

Verwendung
Ozeandampfer

Cap Arcona

Die Reedereigesellschaft »Hamburg-Südamerika-Linie« – sie fuhr südamerikanische Länder an – bestellte das Schiff, um jene Schiffe zu ersetzen, die von den Alliierten nach dem Ersten Weltkrieg beschlagnahmt worden waren. Ihre Passagiere waren in erster Linie deutsche Auswanderer, die sich in den Ländern Lateinamerikas ansiedeln wollten. 1940 zog die deutsche Kriegsmarine das Schiff ein, um es in ein Kasernenschiff zu verwandeln, das im Hafen von Gotenhafen (heute Gdynia) in Polen vor Anker lag. Am 26. April 1945 lag sie mit drei weiteren Schiffen in der Bucht von Lübeck vor Anker. Sie wurden von Fliegern der RAF bombardiert. An Bord der Schiffe befanden sich 7000 russische und polnische Gefangene, die aus deutschen Konzentrationslagern evakuiert worden waren. Die Schiffe wurden versenkt und rissen die Gefangenen mit sich. Die Wahrheit kam erst 1975 ans Tageslicht.

TECHNISCHE DATEN Abmessungen: 206,5 x 25,7 x 8,7 m. **Tonnage:** 27.560 BRT. **Antrieb:** 2 Dampfturbinen, 2 Schrauben. **Dienstgeschwindigkeit:** 20 kn. **Passagierzahl:** 1315.

Visitenkarte

Land
Deutschland

Typ
Dampfschiff

Werft
Blohm & Voss, Hamburg, Deutschland

Reeder
Hamburg-Südamerika-Linie

Stapellauf
14. Mai 1927

Verwendung
Ozeandampfer

Carmania

Visitenkarte

Land
Großbritannien

Typ
Dampfschiff

Werft
John Brown, Clydebank, Großbritannien

Reeder
Cunard Line

Stapellauf
21. Februar 1905

Verwendung
Ozeandampfer

Die *Carmania* war eines der großen Handelsschiffe, das mit Dampfturbinen ausgestattet war, die damals als innovativ galten. Sie sorgten für höhere Geschwindigkeiten und senkten gleichzeitig die Kosten für Wartung und Inspektion. Die guten Leistungen dieser Maschine überzeugten den Reeder, die »Cunard Line«, auch die *Lusitania* und die *Mauretania* mit Dampfturbinen auszurüsten. Die *Carmania* diente auf der Strecke Liverpool-New York. 1914 requirierte die Royal Navy das Schiff und baute es zum Hilfskreuzer um. Zwei Wochen nach Kriegsausbruch fing das Schiff den deutschen Hilfskreuzer *Cap Trafalgar* ab und versenkte ihn nach einem heftigen Gefecht, in dem die *Carmania* rund 300 Treffer abbekommen hatte. 1916 wurde sie für Truppentransporte herangezogen. Im November desselben Jahres nahm sie den Passagierdienst Richtung New York wieder auf. Nach kleineren Überholungen setzte man sie auch auf den Strecken Liverpool-Kanada und London-New York ein. 1932 wurde sie zum Verschrotten verkauft.

TECHNISCHE DATEN Abmessungen: 205,7 x 22 m. **Tonnage:** 19.836 BRT. **Antrieb:** 3 Dampfturbinen mit Direktverbindung, 3 Schrauben. **Dienstgeschwindigkeit:** 18 kn. **Passagierzahl:** 2650. **Route:** Liverpool-New York.

Cat Link V

Visitenkarte

Land
Dänemark

Typ
Fährschiff

Werft
Incat, Hobart, Australien

Reeder
Scandkines Cat-Link A/S

Stapellauf
1998

Verwendung
Fähre

Diese in einer australischen Werft gebaute Katamaranfähre erzielte im Juli 1998 bei der etwa 2800 Seemeilen langen Überfahrt von New York nach Southampton die Rekordgeschwindigkeit von durchschnittlich 41,02 Knoten, erreichte Southampton in 2 Tagen, 17 Stunden und 59 Minuten und schlug damit die ebenfalls von Incat gebaute *Catalonia,* die knapp vier Wochen zuvor mit einer Rekordfahrt für Aufsehen gesorgt hatte. Diese Leistung wurde mit dem »Blauen Band« belohnt, das sie noch besitzt. Obwohl die Fähre für 900 Passagiere zugelassen ist, entschloss sich die Reederei, die Kapazität auf 660 Fahrgäste zu reduzieren. Die Fähre verkehrte zwischen Arhus und Kalundborg in Dänemark – für die 42 sm brauchte sie rund eine Stunde und 15 Minuten. 1999 wurde sie in *Mads Mols* umgetauft und ab 2000 befuhr sie die Strecke Aarhus – Sjaelland Odde. 2005 wurde die Fähre von Master Ferries erworben und in *Master Cat* umgetauft. Seit 2006 befährt sie die Strecke Kristiansand – Hanstholm.

TECHNISCHE DATEN Abmessungen: 91,3 x 26 x 3,7 m. **Antrieb:** 4 »Ruston 20 RK270«-Dieselmotoren. **Leistung:** je 9629 PS. **Höchstgeschwindigkeit:** 48,2 kn. **Passagierzahl:** 660. **Fahrzeuge:** 200 Autos. **Besatzung:** 24. **Route:** Kristiansand – Hanstholm.

Charlotte Dundas

Der Schlepper *Charlotte Dundas* war das erste Dampfschiff, das für einen bestimmten Zweck eingesetzt wurde und somit klarerweise auch der erste Schleppdampfer. Sie wurde in der Werft von Grangemouth für Lord Thomas Dundas, dem Verwalter der »Farth & Clyde Canal Company«, gebaut. Die Pläne stammten vom Pionier des Dampfantriebs im Schiffbau, dem schottischen Ingenieur William Symington. Der Schlepper hatte einen hölzernen Rumpf, die Dampfmaschine trieb ein Schaufelrad an, das mittig am Heck angebracht war. Zwei Monate nach ihrer Jungfernfahrt, die sie am 4. Jänner 1803 absolviert hatte, schleppte die *Charlotte Dundas* (Charlotte war der Name der Tochter des Lords) zwei Fähren mit 70 Tonnen in sechs Stunden den Farth & Clyde-Kanal entlang bis Glasgow. Die 20 Meilen lange Fahrt erfolgte bei ungünstigen Bedingungen mit starkem Gegenwind. Durch diesen Versuch war bewiesen, dass ein Dampfschiff brauchbare Leistungen für Arbeitseinsätze erbringen konnte. Der Herzog von Bridgewater, Francis Egerton, war ein großer Förderer der Binnenschifffahrt. Er war von den Leistungen der *Charlotte Dundas* derart beeindruckt, dass er acht Schiffe dieses Typs für die Kanalschifffahrt bestellte. Der Tod des Herzogs führte zu einer überraschenden Unterbrechung des Projekts, da die Funktionäre seines Unternehmens behaupteten, der Dampfer hätte Landungsstege beschädigt. Die *Charlotte Dundas* wurde ihrem Schicksal überlassen, bis man sie 1861 verschrottete.

TECHNISCHE DATEN Abmessungen: 17,1 x 5,5 x 2,4 m. **Wasserverdrängung:** 70 ts. **Antrieb:** Dampfmaschine mit Schaufelrad im Heck. **Dienstgeschwindigkeit:** 3,5 kn.

Visitenkarte

Land
Großbritannien

Typ
Raddampfer

Werft
Alexander Hart, Grangemouth, Großbritannien

Reeder
Farth and Clyde Canal Company

Stapellauf
1801

Verwendung
Schlepper

City of Rome

Dieser Ozeandampfer mit schlanker Linie und den anmutigen Aufbauten wurde zu den drei schönsten Schiffen seiner Zeit gezählt. Er wurde von »Vickers Sons & Maxim« in Barrows für die »Inman Line« gebaut, erreichte aber bei der Probefahrt vor der Auslieferung nicht die im Vertrag festgelegte Geschwindigkeit und wurde von den Auftraggebern nicht akzeptiert. Daher verkaufte man es an die »Anchor Line«. Die *City of Rome* konnte 520 Passagiere in der 1. und 2. Klasse aufnehmen, und in den Unterkünften der 3. Klasse fanden 810 Personen Platz. 1898 mietete die amerikanischen Regierung das Schiff, um 1667 spanische Kriegsgefangene in ihre Heimat zu überstellen. Die *City of Rome* wurde 1902 verschrottet.

TECHNISCHE DATEN Abmessungen: 171 x 15,8 m. **Wasserverdrängung:** 8550 ts. **Antrieb:** Dampfmaschinen über eine Welle. **Dienstgeschwindigkeit:** 16 kn. **Passagierzahl:** 1330. **Route:** Liverpool-New York.

Visitenkarte

Land
Großbritannien

Typ
Dampfschiff

Werft
Vickers Sons & Maxim, Barrow, Großbritannien

Reeder
Inman Line

Stapellauf
1881

Verwendung
Ozeandampfer

Clermont

Visitenkarte

Land
USA

Typ
Raddampfer

Werft
Charles Brown,
New York, USA

Stapellauf
1806

Verwendung
Passagierschiff

Nachdem er mit wechselndem Glück sein erstes Dampfschiff auf der Seine ausprobiert hatte, kehrte der amerikanische Ingenieur Robert Fulton (1765–1815), er hatte auch das erste U-Boot, die *Nautilus,* erfunden, in die Vereinigten Staaten zurück. 1806 entwarf er die *Clermont,* das erste richtige Dampfschiff der Welt, das regelmäßige Fahrten für kommerzielle Zwecke unternahm. Fulton, der finanziell von Robert Livingston unterstützt wurde, beauftragte mit dem Bau des Schiffes Charles Brown, den Eigentümer einer bekannten Werft in New York. Er sollte auch in Zukunft Fultons Schiffbauer des Vertrauens bleiben. Am 17. August 1807 legte die *Clermont* in New York Richtung Albany ab und legte die 150 Meilen auf dem Hudsonfluss in 32 Stunden zurück. Berücksichtigt man, dass normale Segelschiffe für diese Strecke 170 Stunden brauchten, war das eine hervorragende Zeit. Die Rückfahrt gestaltete sich sogar noch schneller: Fulton schaffte den Kurs in 30 Stunden und sorgte so mit seiner Konstruktion für einen Erfolg auf allen Linien. Von diesem Tag an diente die *Clermont* regelmäßig für den Passagierverkehr auf dem Hudson. Im Jahr darauf ließ Fulton zwei neue Schiffe bauen, die ***Raritan*** und die ***Car of Neptune.***

TECHNISCHE DATEN Abmessungen: 41 x 5 x 2 m. **Wasserverdrängung:** 160 ts. **Antrieb:** »Boulton & Watt«-Dampfmaschine, 1 Kessel, 2 seitlich angebrachte Schaufelräder. **Leistung:** 18 PS. **Höchstgeschwindigkeit:** 5,5 kn. **Passagierzahl:** 90. **Route:** New York-Albany.

Nebenan: die Jungfernfahrt der Clermont.

Clipper Viking

Dieser eisverstärkte Gastanker stammt aus der deutschen, auf Gastankschiffe spezialisierten Werft Meyer in Papenburg. Das Schiff transportiert Äthylen, kann in seinen drei Doppeltanks aber auch Vinylchridmonomer (VCM), Ammoniak und Propylenoxid transportieren. Da sich verschiedene, verflüssigte Gase bei höchstens minus 104°C laden lassen, zählt die *Clipper Viking* zu den modernsten Tankern der Welt. Ein Jahr nach diesem Schiff lieferte die Meyer Werft einen zweiten Tanker mit dem gleichen Ladevolumen an die norwegische Reederei Solvang.

TECHNISCHE DATEN Abmessungen: 146,4 x 20,5 x 9,7 m. **Tonnage:** 13.700 BRT. **Leistung:** 10.853 PS. **Höchstgeschwindigkeit:** 18 kn. **Tankvolumen:** 12.660 m^3. **Besatzung:** 22.

Visitenkarte

Land
Norwegen

Typ
Frachtschiff

Werft
Meyer Werft, Papenburg, Deutschland

Reeder
Solvang ASA, Norwegen

Stapellauf
1998

Verwendung
Gastanker

Colombo Express

Dieser Frachtriese war im Jahr seiner Indienststellung einige Monate lang das größte Containerschiff der Welt, bis die *MSC Pamela* auf der Bildfläche erschien. Die von der Maschine gelieferte Energie würde ausreichen, um eine mittlere Kleinstadt mit Energie zu versorgen. Das Schiff verkehrt auf der Route Asien-Europa. Die angelaufenen Häfen sind Shanghai, Xiamen, Yantian, Hongkong, Singapur, Southampton, Hamburg und Rotterdam. Zurück geht es über Port Klang, Singapur, Hongkong und schließlich wieder Singapur. Die aus Asien transportierten Container enthalten in erster Linie Textilien, Elektronik, Spielzeug, Konsumgüter, in den Fernen Osten bringt das Schiff Maschinen, Werkzeuge, Autoteile, Chemikalien und Papier.

TECHNISCHE DATEN Abmessungen: 335,07 x 42,87 x 14,6 m. **Tonnage:** 104.400 NRT. **Antrieb:** Dieselmotor. **Leistung:** 93.500 PS. **Höchstgeschwindigkeit:** 25 kn. **Container:** 8750 TEU (= Standardcontainer). **Besatzung:** 24.

Visitenkarte

Land
Deutschland

Typ
Frachtschiff

Werft
Hyundai, Ulsan, Südkorea

Reeder
Hapag Lloyd, Hamburg, Deutschland

Stapellauf
2005

Verwendung
Containerschiff

Color Fantasy

Visitenkarte

Land
Deutschland

Typ
Fährschiff

Werft
Kvaerner Masa-Yards, Finnland

Reeder
Color Line, Kiel, Deutschland

Stapellauf
1. Mai 2004

Verwendung
Fähre

Oben: die Promenade auf der Color Fantasy.

Dieses hochmoderne Fährschiff, das zu den schönsten der Welt zählt, verfügt über vielfältige Einrichtungen, um den Passagieren die zweitägige Überfahrt von Kiel nach Oslo so angenehm wie möglich zu gestalten. Acht Restaurants, sechs Bars und fünf Geschäfte laden zum Schlemmen und Shoppen ein, Internetterminals, ein Aqua-Land, ein Fitnesscenter, ein Casino, Videospiele und eine Show-Lounge sorgen für Kurzweil. Die 2750 Passagiere sind in 966 Kabinen untergebracht. Ein mittschiffs untergebrachtes Konferenzzentrum mit 1400 m² und entsprechender Infrastruktur macht das Schiff auch als Tagungsort interessant. Darüber hinaus kann ein Teil des Autodecks zu einer 1600 m² großen Messehalle umgestaltet werden. 2005 fand auf der *Color Fantasy* die norwegische Modemesse statt.

TECHNISCHE DATEN Abmessungen: 223,9 x 35 x 7 m. **Tonnage:** 74.600 BRT. **Antrieb:** 4 Dieselmotoren. **Leistung:** 42.432 PS. **Höchstgeschwindigkeit:** 22,1 kn. **Passagierzahl:** 2750. **Fahrzeuge:** 750 Autos. **Besatzung:** 250. **Route:** Kiel-Oslo.

Conte Biancamano

Visitenkarte

Land
Italien

Typ
Dampfschiff

Werft
William Beardmore & Co. Ltd., Dalmuir, Glasgow, Großbritannien

Reeder
Savoyischer Lloyd S. A. di Navigazione

Stapellauf
23. April 1925

Verwendung
Ozeandampfer

Angesichts des Erfolges der früher erworbenen *Conte Rosso* und *Conte Verde* auf der Strecke Genua-New York, beschloss der »Savoyische Lloyd«, seine Flotte um zwei größere Schiffe, die *Conte Biancamano* und die *Conte Grande,* zu erweitern. Beide wurden in Schottland gebaut. Ab 1937 befuhr die *Conte Biancamano* die Route nach Südamerika. 1941, während des Zweiten Weltkriegs, wurde sie von den Amerikanern beschlagnahmt und von der US Navy unter dem Namen *AP 51 Hermitage* für Truppentransporte eingesetzt. 1947 wurde das Schiff an Italien zurückerstattet. Komplett neu aufgebaut und mit drei Freischwimmbecken ausgestattet, erreichte es nun eine Kapazität von 1500 Passagieren. Es kehrte auf die Route nach Südamerika zurück und legte mitunter Aufenthalte in New York ein. Zu Beginn der 60er-Jahre wurde es verschrottet.

TECHNISCHE DATEN Abmessungen: 198,4 x 23,2 x 7,9 m. **Tonnage:** 24.416 BRT. **Antrieb:** 2 Dampfturbinen mit doppeltem Untersetzungsgetriebe, 7 Kessel, 2 Schrauben. **Leistung:** 14.870 PS. **Höchstgeschwindigkeit:** 20 kn. **Besatzung:** 459. **Passagierzahl:** 1750. **Route:** Genua-Neapel-New York.

Die Kommandobrücke der Conte Biancamano *wurde restauriert und konserviert. Man kann sie im Museum für Wissenschaft und Technik in Mailand sehen. Oben: ein Detail der Kommandobrücke.*

Conte di Savoia

Visitenkarte

Land
Italien

Typ
Dampfschiff

Werft
Cantieri Riuniti dell'Adriatico, Triest, Italien

Reeder
Italia Flotte Riunite

Stapellauf
28. Oktober 1931

Verwendung
Ozeandampfer

Oben: der große »Salone Colonna« an Bord der Conte di Savoia, *der dem »Palazzo Colonna« in Rom nachempfunden ist.*

Sie wurde mit wirtschaftlicher Unterstützung durch die Regierung im Auftrag der »Italia Flotte Riunite« gebaut, die aus dem Zusammenschluss der drei Schifffahrtsgesellschaften »Cosulich«, »Savoyischer Lloyd« und »NGI« entstanden ist und die Verbindung zwischen Italien und Südamerika in den 1920er-Jahren aufrecht erhielt. Sie hatte einen geraden, leicht vorwärts geschwungenen Bug, ein schmales, zugespitztes Heck und erinnerte in ihrer Formgebung an das kleine, aber schöne Motorschiff *Victoria* mit den beiden großen, nach hinten geneigten Schornsteinen, die bugwärts in der Mitte des Schiffes angebracht waren. Die *Conte di Savoia* war der erste große Ozeandampfer, der mit einem Antischlingersystem mit Stabilisatoren des Typs »Sperry« ausgestattet war. Diese kostspielige Ausrüstung erwies sich als wenig wirksam. Die Inneneinrichtung übernahm der Architekt Pulitzer zusammen mit dem Studio »Coppedé« und man versuchte, die Atmosphäre einer sehr prächtigen italienischen Wohnausstattung wiederzugeben. Der berühmte »Salone Colonna« war beispielsweise eine komplette Nachbildung des gleichnamigen Palastes in Rom. Zu Beginn des Zweiten Weltkriegs wurde die *Conte di Savoia* abgetakelt und in der Lagune von Venedig als mittelgroße Insel getarnt. Am 11. September 1943 wurde sie bei einem Fliegerangriff getroffen und sie geriet nahe dem Hafen von Malamocco in Brand und sank. Nach dem Krieg wurde das Wrack an die Oberfläche gebracht, doch weil die Kostenvoranschläge für eine Restaurierung zu hoch waren, verschrottete man sie 1950.

TECHNISCHE DATEN Abmessungen: 248,3 x 29,2 x 9,5 m. **Tonnage:** 48.502 BRT. **Antrieb:** 4 Dampfturbinen mit einfachem Untersetzungsgetriebe, 10 Kessel, 4 Schrauben. **Leistung:** 130.000 PS. **Dienstgeschwindigkeit:** 26,5 kn. **Besatzung:** 786. **Passagierzahl:** 2200. **Route:** Genua-Neapel-Gibraltar-New York.

Conte Grande

Die mit der *Conte Biancamano* erzielten Erfolge brachten den »Savoyischen Lloyd« dazu, einen neuen Ozeandampfer zu bestellen, der diesmal in Italien gebaut werden sollte. Trotz der verschiedenen Werften glich die *Conte Grande* ziemlich der *Conte Biancamano* und auch ihre Geschichten wiesen Parallelen auf. Die beiden Schiffe waren für die luxuriöse Ausstattung ihrer Räumlichkeiten bekannt, für die wertvolle Materialien wie Ahorn-, Mahagoni-, Palisanderholz und Eichenwurzelholz verwendet wurden. Zeitgenössische Beschreibungen berichten, dass die Decken der *Conte Grande* mit Verzierungen aus Silber versehen waren. 1932 ging sie in den Besitz der »Italia-Flotte Riunite« über und wurde für die Route nach Südamerika eingesetzt. 1941, während eines Aufenthaltes in Brasilien, wurde sie von der US Navy beschlagnahmt und unter dem Namen *AP 61 Monticello* für Truppentransporte verwendet. 1947 stattete man sie an Italien zurück, sie erhielt ihren alten Namen wieder und nahm den Liniendienst nach Südamerika wieder auf, nachdem man sie der gleichen Erneuerung unterzogen hatte wie die *Conte Biancamano.*

TECHNISCHE DATEN Abmessungen: 198,4 x 23,8 x 7,9 m. **Tonnage:** 25.661 BRT. **Antrieb:** 2 Dampfturbinen mit doppeltem Untersetzungsgetriebe, 7 Kessel, 2 Schrauben. **Leistung:** 26.000 PS. **Dienstgeschwindigkeit:** 20 kn. **Besatzung:** 330. **Passagierzahl:** 1718. **Route:** Genua-Neapel-New York.

Visitenkarte

Land
Italien

Typ
Dampfschiff

Werft
Stabilimento Tecnico Triestino San Marco, Triest, Italien

Reeder
Savoyischer Lloyd S. A. di Navigazione

Stapellauf
29. Juni 1927

Verwendung
Ozeandampfer

Conte Rosso

Sie wurde zugleich mit der ***Conte Verde*** vom »Savoyischen Lloyd« in Auftrag gegeben, um der ausländischen Konkurrenz Paroli zu bieten. Sie wurde noch vor dem Ersten Weltkrieg auf Kiel gelegt, doch die Royal Navy beschlagnahmte den noch unfertigen Rumpf als Flugzeugträger mit dem Namen *HMS Argus*. Nach dem Krieg nahm die Werft die Fertigstellung des Schiffes gleichzeitig mit jener der *Conte Verde* wieder auf. Die beiden Schiffe waren einander ähnlich, doch nicht ganz identisch. Sie wiesen äußerlich und innerlich einige Unterschiede auf. 1928 wurde die *Conte Rosso* auf die Route zum Rio de La Plata verlegt, und 1932, nach dem Zusammenschluss des »Triester« mit dem »Savoyischen Lloyd«, befuhr sie die Strecke in den Fernen Osten. 1941 wurde sie eingezogen und für militärische Transporte eingesetzt. Im Mai 1941 wurde sie von einem Torpedo versenkt, den das U-Boot *Upholder* abgefeuert hatte, als sie auf dem Weg nach Libyen war, einer Strecke, die man nicht umsonst »Todesroute« nannte.

TECHNISCHE DATEN Abmessungen: 179,3 x 22,6 x 9,1 m. **Tonnage:** 17.048 BRT. **Antrieb:** 2 Dampfturbinen mit doppeltem Untersetzungsgetriebe, 8 Kessel, 2 Schrauben. **Leistung:** 20.000 PS. **Dienstgeschwindigkeit:** 18,5 kn. **Besatzung:** 442. **Passagierzahl:** 2366. **Route:** Genua-Neapel-New York.

Visitenkarte

Land
Italien

Typ
Dampfschiff

Werft
William Beardmore & Co. Ltd., Dalmuir, Glasgow, Großbritannien

Reeder
Savoyischer Lloyd S. A. di Navigazione

Stapellauf
1922

Verwendung
Ozeandampfer

Conte Verde

Visitenkarte

Land
Italien

Typ
Dampfschiff

Werft
William Beardmore & Co. Ltd., Dalmuir, Glasgow, Großbritannien

Reeder
Savoyischer Lloyd S. A. di Navigazione

Stapellauf
1923

Verwendung
Ozeandampfer

Vom »Savoyischen Lloyd« in Auftrag gegeben, um der Konkurrenz der ausländischen Gesellschaften auf der Atlantikroute die Stirn bieten zu können, hatte die *Conte Verde* ein klassisches und elegantes Aussehen: gerader Rumpf, ein Achterdeck mit gemäßigten Dimensionen, ein elliptisches Heck und zwei stark geneigte Schornsteine mit ausreichend Abstand. Bevor sie in Dienst trat, absolvierte die *Conte Verde* zusammen mit ihrer Schwester ***Conte Rosso*** ihre Jungfernfahrt nach Buenos Aires. Als 1927 die größeren *Conte Biancamano* und die *Conte Grande* in Dienst gestellt wurden, wurde die *Conte Verde* auf die Route zum Rio de La Plata versetzt. 1932 überließ man sie dem »Triester Lloyd«, der inzwischen mit dem »Savoyischen Lloyd« vereint war, und befuhr die Strecke in den Fernen Osten. 1940 wurde sie in Shanghai abgetakelt und 1943 von der eigenen Besatzung versenkt. Man barg sie und taufte sie in *Kotobuki Maru* um. Doch 1944 wurde sie im Hafen von Maizuru endgültig versenkt.

TECHNISCHE DATEN Abmessungen: 180,5 x 22,6 x 9,1 m. **Tonnage:** 18.736 BRT. **Antrieb:** 2 Dampfturbinen mit doppeltem Untersetzungsgetriebe, 8 Kessel, 2 Schrauben. **Leistung:** 22.000 PS. **Dienstgeschwindigkeit:** 18,5 kn. **Besatzung:** 442. **Passagierzahl:** 2126. **Route:** Genua-Neapel-New York.

Costa Classica

Visitenkarte

Land
Italien

Typ
Motorschiff

Werft
Fincantieri, Venedig, Marghera, Italien

Reeder
Costa

Stapellauf
2. Februar 1991

Verwendung
Kreuzfahrtschiff

Die von der »Costa Crociere« zusammen mit ihrem Schwesterschiff ***Costa Romantica*** bei »Fincantieri« bestellte *Costa Classica* sticht durch ihre hohen, glatten Seitenwände hervor, die nicht mit den Aufbauten verbunden sind. Letztere bestehen aus vorgefertigten Teilen. Das Heck ist über die gesamte Höhe rechteckig mit abgerundeten Kanten. Die Schornsteine bilden ein Paar senkrechter Zylinder, wie sie für italienische Kreuzfahrtschiffe charakteristisch sind. Das Schiff verfügt über elf Decks, in deren Inneren die Kreuzfahrtpassagiere ein großzügig bemessenes Platzangebot finden. Die 678 Kabinen gehen aufs Meer hinaus, die 34 Suiten haben größere Zimmer und Privatbalkone. Sie kreuzt vorwiegend im Mittelmeer.

TECHNISCHE DATEN Abmessungen: 220,6 x 30,8 x 7,6 m. **Tonnage:** 52.926 BRT. **Antrieb:** 4 Dieselmotoren mit einfachem Untersetzungsgetriebe, 2 Schrauben. **Leistung:** 28.800 PS. **Dienstgeschwindigkeit:** 20 kn. **Besatzung:** 700. **Passagierzahl:** 1600.

Costa Magica

Das Schwesterschiff der ***Costa Fortuna***, die *Costa Magica*, ist das größte Passagierschiff unter italienischer Flagge. Sie verfügt über 17 Decks, wovon 13 den Passagieren vorbehalten sind, die sich auf 1358 Kabinen und 58 Suiten verteilen. Die drei äußeren Decks erstrecken sich über die gesamte Schiffsbreite (35 m) und beherbergen das Solarium, die Joggingpiste sowie die Tennis-, Volleyball- und Kleinfeldfußballplätze. Das Achterdeck mit den Schwimmbecken und Becken für die Unterwassermassage verfügt über ein bewegliches Dach für Allwetterbetrieb. Der Antrieb basiert auf einem dieselelektrischen Apparat mit sechs Gruppen von Elektrogeneratoren mit jeweils 8000 Kilowatt Leistung. Für Manöver im Hafen besitzt das Schiff sechs seitlich angebrachte Schrauben, drei im Heck und drei im Bug, mit zwei Steuerrudern. Mit dem Bau der *Costa Magica* wurde am 11. Juni 2002 in der »Fincantieri«-Niederlassung in Palermo begonnen, später wurde er in Sestri Ponente vollendet. Das Schiff wurde der Reedereigesellschaft am 29. Oktober 2004 übergeben und hat am 10. November 2004 seine Jungfernkreuzfahrt absolviert.

TECHNISCHE DATEN Abmessungen: 227 x 35 m. **Tonnage:** 105.000 BRT. **Antrieb:** Dieselelektrisch. **Leistung:** 53.640 PS. **Höchstgeschwindigkeit:** 22 kn. **Besatzung:** 1023. **Passagierzahl:** 3470.

Visitenkarte

Land
Italien

Typ
Motorschiff

Werft
Fincantieri, Sestri Ponente, Italien

Reeder
Costa

Stapellauf
29. Oktober 2004

Verwendung
Kreuzfahrtschiff

Cristoforo Colombo

Die von der »Italia Società di Navigazione« zusammen mit der ***Andrea Doria*** bestellte *Cristoforo Colombo* unterschied sich von ihrer Schwester lediglich in der Unterbringung der Passagiere. 1960, nach dem tragischen Ende der *Andrea Doria,* wurde ihr die neue (und größere) *Leonardo da Vinci* zur Seite gestellt. 1963 wurde sie modernisiert und 1965, nachdem die *Michelangelo* und die *Raffaello* auf der Strecke Genua-New York in Dienst getreten waren, verlegte man ihren europäischen Stützpunkt nach Triest. Sie steuerte zwar weiterhin New York an, jedoch deutlich seltener. 1973 wurde sie kurzfristig für den Verkehr nach Südamerika herangezogen. 1977 erwarb die Gesellschaft »CVG Siderurgica del Orinocco« aus Venezuela die *Cristoforo Colombo* und verwendete sie als Hotelschiff. Von einem Unternehmen aus Taiwan im Jahr 1980 gekauft, wurde sie 1983 verschrottet.

TECHNISCHE DATEN Abmessungen: 213,4 x 27,6 x 9,2 m. **Tonnage:** 29.191 BRT. **Antrieb:** 2 Dampfturbinen mit einfachem Untersetzungsgetriebe, 4 Kessel, 2 Schrauben. **Leistung:** 52.000 PS. **Dienstgeschwindigkeit:** 23 kn. **Besatzung:** 563. **Passagierzahl:** 1084. **Route:** Genua-Neapel-New York.

Visitenkarte

Land
Italien

Typ
Dampfschiff

Werft
Ansaldo, Sestri Ponente, Italien

Reeder
Italia Società di Navigazione

Stapellauf
10. Mai 1953

Verwendung
Ozeandampfer

Comet

Visitenkarte

Land
Großbritannien

Typ
Raddampfer

Werft
John Wood & Co., Glasgow, Großbritannien

Reeder
Henry Bell

Stapellauf
1812

Verwendung
Passagierschiff

Die *Comet* war das erste in Europa gebaute Dampfschiff, das kommerziellen Zwecken diente. Sie war von Henry Bell in Auftrag gegeben worden, der ein Hotel in Helensburgh besaß und seine Gäste von Glasgow bis Greenock, in der Mündung des Clyde transportieren lassen wollte. Zufällig war Greenock auch die Geburtsstadt von James Watt, dem Erfinder der Dampfmaschine. Die *Comet,* deren Name sich vom 1811 aufgetretenen Kometen »Great Comet« ableitet, wurde in der Werft von James Wood in Glasgow gebaut. Ursprünglich erfolgte der Antrieb über zwei Schaufelräder pro Seite, später reduzierte man auf ein Rad pro Seite. Eine originelle Erscheinung war der einzelne Schornstein, der so lang und schmal war, dass er auch als Mast für die Hilfssegel diente. Die Maschine war von John Robertson entworfen, der Kessel von David Napier konstruiert worden. Am 6. August 1812 unternahm die *Comet* ihre Jungfernfahrt von Port Glasgow nach Greenock. Der Erfolg dieser Einrichtung war so groß, dass bald harte Konkurrenz entstand. 1819 ließ Bell das Schiff verlängern und mit einer neuen Maschine ausstatten, um kleine Ausflugsfahrten entlang der Küste des Firth of Forth und einen Liniendienst bis Oban und Fort William (über den Crinan-Kanal) zu unternehmen. Am 13. Dezember 1820 trieben sie starke Strömungen gegen die Klippen vor Craignish Point, in der Nähe von Oban. Der Rumpf ging verloren, die Maschine fand in einer Fabrik in Glasgow Verwendung. Später wurde sie jedoch abmontiert, renoviert und im Wissenschaftsmuseum in London ausgestellt. In Port Glasgow fertigte man einen Nachbau der *Comet* an.

TECHNISCHE DATEN Abmessungen: 13,3 x 3,4 x 1,7 m. **Wasserverdrängung:** 25 ts. **Antrieb:** 2 »Robertson«-Dampfmaschinen, 4 Schaufelräder (je 2 hintereinander). **Leistung:** 4 PS. **Dienstgeschwindigkeit:** 5,5 kn. **Route:** Glasgow-Greenock.

Deutschland

Visitenkarte

Land
Deutschland

Typ
Dampfschiff

Werft
AG Vulcan, Stettin, Deutschland

Reeder
Hapag Lloyd, Hamburg

Stapellauf
10. Jänner 1900

Verwendung
Ozeandampfer

Nachdem 1898 die *Kaiser Wilhelm der Große* der Reederei »Norddeutscher Lloyd« in Bremen das »Blaue Band« gewonnen hatte, versuchte das Konkurrenzunternehmen »Hapag« (»Hamburg-Amerikanische Paketfahrt Aktien Gesellschaft«) aufzuholen, indem sie die *Deutschland* in Auftrag gab. Dieser Ozeandampfer hatte vier, nach der Mode jener Zeit paarweise angeordnete, Schornsteine und bot 1050 – auf drei Klassen aufgeteilten – Passagieren Platz. Am 4. Juli 1900 startete sie zu ihrer Jungfernfahrt und gleich beim ersten Anlauf eroberte sie das »Blaue Band« und stellte sowohl für die Fahrt nach New York wie auch für die Rückfahrt neue Geschwindigkeitsrekorde auf. Sie verbesserte ihre eigenen Rekorde später noch, erreichte dabei 23,15 Knoten (östliche Richtung) und blieb bis 1907 ungeschlagen. 1910 wurde die *Deutschland* zum Kreuzfahrtschiff umgestaltet und in *Victoria Louise* umgetauft. Während des Ersten Weltkriegs rüstete man sie zum Hilfskreuzer um, wegen des kläglichen Zustands ihrer Maschine konnte sie jedoch im Krieg nicht eingesetzt werden. Unter dem Namen *Hansa* kehrte sie 1921 in den Passagierdienst zurück. 1925 wurde sie in Hamburg verschrottet.

TECHNISCHE DATEN Abmessungen: 208,5 x 20,4 m. **Tonnage:** 16.766 BRT. **Antrieb:** gegenläufig arbeitende Dampfmaschinen mit vierfacher Dampfdehnung, 2 Schrauben. **Leistung:** 37.800 PS. **Höchstgeschwindigkeit:** 23,6 kn. **Besatzung:** 536. **Passagierzahl:** 1050. **Route:** Hamburg-New York.

Doulos

Die 1914 gebaute *Doulos* wurde als ältestes aktives hochseetaugliches Passagierschiff der Welt ins »Guinness Buch der Rekorde« aufgenommen. Sie wurde zwei Jahre nach der *Titanic* als Vier-Kessel-Dampf-Frachter gebaut und tat unter dem Namen *Medina* im Golf von Mexiko und an der Ostküste der Vereinigten Staaten Dienst. 1948 wurde das Schiff verkauft, zum Passagierdampfer *Roma* umgebaut und transportierte unter anderem auch australische Einwanderer. 1952 wurde der Dampfer an die Costa Line verkauft, komplett restauriert, bekam Dieselmotoren, den Namen *Franca C* und sein heutiges Aussehen. Die *Franca C* befuhr bis 1959 die Route Italien-Südamerika als Kreuzfahrtschiff. 1970 wurde die Motorisierung noch einmal modernisiert. Bis 1977 war das Schiff noch im Mittelmeer unterwegs und sollte dann verschrottet werden. Bevor es dazu kam, wurde es jedoch von der deutschen Wohlfahrts- und Missionseinrichtung »Gute Bücher für Alle e. V.« gekauft. Dieses private Nonprofitunternehmen ließ das Passagierschiff wieder komplett restaurieren und zu einer schwimmenden »Buchmesse« (500.000 Bände) ausbauen. Die 320 Mann starke Besatzung setzt sich, bis auf eine entsprechend qualifizierte Stammcrew, aus Freiwilligen aus 40 Ländern zusammen. Hauptsächlich junge Leute verpflichten sich für zwei Jahre, um an Bord zusammen zu leben und zu arbeiten und in den angelaufenen Häfen Bildungsarbeit zu leisten, Hilfe anzubieten und Menschen neue Hoffnung zu bringen. Bezahlung gibt es keine. Neben der Bildungsarbeit leistet die Mannschaft auch Dienste zur Instandhaltung des Schiffes. Darüber hinaus wird die *Doulos* in regelmäßigen Abständen im Trockendock auf Herz und Nieren überprüft. Über 18 Millionen Besucher haben in mehr als 500 bekannten Häfen an Programmen teilgenommen oder die Buchmesse besucht. Über 100 Länder in Afrika, Amerika, Asien, Australien, Europa, dem Mittleren Osten und viele Inseln hat die *Doulos* bisher angesteuert. Das Schiff verfügt über eine Satellitenanlage, die eine ständige Internet- und Telefonverbindung ermöglicht. Treibstoff, Wartungskosten, Hafengebühren und was sonst für den Betrieb benötigt wird, finanziert »Gute Bücher für Alle e. V.« zu 75 % über Spenden und zu 25 % über den Verkauf von Büchern und Souvenirs.

TECHNISCHE DATEN Abmessungen: 130,35 x 16,6 x 5,54 m. **Tonnage:** 6804 BRT. **Antrieb:** Fiat 18-Zylinder-Dieselmotoren. **Leistung:** 8.100 PS. **Höchstgeschwindigkeit:** 19 kn. **Besatzung:** max. 414.

Visitenkarte

Land
Malta

Typ
Motorschiff

Werft
Newport News Shipbuilding, Newport News, USA

Reeder
Gute Bücher für Alle e. V., Mosbach, Deutschland

Stapellauf
1914

Verwendung
Passagierschiff

Oben: der gut besuchte Buchladen auf der Doulos.

Duilio

Visitenkarte

Land
Italien

Typ
Dampfschiff

Werft
Ansaldo, Sestri Ponenti, Italien

Reeder
Navigazione Generale Italia

Stapellauf
9. Jänner 1916

Verwendung
Ozeandampfer

Von der NGI (»Navigazione Generale Italia«) wurde 1913 bestellt, verzögerte sich die Fertigstellung der *Duilio* durch den Ausbruch des Ersten Weltkriegs. Sie wurde erst 1923 in Dienst gestellt und war 1925, neben ihrer Schwester ***Giulio Cesare,*** das größte Dampfschiff der italienischen Handelsmarine. Die *Duilio* war für Überfahrten nach New York vorgesehen, ab 1928 verkehrte sie jedoch als Linienschiff auf der Strecke nach Südamerika. Sie war weiß lackiert und die Schornsteine trugen die italienischen Nationalfarben. Ab 1933 verband sie Italien mit Südafrika im Dienst der »Flotte Riunite«. Mit Ausbruch des Zweiten Weltkriegs wurde sie außer Dienst gestellt. 1942 setzte man sie für die Heimführung italienischer Staatsbürger aus Ostafrika ein. Von den Deutschen erbeutet, wurde sie 1944 bombardiert und versenkt. Nach dem Krieg barg und verschrottete man sie.

TECHNISCHE DATEN Abmessungen: 191,5 x 23,2 x 9,2 m. **Tonnage:** 24.281 BRT. **Antrieb:** 4 Dampfturbinen mit einfachem Untersetzungsgetriebe, 6 Kessel, 4 Schrauben. **Leistung:** 22.000 PS. **Höchstgeschwindigkeit:** 19 kn. **Besatzung:** 480. **Passagierzahl:** 1550. **Route:** Genua-Neapel-New York.

Elettra

Visitenkarte

Land
Italien

Typ
Dampfschiff

Werft
Ramage & Ferguson Ltd., Leith, Großbritannien

Stapellauf
27. März 1904

Verwendung
Privatjacht

Die *Elettra* war ein Dampfschiff mit Schraubenantrieb und zwei Masten, das auf Bestellung des österreichischen Thronfolgers, Erzherzog Franz Ferdinand, in Großbritannien gebaut wurde. Er hatte ihr den Namen *Rowenska* gegeben. Im Ersten Weltkrieg konfiszierte die englische Regierung das Boot und schrieb es 1919 zur Versteigerung aus. Zuerst erwarb ein englischer Lord das Boot, wenig später Guglielmo Marconi, der es zum schwimmenden Labor umrüsten ließ. Er beabsichtigte, mit der Jacht beinahe ununterbrochen die Weltmeere zu befahren, um Experimente mit drahtloser Telegrafie und Funkübertragung durchzuführen. Von der *Elettra* aus, die in Genua vor Anker lag, schaltete er 1930 die Straßenbeleuchtung von Sydney ein. Nach dem Tod des Wissenschaftlers 1937 wurde die Jacht vom Ministerium für Post und Telekommunikation erworben, das es für die Nachwelt erhalten wollte. Am 8. September 1943 wurde die *Elettra* von den Deutschen eingezogen, die sie in ein Hilfsschiff umwandelten (am 8. Jänner 1944 von einem U-Boot der Alliierten vor Zadar versenkt). Vier Jahre später verlangte die italienische Regierung die Herausgabe der Jacht von Jugoslawien, war aber erst 1960 erfolgreich. Das Wrack wurde im Arsenal von Venedig »gelagert« und harrte dort seiner Restaurierung, die aber nie erfolgte. 1977 wurde das Boot zerlegt, und verschiedene Teile der *Elettra* landeten in den unterschiedlichsten Städten Italiens. *Foto oben: Guglielmo Marconi (links) an Bord der* Elettra.

TECHNISCHE DATEN Abmessungen: 67,4 x 8,38 x 5 m. **Tonnage:** 633 BRT. **Antrieb:** »Ramage & Ferguson«-Dampfmaschine mit dreifacher Dampfdehnung und 3 Zylindern, 2 Kessel, 1 Schraube. **Leistung:** 1.200 PS. **Höchstgeschwindigkeit:** 12 kn.

Empress of Britain

Die *Empress of Britain* war das Flaggschiff des Schifffahrtsunternehmens »Canadian Pacific Lines«. Sie wurde bei der berühmten schottischen Werft John Brown in Auftrag gegeben und man beabsichtigte, das Schiff in den Wintermonaten auf der Linie durch den Nordatlantik und in den Sommermonaten als Luxus-Kreuzfahrtschiff einzusetzen. Am 27. Mai 1931 trat sie ihre Jungfernfahrt von Southampton nach Quebec mit Aufenthalt in Cherbourg an. Bei Ausbruch des Zweiten Weltkriegs wurde sie von der Royal Navy eingezogen und nach Australien und Neuseeland gesandt, um Truppen nach Europa zu bringen. Am 26. Oktober 1940 wurde sie von einem deutschen Bomber vor der Küste Irlands angegriffen, getroffen und geriet in Brand. Im Schlepptau des polnischen Torpedobootzerstörers *Burza* wurde sie erneut angegriffen, diesmal vom deutschen U-Boot *U-32,* das sie versenkte.

TECHNISCHE DATEN Abmessungen: 231,8 x 29,7 m. **Tonnage:** 43.025 BRT. **Antrieb:** Turbinen, 4 Schrauben. **Leistung:** 66.500 PS. **Dienstgeschwindigkeit:** 25,5 kn. **Besatzung:** 740. **Passagierzahl:** 1200. **Route:** Europa-Kanada.

Visitenkarte

Land
Kanada

Typ
Dampfschiff

Werft
John Brown & Co., Clydebank, Großbritannien

Reeder
Canadian Pacific Lines

Stapellauf
Juni 1930

Verwendung
Ozeandampfer

Esquilino

Sie war zusammen mit ihren Schwestern ***Palatino, Viminale*** und ***Quirinale*** vom »Triester Lloyd« bestellt, um als Frachtschiff auf der Route in den Fernen Osten zu dienen. Sie war das erste Handelsschiff Italiens, an dessen Bord automatische Systeme erprobt wurden, die zu jener Zeit beinahe ausschließlich mit der Steuerung der Maschinenfunktionen zu tun hatten. Es bewährte sich ein 1969 eingebauter »IBM 800«-Computer. Das Studium und die Entwicklung von Computersteuerungen für Schiffsantriebe wurde von der Elektrotechnischen Abteilung der Universität von Genua in Zusammenarbeit mit verschiedenen Industriebetrieben durchgeführt, dauerte 40 Jahre und wurde »Projekt Esquilino« genannt.

TECHNISCHE DATEN Abmessungen: 154 (ft.) x 10 x 7,79 m. **Tonnage:** 6956 BRT. **Antrieb:** »FIAT-Ansaldo B758S«-Diesel-Zweitakter. **Leistung:** 11.120 PS. **Dienstgeschwindigkeit:** 16,5 kn. **Route:** Italien-Australien.

Visitenkarte

Land
Italien

Typ
Motorschiff

Werft
Navalmeccanica, Castellammare di Stabia, Italien

Reeder
Triester Lloyd

Stapellauf
1963

Verwendung
Frachtschiff

Eugenio C

Visitenkarte

Land
Italien

Typ
Dampfschiff

Werft
CRDA, Monfalcone, Italien

Reeder
Linea C (später Costa)

Stapellauf
21. November 1964

Verwendung
Ozeandampfer

Sie war der zweite neu gebaute Ozeandampfer, den die »Linea C« (Später »Costa«) in Auftrag gegeben hatte. Sie ist wegen ihrer Harmonie und ihres schlanken Profils ein Schiff von außergewöhnlicher Eleganz, eines der schönsten jemals gebauten Schiffe. Sie war für den Dienst auf der Strecke nach Südamerika vorgesehen und trat am 22. August 1966 ihre Jungfernfahrt an. Nachdem die Flüchtlingsströme schwächer wurden und der Passagiertransport in eine Krise schlitterte, fand sie neue Aufgaben auf dem Kreuzfahrtsektor. Sie wurde vom Liniendienst abgezogen und für ihre neue Bestimmung adaptiert. Als die Reederei 1987 in die »Costa Crociere SpA« umgewandelt wurde, änderte man ihren Namen in *Eugenio Costa.* Nach 1966 vermietete man sie an die »Direct Cruise« und an die »Premier Cruise« und verkaufte sie schließlich an eine andere Gesellschaft, die sie in *Edinburgh Castle* umtaufte.

TECHNISCHE DATEN Abmessungen: 217,3 x 29,3 x 8,6 m. **Tonnage:** 30.567 BRT. **Antrieb:** 2 Dampfturbinen mit doppeltem Untersetzungsgetriebe, 2 Schrauben. **Leistung:** 55.000 PS. **Dienstgeschwindigkeit:** 27 kn. **Besatzung:** 419. **Passagierzahl:** 1636. **Route:** Genua-Brasilien-La Plata.

Europa

Visitenkarte

Land
Deutschland

Typ
Dampfschiff

Werft
Deschimag A. G., Weser, Bremen, Deutschland

Reeder
Norddeutscher Lloyd

Stapellauf
15. August 1928

Verwendung
Ozeandampfer

Die *Europa* sollte am 1. April 1929 zusammen mit ihrem Schwesterschiff *Bremen* in den Dienst des »Norddeutschen Lloyd« gehen, doch ein Feuer, das während der Ausrüstungsarbeiten ausbrach, verzögerte die Fertigstellung. Am 19. März 1930 trat sie endlich ihre Jungfernfahrt Richtung New York an und stellte einen Geschwindigkeitsrekord auf, da sie schneller als ihre Schwester war und das »Blaue Band« errang. Drei Monate später gelang ihr dies nochmals und sie steigerte den Geschwindigkeitsrekord auf 27,92 kn. Es gelang ihr, den Krieg unbeschadet zu überstehen, wurde jedoch gegen Ende des Krieges von den Alliierten abgefangen und unter dem Namen *AP 177 Europa* für Truppentransporte verwendet. 1946 übergab man das Schiff als Wiedergutmachung für erlittene Kriegsschäden an Frankreich, das es in *Liberté* umtaufte. 1950 nahm sie den Liniendienst nach New York für die »Compagnie Générale Transatlantique« wieder auf. 1962 wurde sie in La Spezia verschrottet.

TECHNISCHE DATEN Abmessungen: 285,3 x 31,1 x 10,3 m. **Tonnage:** 49.746 BRT. **Antrieb:** 2 Dampfturbinen mit einfachem Untersetzungsgetriebe, 4 Schrauben. **Leistung:** 96.800 PS. **Dienstgeschwindigkeit:** 27 kn. **Besatzung:** 995. **Passagierzahl:** 1824. **Route:** Bremerhaven-Southampton-Cherbourg-New York.

Fata Morgana

Visitenkarte

Land
Italien

Typ
Motorschiff

Werft
Fincantieri, Sestri Ponente, Italien

Reeder
Ferrovie dello Stato

Stapellauf
1988

Verwendung
Fähre

Das in beide Richtungen manövrierbare Schiff ging im Oktober 1988 in der Straße von Messina in Dienst. Zusammen mit ihrem Schwesterschiff ***Riace,*** das 1983 in Dienst getreten ist, gehört die *Fata Morgana* zu den am vielfältigsten verwendbaren Schiffen der Flotte der RFI (Italienische Eisenbahnen). Sie können nämlich nicht nur Straßenfahrzeuge, sondern auch Schienenfahrzeuge, besonders Tankwagons, transportieren. Für den Transport von Tankwagons mit Flüssiggas (mit einer Beschränkung auf zwölf Wagons) sind die Schiffe mit drei Gleisen im geschlossenen Deck ausgestattet (das Deck ist mit Löschpulver- und anderen Löscheinrichtungen ausgerüstet). Sowohl die *Riace* als auch die *Fata Morgana* können außerdem 500 Passagiere, oder alternativ zu den Wagons zwölf Autozüge oder 79 Autos transportieren. Der Name *Fata Morgana* bezieht sich auf die Luftspiegelungen, die man in der Straße von Messina sehen kann.

TECHNISCHE DATEN Abmessungen: 102 x 18,82 x 4 m. **Wasserverdrängung:** 3200 ts. **Tonnage:** 2470 BRT. **Antrieb:** Dieselmotoren. **Höchstgeschwindigkeit:** 15,2 kn. **Passagierzahl:** 500. **Gleise:** 3. **Fahrzeuge:** 12 Autozüge oder 79 Autos.

Federico C

Visitenkarte

Land
Italien

Typ
Dampfschiff

Werft
Ansaldo, Genua, Italien

Reeder
Costa

Stapellauf
31. März 1957

Verwendung
Ozeandampfer

Sie war das erste für »Giacomo Costa fu Andrea« gebaute Schiff, eine Reedereigesellschaft, die nach dem Ende des Zweiten Weltkriegs mit dem Passagiertransport begonnen hat. Sie war auch das erste italienische Schiff, das mit Antischlinger-Stabilisierungsrudern des Typs »Denny Brown« versehen war. 1968 wurde sie erneuert und 1970 als Kreuzfahrtschiff adaptiert, wobei die Passagierzahl auf 700 in einer einzigen Klasse reduziert wurde. 1983 wurde sie an die »Premier Cruise Line« in Miami verkauft und in *Royale* umgetauft. Unter panamesischer Flagge und in roter Lackierung mit gelben Streifen wurde sie für Minikreuzfahrten von drei bis vier Tagen mit Ausgangspunkt Port Canaveral in Florida eingesetzt. 1986 taufte man sie in *Starship Royale* um und verkaufte sie an die »Companie de Vapores Fanal SA« und dann an die »Ulisses Cruises Inc.«. 1988 ging sie an die »Dolphin Cruise Line«, die sie unter dem Namen *Sea Breeze* in der Karibik einsetzte. 1997 kehrte sie zur »Premier Line« zurück.

TECHNISCHE DATEN Abmessungen: 184,7 x 24 x 8,6 m. **Tonnage:** 20.416 BRT. **Antrieb:** 2 Dampfturbinen mit einfachem Untersetzungsgetriebe, 4 Kessel, 2 Schrauben. **Leistung:** 96.800 PS. **Dienstgeschwindigkeit:** 21 kn. **Besatzung:** 482. **Passagierzahl:** 1279. **Route:** Genua-Neapel-Südamerika.

Finnjet

Visitenkarte

Land
Finnland

Typ
Fährschiff

Werft
OY Wärtsilä, Helsinki

Reeder
Silja Oyj Abp, Finnland

Stapellauf
1976

Verwendung
Fähre

Oben: der Club Stardust auf der Finnjet.

Dieses 1977 in Dienst gestellte Gasturbinenschiff zählt zu den schnellsten Fähren und ist das größte und schnellste Turbinenfährschiff der Welt. Ursprünglich wurde sie auf der Strecke Travemünde-Helsinki eingesetzt, später zwischen Rostock und der finnischen Hauptstadt. Steigende Treibstoffpreise und zunehmende Konkurrenz zwangen die Reederei zu einer erneuten Routenänderung (Rostock-St. Petersburg). Doch die hohen Betriebskosten des Schiffes führten 2005 zu einer Einstellung des Liniendienstes. An Bord stehen über 500 Kabinen, 2062 m² Restaurant- und 595 m² Einkaufsfläche, ein Kino, ein Kinderhort, Sauna und Schwimmbad sowie Konferenzräume zur Verfügung. Nach dem Hurrikan Katarina (2005) wurde die *Finnjet* von der Louisiana State University angemietet, um sie als Notunterkunft für die medizinische Fakultät zu verwenden.

TECHNISCHE DATEN Abmessungen: 214,96 x 25,4 x 7,59 m. **Tonnage:** 32.975 BRT. **Antrieb:** 2 »Pratt & Whitney FT 4C-1DLF«-Gasturbinen, 2 Kessel, 2 Schrauben. **Hilfsmaschinen:** 5 Dieselgeneratoren. **Leistung:** je 37.400 PS. **Höchstgeschwindigkeit:** 32,5 kn. **Passagierzahl:** 1781. **Fahrzeuge:** ca. 325 Autos, 50 Lkw. **Besatzung:** 178. **Route:** Rostock-St. Petersburg.

France

Das letzte große Passagierschiff Frankreichs wurde aus Nationalstolz gebaut, denn zu jener Zeit hatte der Flugzeugbau den Schiffbau längst überholt. Es handelte sich um ein außergewöhnliches Schiff, sowohl aus technischer als auch aus ästhetischer Sicht. Der Antriebsapparat stand hinsichtlich seiner Leistung lediglich jenem der *United States* nach. Die *France* trat im Februar 1962 in Dienst und leistete bis 1972 Liniendienst zwischen den beiden Seiten des Atlantik. Dann verwendete man sie bis zu ihrer letzten Reise nach New York 1974 für Kreuzfahrten. Am 12. September dieses Jahres gab die französische Regierung ihre Entscheidung bekannt, das Schiff wegen der hohen Erhaltungskosten außer Dienst zu stellen. Am 24. Oktober 1977 wurde die *France* vom saudiarabischen Milliardär Akkram Ojjeh gekauft, der sie zwei Jahre später an die »Kloster Rederi A/S« in Oslo weiterveräußerte. Die norwegische Reederei unterzog sie einem radikalen Umbau, um sie in ein Kreuzfahrtschiff umzurüsten. Die in der Werft »Hapag Lloyd« in Bremerhaven durchgeführten Arbeiten umfassten auch die Verkleinerung der Maschine und eine Erhöhung der Passagierzahl auf 2400. In *Norway* umgetauft verließ das Schiff die deutsche Werft am 28. April 1980 und traf am Stützpunkt der »Norwegian Cruise Lines« in Miami ein, in deren Diensten sie nun stand, als größtes Kreuzfahrtschiff der Welt. 2003 kam die *France* nach Bremerhaven zurück, um verschrottet zu werden

TECHNISCHE DATEN Abmessungen: 315,5 x 33,8 x 10,5 m. **Tonnage:** 66.348 BRT. **Antrieb:** 4 Dampfturbinen mit einfachem Untersetzungsgetriebe, 8 Kessel, 4 Schrauben. **Leistung:** 160.000 PS. **Dienstgeschwindigkeit:** 31 kn. **Besatzung:** 1044. **Passagierzahl:** 2044. **Route:** Le Havre-Southampton-New York.

Visitenkarte

Land
Frankreich

Typ
Dampfschiff

Werft
Chantiers de l'Atlantique, St.-Nazaire, Frankreich

Reeder
Compagnie Générale Transatlantique

Stapellauf
11. Mai 1960

Verwendung
Ozeandampfer

Oben: eine der Kabinen der France *sowie der Kino saal mit 664 Plätzen.*

Freedom of the Seas

Visitenkarte

Land
Bahamas

Typ
Motorschiff

Werft
Aker Finnyards, Turku, Finnland

Reeder
Royal Caribbean International

Stapellauf
2006

Verwendung
Kreuzfahrtschiff

Oben: bisher einmalig auf einem Schiff: der »FlowRider«, eine künstliche Welle, die sich in einem Becken über die Höhe zweier Decks erstreckt und auf der man surfen kann. Unten: Die Freedom of the Seas *im Hamburger Hafen. Die Schiffe im Vordergrund zeigen im Vergleich deutlich, wie gewaltig die Dimensionen der* Freedom of the Seas *tatsächlich sind.*

Mit einer Länge von fast 340 Metern ist die *Freedom of the Seas* das derzeit größte und wohl auch modernste Kreuzfahrtschiff der Welt. Die *Freedom of the Seas* steht ebenso wir ihr Schwesterschiff, die ***Voyager of the Seas,*** für die neue Philosophie ihrer Reeder Royal Caribbean International. Demnach ist das eigentliche Ziel von Kreuzfahrpassagieren das Schiff selbst und dann erst die angesteuerten Länder. Dafür erwarte der Kunde aber auch mehr Qualität und mehr Vielfalt an Bord. Auf 15 Decks stehen 1800 Kabinen zur Verfügung, die in sechs Kategorien von 30 bis 118 m^2 Grundfläche angeboten werden. An Bord befindet sich die größte Shopping- und Bistromeile auf den Weltmeeren. Ein Businesscenter mit mehreren Konferenz- und Tagungsräumen sowie modernster technischer Ausstattung kann für geschäftliche Zwecke benutzt werden. Das Theater auf der *Freedom of the Seas* fasst 1282 Zuschauer, im Eisstadion finden rund 1000 Personen Platz. Zehn Restaurants und 16 Bars sorgen für abwechslungsreiche Gaumenfreuden. Für Kinder und Jugendliche gibt es eigene Unterhaltungseinrichtungen. Flachbildschirme und Internetzugang gehören zum Standard. Ein knapp zehn mal zwölf Meter großer Pool im hinteren Bereich des Schiffes trägt den Namen »FlowRider«. Dort wird mit Hilfe von 113 m^3 Wasser eine Welle erzeugt, die sich über zwei Decks ausbreitet und auf der sogar gesurft werden kann. Die Poollandschaft besteht aus drei Teilen. In der farbenfrohen »H_2O Zone« garantieren Fontänen, ein Wasserfall und ein Strömungskanal für absoluten Badespaß. Im »Solarium« ragen zwei große Whirlpools etwa vier Meter über die Reling hinaus und vermitteln daher einen unvergleichlichen Ausblick auf den Ozean. Der zentrale Poolbereich lockt mit Möglichkeiten zum Wassersport wie Pool-Volley- und Basketball. Abends kann man hier zu Livemusik oder Mixes von DJs tanzen. Auch einer Hochzeit auf See steht nichts im Wege: In der »Skylight Chapel« können bis zu 60 Gäste an der Zeremonie teilhaben. Der in Finnland gebaute Ozeanriese erhielt in Hamburg den letzten Schliff, bevor er im Mai 2006 von dort aus nach Miami zu seiner Jungfernfahrt in See stach.

TECHNISCHE DATEN **Abmessungen:** 339 x 56 x 8,5 m. **Tonnage:** 158.000 BRT. **Höchstgeschwindigkeit:** 21,6 kn. **Passagierzahl:** 4370. **Besatzung:** 1360.

Great Britain

Die *Great Britain* stellt einen Meilenstein in der Entwicklung des Schiffbaus dar. Als sie 1843 vom Stapel lief, war sie das größte Schiff ihrer Zeit, ihre Tonnage war doppelt so hoch als die jedes anderen bis dahin gebauten Dampfschiffes. Ihr Rumpf war aus Eisen, sie verfügte über einen Schraubenantrieb und war das erste Schiff mit diesen Eigenschaften, das den Atlantischen Ozean überquerte. Die *Great Britain* war von Isambard Kingdom Brunel entworfen worden, einem der brillantesten Ingenieure des 19. Jh. und Produktionsdirektors der »Great Western Co.«. Die *Great Britain* war der zweite von Brunel in die Tat umgesetzte Ozeandampfer nach der *Great Western*. Diese wies einen hölzernen Rumpf und ein Schaufelrad auf. Auch die *Great Britain* sollte diese Antriebsart erhalten, doch in der Fertigstellungsphase 1840 kam die *Archimedes* von Sir Francis Petit Smith in Bristol an. Dieses Schiff besaß bereits eine Schiffsschraube und Brunel war von dieser Antriebsart so begeistert, dass er seine Pläne änderte und sich ebenfalls für den Schraubenantrieb entschied. Zur Sicherheit stattete man die *Great Britain* mit sechs Masten für Fahrten unter Segel aus. Am 26. Juli 1845 absolvierte sie endlich ihre Jungfernfahrt von Liverpool nach New York. Im Jahr darauf wurden im Zuge von Reparaturarbeiten nach einem Unfall einige Veränderungen vorgenommen. So erhielt das Schiff einen Schornstein und zwei Masten wurden entfernt. Ab 1852 stand sie für den Transport von Auswanderern auf der Route Liverpool-Melbourne in Dienst. Sie beförderte mehr als 15.000 Personen, bevor sie an die Gesellschaft »Anthony Gibbs, Sons & Co.« verkauft wurde. Das Unternehmen ließ die Maschine ausbauen und verwendete das Schiff als dreimastigen Windjammer für den Kohletransport zwischen Wales und San Francisco. 1886, als sie im Begriff war, Kap Hoorn zu umschiffen, geriet sie in einen heftigen Sturm und konnte sich mit Not zur Reparatur auf die Falklandinseln retten. Die Reederei gab das Schiff auf und ließ es dort zurück, wo es als schwimmendes Lager für Kohle und Wollballen diente. 1937 wurde es bei Sparrow Cove versenkt. Doch man hatte die glorreiche Vergangenheit des Dampfschiffes nicht vergessen und 30 Jahre später wurde es geborgen. Am 12. April 1970 kam es nach einer Reise von 8000 Meilen wieder in seiner Geburtsstadt an und wurde restauriert. Heute ist es ein echtes Denkmal der Geschichte Bristols und das einzige noch existierende Schiff aus der Zeit Königin Victorias.

TECHNISCHE DATEN Abmessungen: 98,2 x 15,4 x 4,9 m. **Tonnage:** 2936 BRT. **Antrieb:** gegenläufig arbeitende Verbundmaschine, 1 Schraube. **Leistung:** 1000 PS. **Dienstgeschwindigkeit:** 12 kn. **Passagierzahl:** 260. **Route:** Liverpool-New York.

Visitenkarte

Land
Großbritannien

Typ
Dampfschiff mit Schraubenantrieb

Werft
Patterson, Bristol, Großbritannien

Reeder
Great Western Steamship Co., Bristol

Stapellauf
19. Juli 1843

Verwendung
Passagierschiff

Great Eastern

Visitenkarte

Land
Großbritannien

Typ
Dampfschiff

Werft
John Scott Russell's Yard, Millwall, Großbritannien

Reeder
Eastern Steamship Company

Stapellauf
31. Jänner 1858

Verwendung
Ozeandampfer

1854 gab die »Eastern Steamship Company« den größten bis dahin jemals gebauten Ozeandampfer in Auftrag. Das Schiff wurde an einer Anlegestelle am Ufer der Themse auf Kiel gelegt und zuerst *Leviathan* genannt, beim Stapellauf jedoch auf *Great Western* getauft. Der Entwurf stammte vom berühmten Ingenieur Isambard Kingdom Brunel, von dem auch die Pläne für den ersten Tunnel unter der Themse aus dem Jahr 1826 stammten. Das Schiff war eigentlich für Reisen nach Indien und Australien geplant worden, wurde aber seit seiner Jungfernfahrt auf der Strecke Southampton-New York eingesetzt. Als Ozeandampfer war der *Great Eastern* kein großer Erfolg beschieden und man verwendete sie häufig auch als Frachtschiff. 1865 kam sie bei der Verlegung des ersten Telegrafenkabels durch den Atlantischen Ozean zum Einsatz. 1874 wurde sie außer Dienst gestellt und 1888 verschrottet.

TECHNISCHE DATEN Abmessungen: 210 x 25,3 m. **Tonnage:** 19.217 BRT. **Antrieb:** gegenläufig arbeitende Dampfmaschine, Schaufelräder, 1 Schraube. **Dienstgeschwindigkeit:** 13,5 kn. **Passagierzahl:** 3096. **Route:** Southampton-New York.

Guglielmo Marconi

Visitenkarte

Land
Italien

Typ
Dampfschiff

Werft
Cantieri Riuniti dell'Adriatico, Monfalcone, Italien

Reeder
Triester Lloyd

Stapellauf
24. September 1961

Verwendung
Passagierschiff

Die Schwester der ***Galileo Galilei*** wurde vom »Triester Lloyd« in Auftrag gegeben, um deren zehn Jahre alten Schiffbestand aufzufrischen und im Linienverkehr nach Australien zu dienen. Die *Guglielmo Marconi* absolvierte ihre Jungfernfahrt von Genua nach Sydney am 18. November 1963. 1976 erwarb die »Italia Società di Navigazione« das Schiff und setzte es auf der Route nach Südamerika mit Ziel La Plata ein. Später rüstete man es für die »Italia Crociere Internazionali« zum Kreuzfahrtschiff um und 1984 erwarb es die »Costa Crociere«, die ihm den Namen *Costa Riviera* gab. In dieser neuen Rolle war das Schiff erfolgreich und blieb bis 2000 in Dienst. 2002 wurde es verkauft und verschrottet.

TECHNISCHE DATEN Abmessungen: 188,7 x 28,7 x 8,6 m. **Tonnage:** 27.905 BRT. **Antrieb:** 2 Dampfturbinen mit doppeltem Untersetzungsgetriebe, 3 Kessel, 2 Schrauben. **Leistung:** 44.000 PS. **Dienstgeschwindigkeit:** 24 kn. **Besatzung:** 443. **Passagierzahl:** 1750. **Route:** Italien-Suezkanal-Australien.

Hakone Maru

Die Nippon Yusen Kaisha (Japanische Post-Dampfschiffgesellschaft) wurde 1885 gegründet und gehört zu den Pionieren der modernen Schifffahrt. Die Flotte der Gesellschaft umfasst heute 770 Schiffe, darunter auch Kreuzfahrtschiffe, Autotransporter, Bulkcarrier, Kühlschiffe und Tanker. Als erste japanische Reederei setzte die NYK reine Containerschiffe ein. Das allererste war die *Hakone Maru* aus dem Jahr 1968, die zwischen Japan und den USA verkehrte. Dieses Schiff wurde 1983 von einem größeren Frachter gleichen Namens abgelöst, der beinahe dreimal so viele Container fassen kann wie seine Vorgängerin. Das Schiff fährt heute unter der Flagge Panamas und gehört der Reederei Odysee Shipholding in Tokio, die den Namen auf *Hakone* verkürzte.

TECHNISCHE DATEN Abmessungen: 187 x 26 m. **Tonnage:** 16.240 BRT. **Antrieb:** »Sulzer 7RLB90«-Dieselmotor. **Leistung:** 26.207 PS. **Höchstgeschwindigkeit:** 20,9 kn. **Container:** 2096 TEU (= Standardcontainer). **Besatzung:** 15–20.

Visitenkarte

Land
Japan

Typ
Frachtschiff

Werft
Mitsubishi Heavy Industries Ltd., Kobe, Japan

Reeder
Nippon Yusen Kaisha (NYK Line), Japan

Stapellauf
1968

Verwendung
Containerschiff

Herald of Free Enterprise

Diese Roll-on/Roll-off-Fähre mit je einer Klappe knapp über der Wasseroberfläche an Bug und Heck wurde wegen eines Unglücks bekannt, das 193 Menschen das Leben kostete. Die Klappen dienten zum schnellen Be- und Entladen des Schiffes. Um die Zeit noch mehr zu verkürzen, war es üblich, die Klappen erst nach dem Ablegen zu schließen. Als die Fähre am 6. März 1987 mit 543 Passagieren, 80 Besatzungsmitgliedern, 81 Autos, 3 Bussen und 47 Lkw an Bord von Zeebrugge Richtung Dover ablegte, wurde durch Nachlässigkeiten der Crew die korrekte Schließung der Klappen nicht überprüft. Kurz nach der Hafenausfahrt füllte sich der Rumpf daher mit Wasser, die Ladung verrutschte und die *Herald of Free Enterprise* kenterte. In etwa 9 m Tiefe stieß sie auf eine Sandbank, was den kompletten Untergang verhinderte. Das Schiff blieb auf der Seite liegen. Dank einer sofort eingeleiteten Rettungsaktion konnten über 400 Menschen lebend geborgen werden. Später hob man die Fähre, taufte sie in *Flushing Range* um und brachte sie nach Indien, wo sie 1988 endgültig abgewrackt wurde.

TECHNISCHE DATEN Abmessungen: 131,91 x 23,19 x 5,72 m. **Tonnage:** 13.601 BRT. **Höchstgeschwindigkeit:** 23,75 kn. **Besatzung:** 80. **Route:** Dover-Calais und Dover-Zeebrugge.

Visitenkarte

Land
Großbritannien

Typ
Roll-on/Roll-off-Fährschiff

Werft
Schichau-Unterweser AG, Bremerhaven, Deutschland

Reeder
Townsend Thoresen, Großbritannien

Stapellauf
1980

Verwendung
Fähre

Jahre Viking

Visitenkarte

Land
Norwegen

Typ
Frachtschiff

Werft
Yard Sumitomo Heavy Industries Ltd. Oppama shipyard, Yokosuka

Reeder
Jahre Dahl Bergesen AS

Stapellauf
1976

Verwendung
Öltanker

Mit einer Länge von fast einem halben Kilometer und fast 70 m Breite ist die *Jahre Viking* mit Abstand das größte Schiff und somit das größte von Menschen gebaute bewegliche Objekt der Welt. Das Schiff wurde 1972 von einem griechischen Reeder in Auftrag gegeben, nach seiner Fertigstellung 1976 wegen angeblicher technischer Probleme aber nicht angenommen. 1979 kaufte C. Y. Tung aus Hongkong den Tanker und setzte ihn unter dem Namen *Seawise Giant* ein. 1980 erfolgte in der »Nippon Kokan«-Werft eine Verlängerung um 80 m. Am 14. Mai 1988 beschoss die irakische Luftwaffe im Golfkrieg den Tanker und beschädigte ihn schwer. Die kaum schwimmfähige *Seawise Giant* wurde nach dem Krieg nach Singapur geschleppt – hier befindet sich die einzige Werft, die ein Schiff dieser Größe aufnehmen kann – und generalüberholt. Der norwegische Reeder Anders Jahre kaufte den Tanker und taufte ihn in *Jahre Viking* um. Im Herbst 2003 wurde das Schiff an die Reederei »Fred Olsen Tankers« verkauft, die Rumpf und Tank umbauen, die Aufbauten komplett erneuern und eine Hubschrauberlandeplattform einrichten ließ. Seit September 2004 steht das Schiff unter dem Namen *Knock Davis* als schwimmendes Zwischenlager für Rohöl in Katar im Einsatz, da es als veralteter »Einhüllentanker« nicht mehr für Öltransporte verwendet wird.

TECHNISCHE DATEN Abmessungen: 458,45 x 68,86 x 24,61 m. **Tonnage:** 564.761 NRT. **Antrieb:** 2 »Sumitomo Stal-Laval AP«-Dampfturbinen. **Leistung:** 50.000 PS. **Dienstgeschwindigkeit:** 13 kn. **Tankvolumen:** 652 Millionen Liter Rohöl.

Lusitania

Neben ihrem Schwesterschiff *Mauretania* war die *Lusitania* der bis dahin größte jemals gebaute Ozeandampfer und auch der schnellste. Sie war das erste Dampfschiff Englands mit vier Schornsteinen, das erste der Welt mit einem über vier Schrauben arbeitendem Antrieb und das erste, dessen Tonnage 30.000 BRT überstieg. Sie war auch das erste Schiff, das den Atlantik in weniger als fünf Tagen überquerte: Am 6. Oktober 1907 legte sie in Queenstown ab und erreichte den Leuchtturm von Sandy Hook (New York) nach vier Tagen, 19 Stunden und 52 Minuten. Die Durchschnittsgeschwindigkeit betrug 23,99 Knoten. Diese Leistung brachte ihr das »Blaue Band« (»Blue Riband«) ein, das für die schnellste Atlantiküberquerung vergeben wurde. In den zwei folgenden Jahren verbesserte die *Lusitania* ihren Rekord drei Mal und erreichte eine Geschwindigkeit von 25,65 Knoten. Dieser Rekord wurde nur von ihrer Schwester ***Mauretania*** unterboten und blieb 20 Jahre lang ungebrochen. Das große Linienschiff der »Cunard Steam Ship Line« blieb der Öffentlichkeit jedoch wegen seiner Versenkung durch das deutsche U-Boot *U-20* in Erinnerung. Am 1. Mai 1915 hatte die *Lusitania* unter dem Kommando von Kapitän William Thomas Turner mit 1965 Passagieren an Bord (plus Besatzung) gerade von New York abgelegt, als die Deutsche Reichsregierung die Gewässer vor England und Irland zum Kriegsgebiet erklärte und die Warnung aussprach, dass jedes See- oder Luftfahrzeug in diesem Gebiet Gefahr laufe, zerstört zu werden. Fünf Tage später kam die *Lusitania* in Seeweite der irischen Küste. Am 7. Mai wurde sie nur 12 Meilen vor Queenstown vom Kommandanten des deutschen U-Bootes *U-20,* Walter Schweiger, gesichtet. Wenige Minuten später traf ein Torpedo die Steuerbordseite des Schiffes und innerhalb von 20 Minuten versank der Dampfer mit 1189 Menschen an Bord, 159 davon amerikanische Staatsbürger. Dieses Vorgehen trieb die USA dazu, in den Krieg einzutreten.

TECHNISCHE DATEN Abmessungen: 239,9 x 26,8 x 11 m. **Tonnage:** 31.550 BRT. **Antrieb:** 4 Dampfturbinen mit Direktverbindung, 25 Kessel, 4 Schrauben. **Leistung:** 78.000 PS. **Dienstgeschwindigkeit:** 25 kn. **Besatzung:** 812. **Passagierzahl:** 2165. **Route:** Liverpool-Queenstown-New York.

Visitenkarte

Land
Großbritannien

Typ
Dampfschiff

Werft
John Brown & Co., Clydebank, Großbritannien

Reeder
Cunard Line

Stapellauf
7. Juni 1906

Verwendung
Ozeandampfer

Nebenan: die Lusitania *1907 im Hafen von New York. Oben: der Bericht über die Versenkung des Schiffes auf der Titelseite des* Daily Mirror *vom 8. Mai 1915.*

Logudoro

Visitenkarte

Land
Italien

Typ
Fährschiff

Klasse
Scilla

Werft
Fincantieri, Palermo, Italien

Reeder
Ferrovie dello State

Stapellauf
1989

Verwendung
Fähre

Sie gehört zu Klasse *Scilla,* welche die schnellsten Schiffe der Flotte der RFI (Italienische Eisenbahnen) stellt. Die *Logudoro* ist ein mit vier Gleisen ausgestattetes Fährschiff, das 43 Wagons und bis zu 1000 Passagiere befördern kann. Seit ihrer ersten Fahrt (4. Februar 1989) verkehrte sie immer im Liniendienst Civitavecchia-Golf von Aranci. Ab 1999 diente sie als Reserve für die *Garibaldi,* dem einzigen auf der Strecke in den Golf von Aranci verbliebenen »Universalfrachter«. In den ersten Monaten des Jahres 2004 ersetzte die *Logudoro* die *Garibaldi,* die wegen Wartungsarbeiten ausfiel und bot den einzigen noch verfügbaren Fährdienst auf dieser Route. Am 8. Mai 2004 kam sie wegen Arbeiten am Kiel in die Werft SMEB in Messina.

TECHNISCHE DATEN Abmessungen: 145,06 x 18,42 x 6,59 m. **Wasserverdrängung:** 8327 ts. **Tonnage:** 6505 BRT. **Antrieb:** 2 »GMT A420.6«-Dieselmotoren. **Leistung:** 16.596 PS. **Höchstgeschwindigkeit:** 21 kn. **Gleise:** 4. **Fahrzeuge:** 200 Autos oder 43 Wagons. **Passagierzahl:** 998.

Mauretania

Visitenkarte

Land
Großbritannien

Typ
Dampfschiff

Werft
Swan, Hunter & Wigham Richardson, Wallsend on Tyne, Großbritannien

Reeder
Cunard Line

Stapellauf
20. September 1906

Verwendung
Ozeandampfer

Das Schwesterschiff der ***Lusitania***, die *Mauretania,* absolvierte ihre Jungfernfahrt von Liverpool nach New York am 16. November 1907 und bei der Rückfahrt stellte sie mit einer durchschnittlichen Geschwindigkeit von 23,69 Knoten einen Rekord auf. Dies war die erste von acht aufeinander folgenden Rekord-Atlantiküberquerungen. Auf der letzten rang sie der *Lusitania* das »Blaue Band« ab, das sie bis 1929 behielt, als sie von der deutschen *Bremen* übertroffen wurde. Im Ersten Weltkrieg wurde sie für Truppentransporte aus Großbritannien ins Mittelmeer und als Lazarettschiff verwendet. 1919 nahm sie den Liniendienst wieder auf, aber nach einer Fahrt, bei der sie kaum mehr als 17 Knoten erreichte, erkannte die »Cunard Line«, dass die Turbinen am Ende waren und ließ die Antriebsmaschine erneuern. 1924 vermietete man die »Grand Old Lady« an die »American Express Company«, die sie gelegentlich für Kreuzfahrten im Mittelmeer, später auch in der Karibik einsetzte. 1934 entschloss sich »Cunard«, das Schiff außer Dienst zu stellen. Die *Mauretania* unternahm ihre letzte Reise nach Wallsend on Tyne, wo sie gebaut worden war, und 1936 wurde sie zur Verschrottung freigegeben.

TECHNISCHE DATEN Abmessungen: 240,8 x 26,8 x 11 m. **Tonnage:** 31.938 BRT. **Antrieb:** 4 Dampfturbinen mit Direktverbindung, 25 Kessel, 4 Schrauben. **Leistung:** 78.000 PS. **Dienstgeschwindigkeit:** 25 kn. **Besatzung:** 812. **Passagierzahl:** 2165. **Route:** Liverpool-Queenstown-New York.

Michelangelo

Die *Michelangelo* und ihre Schwester ***Raffaello*** waren die letzten beiden Ozeandampfer, die für die »Italia Società di Navigazione« gebaut wurden, obwohl die Seefahrt in jenen Jahren vom Flugverkehr bereits so verdrängt worden war, dass sich ihre Erhaltung recht bald als unwirtschaftlich erwies. Der Aufbau der Schiffe erstreckte sich über elf Decks, wobei sich fünf davon über das Hauptdeck erhoben und aus leichtem Holz bestanden. Die zwei von Professor Mortasino entworfenen Schornsteine waren mit einer Gitterstruktur versehen und verliehen dem Dampfer ein neues, unverwechselbares Äußeres. Die Unterbringung der Fahrgäste erfolgte in drei Klassen von hohem Qualitätsstandard. An öffentlichen Sälen gab es rund 30, alle waren mit Werken zeitgenössischer Künstler geschmückt. Die *Michelangelo* war das letzte Schiff, das über den Slip der Werft in Sestri von Stapel lief. Im April 1966 wurde sie während einer Fahrt im Atlantischen Ozean von einem heftigen Sturm überrascht. Eine riesige Sturzwelle fegte über das Schiff und forderte einige Opfer. Die Erhaltung des Schiffes wurde zu kostspielig und infolge der Ölkrise von 1973 wurde der Linienverkehr auf einige wenige Fahrten reduziert und schließlich ganz eingestellt. 1975 wurde das Schiff wegen des wirtschaftlichen Bankrotts der Reedereigesellschaft außer Dienst gestellt und in der Bucht von Portovenere stillgelegt. 1976 verkaufte man den Dampfer an die Regierung des Iran, die sie als schwimmende Unterkunft für die Offiziere der Marine und für jene Techniker verwenden wollte, die den Hafen im Persischen Golf bauen sollten. Nach Ausrufung der Islamischen Republik überließ man die *Michelangelo* ihrem Schicksal, bis sie 1986 von einem pakistanischen Schrotthändler gekauft wurde.

Visitenkarte

Land
Italien

Typ
Dampfschiff

Werft
Ansaldo, Sestri Ponente, Italien

Reeder
Italia Società di Navigazione

Stapellauf
16. September 1962

Verwendung
Ozeandampfer

TECHNISCHE DATEN Abmessungen: 275,8 x 30,1 x 9,3 m. **Tonnage:** 45.911 BRT. **Antrieb:** 2 Dampfturbinen mit doppeltem Untersetzungsgetriebe, 4 Kessel, 2 Schrauben. **Leistung:** 87.000 PS. **Dienstgeschwindigkeit:** 26,5 kn. **Besatzung:** 720. **Passagierzahl:** 1775. **Route:** Genua-Cannes-Neapel-Algeciras-New York.

Moby Aki

Visitenkarte

Land
Italien

Typ
Motorschiff

Werft
Fincantieri, Ancona, Italien

Reeder
Moby Lines

Stapellauf
2004

Verwendung
Fähre

Das letzte Schiff der Gesellschaft mit den Cartoonmotiven ist die *Moby Aki,* eine schnelle Superfähre. Es handelt sich um das Schwesterschiff der ***Wonder*** und der ***Freedom*** (2001 vom Stapel gelaufen), die zwischen Civitavecchia und Olbia verkehren. Im Mai 2005 trat sie auf der Strecke Livorno-Olbia in Dienst, die sie bei Tag in weniger als sechs Stunden zurücklegte. Das Schiff ist mit allen Bequemlichkeiten ausgestattet und verfügt über das »Comfort Class«-Zertifikat. Es weist 320 Kabinen mit Service, Junior-Suiten für vier Personen, eine dreistöckige Panorama-»Show Lounge«, Spielflächen für Kinder, ein Schwimmbecken, ein Solarium, ein À-la-carte-Restaurant und Unterkünfte für Haustiere auf.

TECHNISCHE DATEN Abmessungen: 175 x 27,6 x 9,8 m. **Tonnage:** 36.000 BRT. **Antrieb:** 4 »Wärtsilä 12V46C«-Dieselmotoren. **Leistung:** 67.586 PS. **Höchstgeschwindigkeit:** 29 kn. **Fahrzeuge:** 750. **Passagierzahl:** 2200. **Route:** Livornio-Olbia.

MSC Pamela

Visitenkarte

Land
Panama

Typ
Frachtschiff

Werft
Samsung, Koje, Südkorea

Reeder
Mediterrenean Shipping Company, Genf, Schweiz

Stapellauf
2005

Verwendung
Containerschiff

Mit mehr als drei Fußballfeldern Länge ist die *MSC Pamela* das derzeit größte Containerschiff der Welt. Den Auftrag für diesen und acht weitere Frachter erteilte der Hamburger Reeder Claus-Peter Offen. Ursprünglich war geplant, dass das Schiff von der »Mediterrenean Shipping Company« (MSC) für 12 Jahre gechartert wird, doch schließlich kaufte die Genfer Reederei das Schiff direkt. Die *MSC Pamela* verkehrt zwischen Asien und Europa, wo die Häfen Felixstowe, Antwerpen und Le Havre angelaufen werden. Beim Bau dieses Schiffes wurden die Vorschriften der Hamburger Klassifikationsgesellschaft Germanischer Lloyd, dem führenden Experten für diesen Schiffstyp genauestens beachtet. Die MSC ist momentan übrigens die zweitgrößte Reederei der Welt.

TECHNISCHE DATEN Abmessungen: 336,7 x 45,6 x 15 m. **Tonnage:** 107.849 BRT. **Antrieb:** 1 »B & W-12K98MCC«-Dieselmotor. **Leistung:** 92.530 PS. **Höchstgeschwindigkeit:** 25,2 kn. **Container:** 9200 TEU (= Standardcontainer). **Besatzung:** 23–25.

MS Deutschland

Das schwimmende Fünf-Sterne-Hotel *MS Deutschland* wurde durch seine Rolle als *Traumschiff* in der gleichnamigen deutschen Fernsehserie bekannt (vor ihr erfüllten die *MS Vistafjord,* die *MS Astor* und die *MS Berlin* diese Aufgabe). Sie ist das Flaggschiff der Peter Deilmann Reederei. Auf acht Decks bietet sie Platz für 294 Kabinen, zwei Pools, drei Restaurants, ein Kino, eine Bibliothek und sogar einen eigenen Golfplatz. Darüber hinaus befindet sich noch eine Dialysestation an Bord. Ganz ähnlich wie man es aus den bisherigen Folgen des Fernsehspiels kennt, sorgen das Bordensemble und internationale Künstler mit Revuen, Varietees und Konzerten und Tanzmusik für die Unterhaltung der Passagiere. Die *MS Deutschland* gilt als das momentan beste Schiff unter deutscher Flagge.

TECHNISCHE DATEN Abmessungen: 175,49 x 23,85 x 5,79 m. **Tonnage:** 22.496 BRT. **Antrieb:** Dieselmotoren. **Leistung:** 16.755 PS. **Höchstgeschwindigkeit:** 19 kn. **Passagierzahl:** 518. **Besatzung:** 280.

Visitenkarte

Land
Deutschland

Typ
Motorschiff

Werft
HDW, Kiel, Deutschland

Reeder
Peter Deilmann Reederei

Stapellauf
1998

Verwendung
Kreuzfahrtschiff

MS Europa

Visitenkarte

Land
Bahamas

Typ
Motorschiff

Werft
Kvaerner-Masa, Helsinki, Finnland

Reeder
Hapag-Lloyd, Hamburg, Deutschland

Stapellauf
1999

Verwendung
Kreuzfahrtschiff

Oben: das Atrium auf der MS Europa

Das Flaggschiff der Hapag-Lloyd Kreuzfahrten ist bereits das sechste Schiff dieses Namens. Zuvor hießen ein Passagierschiff (1891), ein Frachter (1905), ein Ozeandampfer (1928), ein Linienschiff (1966) und ein Kreuzfahrtschiff (1982) so. Die *MS Europa* ist ein Luxuskreuzfahrtschiff der Extraklasse. Mit einer Tonnage von beinahe 29.000 BRT für lediglich 408 Passagiere bietet die mit dem Prädikat »Fünf-Sterne-plus« ausgezeichnete *MS Europa* mehr Raum pro Gast als andere Schiffe. Der Luxus an Bord ist beeindruckend. Auf allen sieben Passagierdecks ist der Boden mit poliertem italienischem Granit bedeckt, gläserne Aufzüge, ein großzügiges Angebot an Bars, Restaurants und Einkaufszonen runden das Bild ab. Das Schwimmbecken ist 20 m lang und somit wohl der längste Pool auf einem Kreuzfahrtschiff. Golfer finden einen Golfsimulator, zwei Abschlagplätze und ein Putting-Green. Man kann unter zehn Deluxe-Suiten, zwei Penthouse Grand Suiten (85 m^2 mit Sauna und Whirlpool) und 192 Außensuiten (Mindestgröße 27 m^2, über 80% mit eigener Veranda) wählen. 2004 wurde das Schiff in der Werft Blohm & Voss in Hamburg im Innenbereich modifiziert.

TECHNISCHE DATEN Abmessungen: 198,52 x 24 x 6,1 m. **Tonnage:** 28.710 BRT. **Antrieb:** 2 »ABB-Azipod«-Dieselektromotoren. **Leistung:** 29.376 PS. **Höchstgeschwindigkeit:** 21 kn. **Passagierzahl:** 408. **Besatzung:** 275.

MS Jowi

Visitenkarte

Land
Niederlande

Typ
Frachtschiff

Werft
Astrachan Plant, Astrachan, Niederlande

Reeder
Scheepv.bedr. Wanders & Zn., Niederlande

Stapellauf
1998

Verwendung
Containerschiff

Auch in der Binnenschifffahrt nimmt die Bedeutung des Containertransports laufend zu. So verkehren beispielsweise auch auf dem Rhein Containerschiffe. Die größten gehören der Klasse *Jowi* an, die nach dem ersten derartigen Schiff, der 1998 gebauten *MS Jowi* benannt ist.

TECHNISCHE DATEN Abmessungen: 135 x 16,84 x 3,7 m. **Tonnage:** 5200 NRT. **Antrieb:** Dieselmotor. **Leistung:** 3 »Caterpillar«-Gasturbinen, je 918 PS, 2 Bugstrahlruder, 500 PS. **Container:** 408 TEU (= Standardcontainer). **Besatzung:** 4.

Nuraghes

Visitenkarte

Land
Italien

Typ
Motorschiff

Werft
Fincantieri, Castellammare di Stabia, Italien

Reeder
Tirrenia di Navigazione

Stapellauf
24. Jänner 2004

Verwendung
Fähre

Sie ist das vierte von der »Tirrenia« bei »Fincantieri« seit 2000 bestellte »Cruise Ferry« nach der *Bithia* (2001), der *Janas* (2002) und der *Athara* (2003). Der Entwurf der im Juli 2004 in Dienst gestellten Nuraghes ist – so wie bei ihrem Schwesterschiff ***Sharden*** (März 2005) – eine Weiterentwicklung der *Bithia*, nur verfügt das neue schnelle Fährschiff über ein Autodeck mehr als das ältere Schiff. Die *Nuraghes* und die *Sharden* dienen auf der Strecke Civitavecchia-Olbia, die sie in fünf Stunden bewältigen. Die beiden Schiffe verfügen über elegante Kabinen, Bibliotheken, Spiel- und Videospielhallen, Festsäle für je 600 Personen, Kinos, Restaurants und Einkaufsmöglichkeiten.

TECHNISCHE DATEN Abmessungen: 214 x 26,4 x 6,9 m. **Tonnage:** 40.000 BRT. **Antrieb:** 4 »Wärtsilä 12V46C«-Dieselmotoren. **Leistung:** 68.874 PS. **Dienstgeschwindigkeit:** 29 kn. **Fahrzeuge:** 1085. **Passagierzahl:** 2700. **Route:** Civitavecchia-Olbia.

Normandie

Visitenkarte

Land
Frankreich

Typ
Dampfschiff

Werft
Chantiers et Ateliers Penhoët, St.-Nazaire, Frankreich

Reeder
Compagnie Générale Transatlantique

Stapellauf
29. Oktober 1932

Verwendung
Ozeandampfer

Die *Normandie* war zweifelsfrei einer der schönsten jemals gebauten Ozeandampfer. Der Auftrag stammte von der »Compagnie Général Transatlantique« (CGT), die ihre Mitbewerber auf der prestigeträchtigen Strecke über den Nordatlantik schlagen wollte. Das Schiff war der absolut größte, luxuriöseste und schnellste Ozeandampfer seiner Zeit. Er verfügte über elf Decks, von denen sich sechs über die gesamte Schiffslänge erstreckten, und eine moderne turboelektrische Antriebsmaschine. Die feudalen Salons, die byzantinisch eingerichtete Kapelle, das Restaurant, das Theater, das Schwimmbecken und die geräumigen Kabinen setzten neue Maßstäbe im Passagiertransport. Die am 29. Mai 1935 angetretene Jungfernfahrt war von Anbeginn an ein Triumph. Die *Normandie* schaffte die Atlantiküberquerung in vier Tagen, drei Stunden und zwei Minuten, bei einer mittleren Geschwindigkeit von 29,98 Knoten. Dadurch nahm sie der *Rex* das »Blaue Band« (»Blue Riband«) ab. Auf der Rückfahrt war sie sogar noch schneller und steigerte die Geschwindigkeit auf 31,31 Knoten. Das »Blaue Band« war auch eine Frage des Nationalstolzes und alle nationalen Schifffahrtsunternehmen trachteten danach, es zu gewinnen. 1936 wurde das Schiff hinsichtlich Größe und Geschwindigkeit von dem Flaggschiff der englischen Reederei, der *Queen Mary,* geschlagen. Die *Normandie* wurde auf 83.423 BRT aufgerüstet und war damit wieder das größte Schiff der Welt. Das »Blue Riband« blieb aber im Besitz der *Queen Mary.* Beim Ausbruch des Zweiten Weltkriegs war die *Normandie* in New York und wurde dort bis zum Ende des Jahres 1941 außer Dienst gestellt. Dann zog sie die Regierung der Vereinigten Staaten ein und teilte sie der Kriegsmarine zu. Diese taufte das Schiff in *AP 53 Lafayette* um und ließ es zu einem Transportschiff umbauen. Am 9. Februar 1942 wurde die ehemals so ruhmreiche *Normandie* bei einem Brand vernichtet und sank. Nach dem Ende des Krieges barg und verschrottete man das Wrack.

TECHNISCHE DATEN Abmessungen: 313,8 x 35,9 x 11,2 m. **Tonnage:** 79.280 BRT. **Antrieb:** 4 mit 4 Elektromotoren verbundene Elektrogeneratoren, 29 Kessel, 4 Schrauben. **Leistung:** 165.000 PS. **Höchstgeschwindigkeit:** 33,2 kn. **Besatzung:** 1345. **Passagierzahl:** 1972. **Route:** Le Havre-Southampton-New York.

Queen Elizabeth

Dieses Schiff wurde von »Cunard« zusammen mit der *Queen Mary* in Auftrag gegeben und im März 1940 ausgeliefert. Ihre Jungfernfahrt führte sie von Schottland nach New York. Sie unterschied sich von der *Queen Mary* durch ihre zwei Schornsteine, während die *Queen Mary* mit der gleichen Antriebsmaschine drei hatte. Sie war ihrem Schwesterschiff, welche das »Blaue Band« errungen hatte, an Geschwindigkeit unterlegen, aber das größte Schiff der Welt. Im Zweiten Weltkrieg wurde sie für Truppentransporte von den USA nach England adaptiert und hatte eine Kapazität von bis zu 20.000 Soldaten. Den Liniendienst über den Atlantik nahm sie nach dem Krieg wieder auf und war bis 1969 aktiv. Dann wurde sie an eine Gesellschaft in Hongkong (»Tung«) verkauft, die sie als schwimmenden Universitätsstandort verwenden wollte. 1972 wurde sie durch ein Feuer im Hafen von Hongkong zerstört.

TECHNISCHE DATEN Abmessungen: 314,2 x 36,1 x 12 m. **Tonnage:** 83.673 BRT. **Antrieb:** 4 Dampfturbinen mit einfachem Untersetzungsgetriebe, 12 Kessel, 4 Schrauben. **Leistung:** 160.000 PS. **Höchstgeschwindigkeit:** 28,5 kn. **Besatzung:** 1296. **Passagierzahl:** 2293. **Route:** Southampton-Le Havre-New York.

Visitenkarte

Land
Großbritannien

Typ
Dampfschiff

Werft
John Brown & Co., Clydebank, Glasgow, Großbritannien

Reeder
Cunard-White Star

Stapellauf
27. September 1938

Verwendung
Ozeandampfer

Queen Elizabeth II

Sie wurde von der »Cunard Line« geordert, um den inzwischen veralteten Ozeandampfer gleichen Namens (1969 verkauft) zu ersetzen. Die *Queen Elizabeth II* ist, ganz dem »Cunard« Stil entsprechend, ein Schiff von angemessener Eleganz und wahrscheinlich das schönste jemals für diese Reederei gebaute. Der einzige Mangel war die nicht immer zuverlässig arbeitende Maschine. Bei ihrem Stapellauf fungierte die Königin persönlich als Taufpatin. Sie absolvierte am 22. April 1969 eine kleine Jungfernfahrt nach Las Palmas und am 2. Mai ihre erste offizielle Reise nach New York. Bis 1972 im Linienverkehr, zog man sie anschließend für Kreuzfahrten heran, wovon einige Weltreisen waren. 1982 requirierte sie die britische Regierung für Truppentransporte im Falklandkrieg. 1983 an »Cunard« zurückgegeben, wurde sie außer Dienst gestellt und nach Deutschland gesandt, um einen neuen dieselelektrischen Motor einzubauen. 1994 wurde sie grundlegend umgebaut und modernisiert. Dem Schicksal der Reederei »Cunard Line« folgend, ging sie 1996 in den Besitz der norwegischen Gesellschaft »Kvaerner« und 1998 in das Eigentum der amerikanischen Gruppe »Carnival Corporation« über, für die sie sich immer noch in Dienst befindet. Im Jahr 2002 überschritt sie die unglaubliche Zahl von fünf Millionen Meilen auf See.

TECHNISCHE DATEN Abmessungen: 295,5 x 32 x 9,9 m. **Tonnage:** 65.863 BRT. **Antrieb:** 2 Dampfturbinen mit doppeltem Untersetzungsgetriebe, 3 Kessel, 3 Schrauben. **Leistung:** 110.000 PS. **Dienstgeschwindigkeit:** 28,5 kn. **Besatzung:** 906. **Passagierzahl:** 2005. **Route:** Southampton-Le Havre-New York.

Visitenkarte

Land
Großbritannien

Typ
Dampfschiff

Werft
John Brown & Co., Clydebank, Glasgow, Großbritannien

Reeder
Cunard Line

Stapellauf
20. September 1967

Verwendung
Ozeandampfer

Queen Mary

Visitenkarte

Land
Großbritannien

Typ
Dampfschiff

Werft
John Brown & Co., Clydebank, Glasgow, Großbritannien

Reeder
Cunard-White Star

Stapellauf
26. September 1934

Verwendung
Ozeandampfer

Die *Queen Mary* und die *Queen Elizabeth* wurden Ende der 20er-Jahre von Arthur J. Davis für die »Cunard Line« entworfen, die sich zwei ausreichend schnelle Ozeandampfer für den wöchentlichen Verkehr auf der Linie Großbritannien-New York sichern wollte. Doch abgesehen von den kommerziellen Aspekten schwang auch noch Nationalstolz in Verbindung mit dem »Blue Riband« (»Blaues Band«) mit, welche das Land (und die »Cunard Line«) 1909 verloren hatte. Die *Queen Mary* wurde am 27. Dezember 1930 auf Kiel gelegt, doch die heraufdräuende Wirtschaftskrise verzögerte den Bau. Das Schiff konnte erst 1936, dank der Subventionen durch die britische Regierung, in Dienst gestellt werden, die dafür die Fusion der »Cunard« mit der »White Star« forderte, die damals die größten Schifffahrtsunternehmen des Vereinigten Königreiches waren. Am 27. Mai 1936 legte die *Queen Mary* von Southampton ab, um ihre Jungfernfahrt nach New York zu absolvieren. Am 20. August desselben Jahres legte sie ihren ersten Rekord mit einer Atlantiküberquerung innerhalb von vier Tagen und 27 Minuten mit einer Durchschnittsgeschwindigkeit von 30,14 Knoten hin. Damit konnte sie der französischen *Normandie* das »Blaue Band« abjagen, die es jedoch im Jahr darauf mit einer Geschwindigkeit von 30,58 Knoten zurückeroberte. Doch am 4. August 1938 holte sich die *Queen Mary* die Trophäe zurück, als sie nach drei Tagen, 23 Stunden und zwei Minuten in New York (Leuchtturm von Ambrose) ankam. Dabei hatte sie eine mittlere Geschwindigkeit von 30,99 Knoten erreicht, ein Rekord, der bis 1952 ungebrochen bleiben sollte. Während des Krieges diente die *Queen Mary* für Truppentransporte von Sydney nach Afrika. Als wieder Frieden eingekehrt war, nahm sie den Liniendienst wieder auf und verkehrte bis 1967 im Atlantik. Man hat errechnet, dass sie während ihrer Dienstzeit 1001 Überfahrten von Großbritannien nach New York hinter sich gebracht hat. 1968 wurde sie der Stadt Long Beach in Kalifornien überlassen, wo sie heute als Luxushotel und schwimmendes Museum *(oben)* vor Anker liegt.

TECHNISCHE DATEN Abmessungen: 310,7 x 35,9 x 11,8 m. **Tonnage:** 80.774 BRT. **Antrieb:** 4 Dampfturbinen mit einfachem Untersetzungsgetriebe, 24 Kessel, 4 Schrauben. **Leistung:** 160.000 PS. **Höchstgeschwindigkeit:** 32 kn. **Besatzung:** 1100. **Passagierzahl:** 2139. **Route:** Southampton-Cherbourg-New York.

Queen Mary 2

Die *Queen Mary 2* ist das größte jemals gebaute Passagierschiff der Erde. Der Name dieses im Auftrag der bekannten englischen Gesellschaft »Cunard« (die heute zur amerikanischen Gruppe »Carnival Corporation« gehört) erinnert an einen der berühmtesten Ozeandampfer der Welt, Gewinner des »Blauen Bandes«, der in seiner Laufbahn 1001 Atlantiküberquerungen absolvierte. Die *Queen Mary 2* wurde bei »Chantiers de l'Atlantique« in Saint-Nazaire gebaut, eine der wenigen Werften weltweit, die über die Infrastruktur und die Ausrüstung für die Herstellung eines derartigen Kolosses verfügen. Dort gibt es nämlich ein 900 m langes Dock, in dem die 94 vorgefertigten Blöcke zusammengesetzt wurden, aus denen das Schiff besteht. Die in den Werkstätten von Gdansk (Danzig) in Polen gebaute Kuppel wiegt 450 Tonnen und hat eine Länge von 30 und eine Breite von 5 m. Man hat errechnet, dass acht Millionen Arbeitsstunden aufgewendet werden mussten, um diesen Riesen der Meere zu bauen. Das Schiff vereinigt »das Beste, was die Technologie zu bieten hat«, wie Königin Elisabeth II., die Patin des neuen Flaggschiffes der »Cunard«, mit Stolz anmerkte. Was die Technologie betrifft, ist das innovative, von »Rolls Royce« und »Alstom Power Conversion« entwickelte, aktive Antriebssystem extrem interessant. Es besteht aus vier Antriebseinheiten (Pods), von denen zwei starr und zwei beweglich angebracht sind und somit praktisch als Steuer dienen, was die Manövrierbarkeit wesentlich erhöht. Jedes Pod wiegt 270 Tonnen und liefert eine Leistung von 21,5 Megawatt, zusammen leisten sie rund 85 MW. Das Schiff beherbergt 17 Decks und ist die größte Ferieneinrichtung der Welt. Man findet 14 Bars, zehn Restaurants, fünf Schwimmbecken, ein Theater, ein Kino, eine Bibliothek mit 8000 Bänden, eine Kunstgalerie und das erste schwimmende Planetarium vor. Die *Queen Mary 2* wurde am 16. Jänner 2002 auf Kiel gelegt und trat am 25. September 2003 zu einer Probefahrt auf See an. Am 12. Jänner 2004 brachte sie ihre Jungfernfahrt von Southampton nach Fort Lauderdale (Florida) hinter sich.

Visitenkarte

Land
Großbritannien

Typ
Motorschiff

Werft
Chantiers de l'Atlantique, St.-Nazaire, Frankreich

Reeder
Cunard

Stapellauf
22. Dezember 2003

Verwendung
Kreuzfahrtschiff

TECHNISCHE DATEN Abmessungen: 345 x 40 x 10 m (72 m Höhe). **Tonnage:** 150.000 BRT. **Antrieb:** 4 Gasturbinen, 4 Pods. **Leistung:** 157.000 PS. **Höchstgeschwindigkeit:** 30 kn. **Besatzung:** 1253. **Passagierzahl:** 2620.

Rex

Visitenkarte

Land
Italien

Typ
Dampfschiff

Werft
Ansaldo, Sestri Ponente, Italien

Reeder
Navigazione Generale Italiana

Stapellauf
1. August 1931

Verwendung
Ozeandampfer

Oben: ein während des Baus der Rex *in der Werft Ansaldo aufgenommenes Foto.*

Die *Rex* wurde im Auftrag der »Navigazione Generale Italiana« gebaut, die zwei Jahre später zusammen mit dem »Savoyischen Lloyd« und »Cosulich« in die »Italia-Flotte Riunite« überging. Das am 1. August 1931 auf Kiel gelegte Schiff sollte ursprünglich *Guglielmo Marconi* heißen, wurde aber dann in *Rex* umgetauft und 1932 fertiggestellt. Der geradlinige Bug war leicht nach vorne geneigt. Die beiden mehr als 15 m hohen, großen Schornsteine waren nach hinten geneigt und befanden sich im Vergleich zur Schiffsmitte ziemlich weit vorne, sodass genug Platz für Freizeitaktivitäten im Freien blieb. Die Passagiere waren in vier Klassen untergebracht. Die erste war prunkvoll ausgestattet, die anderen von nüchterner Eleganz und Funktionalität. Am 27. September legte sie zu ihrer Jungfernfahrt nach New York ab, ein Schaden an einem Turbodynamo zwang sie jedoch zu einem dreitägigen Aufenthalt in Gibraltar. Aber elf Monate später errang sie mit einer Rekordüberquerung des Atlantischen Ozeans in vier Tagen, 13 Stunden und 58 Minuten und einer Geschwindigkeit von 28,92 Knoten das »Blaue Band«. Sie war damit um zwei Stunden und 50 Minuten schneller als der deutsche Ozeandampfer *Europa,* der den Rekord bis dahin gehalten hatte. Das »Blaue Band« blieb dem italienischen Dampfschiff beinahe vier Jahre erhalten, dann wurde es ihm von der französischen *Normandie* abgejagt. 1937 wurde die »Italia-Flotte Riunite« aufgelöst und der »Italia Società Anonima di Navigazione« einverleibt, in der alle Linienschiffe nach Amerika zusammengezogen wurden. 1940 stellte man den Liniendienst ein und die *Rex* lag gut getarnt außer Dienst im Hafen von Triest. Am 8. September 1943 requirierte sie die Deutsche Wehrmacht, die sie im März 1944 der »Mittelmeer Reederei GMBH« in Hamburg überließ. Im Juli wurde sie bombardiert und sie sank nahe bei Capodistria. Nach dem Krieg wurde das Wrack von Jugoslawien beschlagnahmt und verschrottet.

TECHNISCHE DATEN Abmessungen: 268,2 x 29,9 x 10,1 m. **Tonnage:** 51.062 BRT. **Antrieb:** Dampfturbinen mit einfachem Untersetzungsgetriebe, 12 Kessel, 4 Schrauben. **Leistung:** 127.000 PS. **Dienstgeschwindigkeit:** 27 kn. **Besatzung:** 870. **Passagierzahl:** 2098. **Route:** Genua-Villafranca-Neapel-Gibraltar-New York.

Regal Princess

Wie ihre Schwester, die ***Crown Princess,*** wurde dieses Schiff von Renzo Piano entworfen und bei »Fincantieri« gebaut, die mit diesen beiden Schiffen eine neue Serie von großen und luxuriösen Kreuzfahrtschiffen ins Leben riefen. Die *Regal Princess* wurde 1991 an die »P & O Princess Cruise Lines« ausgeliefert und diente für Kreuzfahrten in Nord- und Südamerika. 2004 sollte sie das Schicksal ihres Schwesterschiffes teilen und an die Gesellschaft »A'Rosa« gehen, die auf dem deutschen Markt arbeitet. Doch im letzten Moment entschied man, sie der neuen Tochtergesellschaft »Ocean Village« zu überlassen, die den britischen Kreuzfahrtmarkt bedient. Die Übergabe ist für November 2006 geplant.

TECHNISCHE DATEN Abmessungen: 245,1 x 32,3 x 8,1 m. **Tonnage:** 69.845 BRT. **Antrieb:** 4 Dieselmotoren, 4 Elektrogeneratoren, 2 Elektromotoren, 2 Schrauben. **Leistung:** 52.877 PS. **Höchstgeschwindigkeit:** 19,5 kn. **Besatzung:** 678. **Passagierzahl:** 1590.

Visitenkarte

Land
Italien

Typ
Motorschiff

Werft
Fincantieri, Monfalcone, Italien

Reeder
P & O Princess Cruise Lines

Stapellauf
1990

Verwendung
Kreuzfahrtschiff

Roma

Die *Roma* entstand im Auftrag der »Navigazione Generale Italiana«, die ihren Konkurrenten, den »Savoyischen Lloyd«, hinsichtlich Größe und Unterbringungskomfort an Bord ausstechen wollte. Die 1. Klasse war sehr luxuriös, der legendäre Festsaal wurde von einer Marmorstatue der Göttin Roma beherrscht. 1932 ging die *Roma* in den Besitz der Gruppe »Italia-Flotte Riunite« über, ihre Schornsteine wurden weiß lackiert und trugen Streifen in den italienischen Nationalfarben. 1940 stellte man sie im Hafen von Triest außer Dienst und 1941 requirierte sie die Kriegsmarine, um sie zu einem Flugzeugträger umzubauen *(siehe Seite 9)* und in *Aquila* umzutaufen. *Foto oben: Die Montage der Turbinen des Schiffes in der Werft Ansaldo im Jahr 1925.*

TECHNISCHE DATEN Abmessungen: 216,1 x 25,2 x 9,2 m. **Tonnage:** 32.583 BRT. **Antrieb:** 4 Dampfturbinen mit einfachem Untersetzungsgetriebe, 13 Kessel, 4 Schrauben. **Leistung:** 44.000 PS. **Dienstgeschwindigkeit:** 22 kn. **Besatzung:** 510. **Passagierzahl:** 1639. **Route:** Genua-New York.

Visitenkarte

Land
Italien

Typ
Dampfschiff

Werft
Ansaldo, Sestri Ponente, Italien

Reeder
Navigazione Generale Italiana

Stapellauf
26. Februar 1926

Verwendung
Ozeandampfer

Savannah

Visitenkarte

Land
USA

Typ
Raddampfer

Werft
Francis Fickett, Corlears Hook, New York, USA

Reeder
Savannah Steam Company

Stapellauf
August 1818

Verwendung
Ozeandampfer

Sie war das erste Dampfschiff, das eine Überseefahrt absolvierte. Die *Savannah* wurde in der Werft Francis Fickett als Segelschiff mit drei Masten auf Kiel gelegt und war für den Postdienst zwischen den USA und Frankreich bestimmt. Doch noch während der Bauzeit wurde sie von der »Savannah Steam Company« erworben, die sie mit einem Hilfsmotor, der zwei seitlich angebrachte 5,2 m große Schaufelräder antrieb, ausstatten ließ. Die Schaufeln ließen sich abnehmen und konnten während Fahrten unter Segel entfernt werden. Die Maschine war von Stephen Vail konstruiert worden, der Eigentümer der Eisenhütte »Speedwell Iron Works« in Morristown war. Am 20. Juni 1819 legte die *Savannah* in der Stadt in Georgia, nach der sie benannt war, ab und begab sich auf eine Atlantiküberquerung Richtung Liverpool, wo sie nach 29 Tagen und elf Stunden ankam. Während dieser Überfahrt konnte aus Mangel an Kohle der Dampfantrieb nur 80 Stunden genutzt werden. Das Dampfschiff verfügte für die Unterbringung von Passagieren über zwei Luxuskabinen und 32 Schlafkojen. Im Jahr 1821 strandete sie vor Long Island und wurde von einer Sturzwelle zerstört.

TECHNISCHE DATEN Abmessungen: 33,5 x 7,8 x 3,9 m. **Wasserverdrängung:** 325 ts. **Antrieb:** gegenläufig arbeitende Dampfmaschine mit einem Zylinder, 2 seitlich angebrachte Schaufelräder. **Leistung:** 72 PS. **Höchstgeschwindigkeit:** 6 kn. **Besatzung:** 20. **Passagierzahl:** 36. **Route:** New York-Liverpool.

Savannah II

Visitenkarte

Land
USA

Typ
atombetriebenes Schiff

Werft
New York Shipbuilding Co., Camden, USA

Reeder
Handelsmarine der USA

Stapellauf
21. Juli 1959

Verwendung
Frachtschiff

Drei Jahre nach dem Stapellauf des ersten atombetriebenen U-Boots, der *Nautilus,* bevollmächtigte der Kongress der Vereinigten Staaten, die Atomenergiekommission und die Verwaltung der Handelsmarine, ein Schiff bauen zu lassen, an dem die praktischen Möglichkeiten dieses neuen Antriebstyps in der Seefahrt getestet werden konnten. Mit diesem Vorhaben wurde George G. Sharp aus New York beauftragt. Das Schiff, das man in Erinnerung an das erste Dampfschiff, das jemals einen Ozean überquert hatte (nämlich den Atlantik im Jahr 1819, *siehe selbe Seite oben*), *Savannah II* getauft hatte, absolvierte seine Jungfernfahrt am 5. Mai 1964, auf der sie ausgehend von Houston über Dublin, Bremerhaven, Hamburg und Southampton nach New York kreuzte. In der Folge brachte sie noch viele Reisen hinter sich, auf denen hinsichtlich des Antriebs keine Probleme auftraten. Die Erhaltungskosten erwiesen sich jedoch, im Vergleich zu Schiffen mit herkömmlichen Maschinen, als zu hoch.

TECHNISCHE DATEN Abmessungen: 181,5 x 23,8 x 9 m. **Tonnage:** 15.585 BRT. **Nettotonnage:** 9400 t. **Antrieb:** Atomreaktor, Getriebeturbinengruppe, 1 Schraube. **Leistung:** 22.000 PS. **Dienstgeschwindigkeit:** 21 kn. **Reichweite:** 336.000 sm. **Besatzung:** 110. **Passagierzahl:** 60.

Scilla II und Cariddi

Nach Ende des Ersten Weltkriegs erteilten die staatlichen Eisenbahnen Italiens den Auftrag zum Bau zweier Fährschiffe für den Dienst in der Straße von Messina. Das erste basierte noch auf alten Plänen und war mit einer Dampfmaschine und einem einzigen Gleis von 78 m Länge ausgestattet. Es trat im Juli 1922 in Dienst und wurde in Erinnerung an das erste Schiff dieses Namens, das 1917 durch eine Mine in der Messinastraße versenkt worden war, *Scilla II* getauft. Die *Cariddi* trat am 29. Oktober 1922, vier Monate nach ihrem Schwesterschiff *Scilla,* in Dienst. Die beiden Fährschiffe erwiesen sich als die größten und schnellsten in Europa gebauten Schiffe für den Transport von Passagieren, Autos und Zügen. 1931 wurde die *Scilla* modernisiert. Die Dampfmaschine machte einem Dieselmotor Platz und das Schiff wurde in *Aspromonte* umgetauft. Nach Ausbruch des Zweiten Weltkriegs wurde sie von den Militärbehörden eingezogen und als Minenleger verwendet. Am 2. Dezember 1942 wurde sie nahe Kap Bon torpediert und versenkt. Die *Cariddi* wurde auf Anordnung der Kriegsmarine am 16. August 1942 in der Reede »Paradiso« bei Messina versenkt, als die Alliierten schon recht nahe waren. Sie hatte deutsche Kanonen geladen, und bei der Versenkung kam sie in einer Tiefe von 20 m zu liegen. Nach dem Krieg wurde sie geborgen und in der Werft »Tirreno« in Riva Trigoso wiederhergestellt. Man verlängerte sie um 11 m und versah sie mit einem zweiten Gleis. Sie nahm am 30. Dezember 1953 den Dienst wieder auf. In den folgenden Jahren wurde sie mehrmals umgebaut und 1979/80 mit Viertakt-Dieselmotoren, Hilfsmotoren und einer neuen Stromgeneratorenanlage ausgerüstet. 1991 stellte man sie außer Dienst und überließ sie der lokalen Regierung von Messina, die sie in ein schwimmendes Museum umwandeln sollte, was aber nie in die Tat umgesetzt wurde. Zum Glück verhinderte ein Erlass der Kulturbehörden vom 30. Oktober 1993 ihre Verschrottung. 2001 brachte man sie in der ehemaligen Schiffswerft »Picciotto« zu einer eventuellen Weiterverwendung unter.

TECHNISCHE DATEN Abmessungen: 77,62 x 10,45 m. **Wasserverdrängung:** 1262 ts. **Antrieb:** 2 Dampfmaschinen mit dreifacher Dampfdehnung, 2 Schrauben. **Leistung:** 2 x 700 PS. **Höchstgeschwindigkeit:** 13 kn. **Gleise:** 1. **Fahrzeuge:** 8 Güterwagons.

Visitenkarte

Land
Italien

Typ
Dampfschiff

Werft
Heereswerft von Castellammare di Stabia, Italien

Reeder
Ferrovie dello Stato

Stapellauf
1922

Verwendung
Fähre

Oben: Die Scilla II im Hafen von Civitavecchia bei der Einschiffung eines Triebwagens, der nach Sardinien befördert wird.

Sirius

Visitenkarte

Land
Großbritannien

Typ
Dampfschiff

Werft
Robert Menzies and Sons, Leith, Großbritannien

Reeder
British & American Steam Navigation Company

Stapellauf
1937

Verwendung
Ozeandampfer

Im Frühling des Jahres 1838 rangen einige britische Schifffahrtsunternehmen um das Vorrecht, den ersten regelmäßigen Liniendienst mit Dampfschiffen zwischen Großbritannien und den Vereinigten Staaten aufzunehmen. Aus diesem Grund mietete die »British & American Steam Navigation Company« die *Sirius,* einen kleinen Raddampfer, der zwischen London und dem irischen Hafen Cork verkehrte. Die *Sirius* legte im März 1838 in London ab und traf nach einem Zwischenaufenthalt in Cork, um Vorräte nachzufassen, am 23. April in New York ein. Sie hatte die Mitbewerberin *Great Western* um wenige Stunden geschlagen, die sich wegen Reparaturarbeiten, die nach einem Feuer im Maschinenraum notwendig waren, verspätet hatte. Die *Sirius* ging 1847 verloren.

TECHNISCHE DATEN Abmessungen: 63,4 x 7,9 x 5,6 m. **Wasserverdrängung:** 714 ts. **Dienstgeschwindigkeit:** 9 kn. **Besatzung:** 40. **Passagierzahl:** 148.

Sovereign of the Seas (1987)

Visitenkarte

Land
Norwegen

Typ
Motorschiff

Werft
Chantiers de l'Atlantique, St.-Nazaire, Frankreich

Reeder
Royal Caribbean Cruise Line

Stapellauf
1987

Verwendung
Kreuzfahrtschiff

Dieses erste von drei großen, gegen Ende der 80er-Jahre von der amerikanisch-norwegischen Gesellschaft »Royal Caribbean Cruise Line« in Auftrag gegebenen Kreuzfahrtschiffen war das erste einer neuen Generation von »Megaships«. Als die *Sovereign of the Seas* 1988 in Dienst trat, war sie mit ihren 75.000 BRT das größte Schiff der Welt. Das Schiff war in der Werft »Chantiers de l'Atlantique« in Saint-Nazaire in Frankreich gebaut worden, die nach diesem Auftrag als der besten Konstrukteur von »Megaships« galt. In den folgenden 16 Jahren erhielten sie 35 weitere Aufträge. Das Schiff verfügt über zwölf Decks, 1127 Kabinen, zwei Restaurants, neun Bars, zwei Schwimmbecken und ein Kino. Zur Zeit unternimmt sie von Port Canaveral aus drei- bis viertägige Kreuzfahrten in den Bahamas.

TECHNISCHE DATEN Abmessungen: 268 x 32,3 x 7,6 m. **Tonnage:** 75.000 BRT. **Dienstgeschwindigkeit:** 19 kn. **Besatzung:** 827. **Passagierzahl:** 2354.

Swift

Die *Swift* wurde 1968 als zweites Hovercraft des Typs *Mk I SR.N4* gebaut und wurde am 17. Jänner 1969 in Dienst gestellt. Die Hovercrafts waren revolutionäre Fährschiffe. Sie schwebten auf einem unter dem luftgefüllten, flachen Rumpf erzeugten Luftpolster über das Wasser. Der Antrieb erfolgte über Luftpropeller. Bei Testfahrten erreichten Hovercrafts bis zu 100 Knoten, ihre Höchstgeschwindigkeit wurde aber auf 70 Knoten limitiert. Der Geschwindigkeitsrekord der *Swift* von 24 Minuten für die Strecke Dover-Calais aus den 70er-Jahren wurde erst 1995 von ihrem Schwesterschiff ***The Princess Anne*** um 2 Minuten unterboten. Manche Hovercrafts hatten eine Kapazität von bis zu 418 Passagieren und 60 Autos. Mit der Fertigstellung des Ärmelkanaltunnels 1994 erachtete die Reederei Hoverspeed ihre Luftkissenfahrzeuge als nicht mehr zeitgemäß und ersetzte sie, trotz hoher Auslastung und beträchtlicher Gewinne, durch Katamarane. Im November musste Hoverspeed wegen mangelnder Buchungen ihrer Fähren Konkurs anmelden. Die *Swift* befindet sich zusammen mit ihren Schwestern *The Princess Anne* und ***The Princess Margaret*** *(diese ist auf dem Foto unten zu sehen)* im Hovercraftmuseum in Lee-on-the-Solent bei Southampton.

TECHNISCHE DATEN Abmessungen: 39,68 x 23,77 x 11,48 (Höhe) m. **Tonnage:** 203 BRT. **Antrieb:** 4 »Rolls Royce Marine Proteus«-Gasturbinen. **Leistung:** je 3.400 PS. **Höchstgeschwindigkeit:** 70 kn. **Dienstgeschwindigkeit:** 40–60 kn. **Passagierzahl:** 254 (282 nach dem Umbau 1972). **Fahrzeuge:** 30 Autos (37 nach dem Umbau). **Route:** Dover-Calais.

Visitenkarte

Land
Großbritannien

Typ
Luftkissenfahrzeug

Werft
British Hovercraft Corporation, East Cowes, Großbritannien

Reeder
Hoverspeed, Großbritannien

Stapellauf
1968

Verwendung
Fähre

Oben: Diese schon ehrwürdige Aufnahme zeigt den Passagierraum der Swift.

Tamesis

Visitenkarte

Land
Norwegen

Typ
Frachtschiff

Werft
Daewoo Heavy Industries Ltd., Okpo Yard, Südkorea

Reeder
Wilhelmsen Lines Shipowning A/S, Norwegen

Stapellauf
2000

Verwendung
Autotransporter

Bei diesem Schiffstyp handelt es sich um eine Sonderform des Roll-on/Roll-of-Schiffes. Es dient jedoch nicht im Fährdienst, sondern zum Transport von fabrikneuen Pkw in ihre Bestimmungsländer. Die Decks sind sehr niedrig, damit möglichst viele Fahrzeuge verstaut werden können. Die *Tamesis* kann 5310 Autos aufnehmen. Allerdings ist das Be- und Entladen dieser Schiffe eine aufwändige Angelegenheit, da jedes einzelne Gefährt von Menschen auf das Schiff und wieder herunter gefahren werden muss. Da trotz der platzsparenden Deckanordnung die Aufbauten solcher Schiffe relativ hoch sind, sind sie bei Wind einer großen Abdrift ausgesetzt. Die *Tamesis* gehört mit über 240 m Länge zu den größten Schiffen ihrer Art, weit geräumigere sind jedoch bereits in Planung.

TECHNISCHE DATEN Abmessungen: 240,6 x 32,29 x 11,75 m. **Tonnage:** 67.140 BRT. **Antrieb:** »Burmeister & Wein«-Dieselmotor. **Höchstgeschwindigkeit:** 20 kn. **Fahrzeuge:** 5310 Autos.

Teutonic

Visitenkarte

Land
Großbritannien

Typ
Dampfschiff

Werft
Harland & Wolff, Belfast, Irland

Reeder
White Star Line

Stapellauf
Jänner 1889

Verwendung
Ozeandampfer

Dieses Dampfschiff gehörte der »White Star Line«, einer 1845 in Liverpool gegründeten Gesellschaft, die sich von Anbeginn dem Transport von Gold aus australischen Minen widmete. Die *Teutonic* und ihre Schwester ***Majestic*** (alle Schiffe des Unternehmens trugen Namen, die auf »ic« endeten) waren die ersten Ozeandampfer der »White Star Line« mit zwei Schrauben. Beim Bau dieser Schiffe mussten einige Anweisungen der britischen Admiralität befolgt werden, die sie im Kriegsfall als Hilfskreuzer einzusetzen beabsichtigte. Die *Teutonic* konnte 300 Passagiere in Luxusunterkünften der 1. Klasse, 175 in der 2. Klasse und 850 in der 3. Klasse beherbergen. 1891 wurde ihr das »Blaue Band« für die schnellste Überfahrt Richtung Westen verliehen. Im Jahr darauf verlor sie diese Auszeichnung an die *City of Paris* der »Inman and International Lines«. 1915 wurde sie als Truppentransporter eingesetzt und 1921 verschrottet.

TECHNISCHE DATEN Abmessungen: 172,5 x 17,6 m. **Wasserverdrängung:** 10.143 ts. **Antrieb:** 2 Dampfmaschinen mit dreifacher Dampfdehnung, 2 Schrauben. **Leistung:** 17.100 PS. **Dienstgeschwindigkeit:** 19–20 kn. **Passagierzahl:** 1325. **Route:** Liverpool-New York.

The World

Auf allen sieben Weltmeeren und in jedem Hafen der Welt zu Hause zu sein – diese außergewöhnliche Idee buchstäblich in die Tat umzusetzen, war die Intention von Knut U. Kloster jr., als er 1977 ein Team von Spezialisten um sich versammelte, um *The World* zu planen, die 2002 von der norwegischen Werft Fosen Mek. Verksteder ausgeliefert wurde. Dieses Schiff der Superlative kann man als »schwimmende Stadt« betrachten. An Bord befinden sich nämlich 165 Wohnungen (106 großräumige Apartments, 19 Atelierwohnungen und 40 Studios), die gekauft oder gemietet werden können. Die luxuriös eingerichteten und von renommierten Designern gestalteten Wohnungen weisen Grundflächen von 120 bis 1130 m² auf. Obwohl bereits 95% der Apartments verkauft wurden, stehen die meisten von ihnen als Mietobjekte zur Verfügung. Weiters bietet das Schiff rund um die Uhr Service, Verpflegung, Wäscherei und Putzerei, medizinische Versorgung, Geschäfts- und Konferenzeinrichtungen, eine Bücherei und Kunstausstellungen, vier große und drei kleine Speiselokale, diverse Bars, Fitness- und Sporteinrichtungen, ein Kasino, Kinos und andere Freizeiteinrichtungen. Somit ist *The World* die einzige Wohngemeinschaft auf See. Die Reederei ist bemüht, eine Atmosphäre zu erzeugen, die, trotz der beachtlichen Ausmaße des Schiffs, eher an eine Privatjacht oder eine Strandvilla erinnert. Da *The World* nicht mit Schweröl betrieben wird, kann es auch jene Häfen ansteuern, die für mit diesem Brennstoff betriebene Schiffe verboten sind. Auch bei der Abwasseraufbereitung wurde großes Augenmerk auf den Umweltschutz gelegt. Sie ist das erste Schiff, das mit einer sogenannten »Scanship«-Kläranlage ausgestattet ist, die Feststoffe absondert. Das verbleibende Wasser kann nach der Filterung durch ultraviolette Strahlen als Nutzwasser wiederverwendet werden. Diese und andere Vorkehrungen sorgen für eine große Reichweite des Schiffes. Das Konzept sieht vor, dass das Schiff ständig auf den Ozeanen verkehrt, die Häfen dieser Welt ansteuert und dort ein bis zwei Nächte vor Anker geht. Somit ist jeder, der eine Wohnung an Bord der »Welt« *(The World)* sein Eigen nennt, im wahrsten Sinne des Wortes ein Weltbürger.

Visitenkarte

Land
Bahamas

Typ
Motorschiff

Werft
Ship Builders Fosen Mek. Verksteder A/S, Rissa, Norwegen

Reeder
ResidenSea Corporate Offices, Miami, USA

Stapellauf
2002

Verwendung
Kreuzfahrtschiff

TECHNISCHE DATEN **Abmessungen:** 196,35 x 29,8 x 6,7 m. **Tonnage:** 43.524 BRT. **Höchstgeschwindigkeit:** 18,5 kn. **Passagierzahl:** 150–200. **Besatzung:** ca. 250.

Titanic

Visitenkarte

Land
Großbritannien

Typ
Dampfschiff

Werft
Harland & Wolff, Belfast, Irland

Reeder
White Star Line

Stapellauf
31. Mai 1911

Verwendung
Ozeandampfer

Dieses wegen seines tragischen Schicksals berühmt gewordene Schiff war zusammen mit der *Olympic* und der *Britannic* von der »White Star Line« in Auftrag gegeben worden. Die Schiffe sollten dem Konkurrenzunternehmen »Cunard« auf der Route nach Nordamerika Paroli bieten, die mit der *Lusitania* und der *Mauretania* gerade zwei optimale und moderne Schiffe in Dienst gestellt hatten. Die drei Riesen der »White Star« waren die schwersten Schiffe ihrer Zeit und auch die ersten, die einen 1.-Klasse-Salon mittschiffs, Gasbeleuchtung, türkische Bäder, À-la-carte-Restaurants, überdachte Schwimmbäder und spezielle, »Suites« genannte Kabinen mit privaten Promenaden an Bord verfügten. Die Bauarbeiten an der *Titanic* starteten drei Monate nach jenen der *Olympic* im März 1909.

Nach den Plänen sollte sie das sicherste Schiff der Welt werden. Sie hatte einen doppelten Bug mit 2,5 cm dicken Stahlplatten und ein System von 16 Schotten, die sich automatisch schlossen, wenn die Elektrosensoren Wasser in der Bilge meldeten. Die Presse schloss daraus, dass man von einem »unsinkbaren« Schiff sprechen konnte. Als solches wurde das Schiff in den Medien beschrieben, bis sogar die Versicherungsgesellschaft die Tarife zur Deckung eines eventuellen Untergangs senkte. Die Wirklichkeit sah ganz anders aus und man erkannte – viel zu spät –, dass nicht einmal die Ausstattung mit Rettungsbooten, gemessen an der Passagierzahl, ausreichend war, obwohl sie sogar mehr Rettungsboote mitführte als gesetzlich gefordert. Am 10. April 1912 verließ die *Titanic* Southampton zu ihrer Jungfernfahrt nach New York. In der Nacht des 14. April stieß die *Titanic,* trotz der vielen Warnungen, die sie erhalten hatte, gegen einen Eisberg, der ihr die rechte Seitenwand aufriss. Danach spielte sich eine unheimliche Tragödie ab. Dieses Unglück beeinflusste die Sicherheitsvorschriften für andere Schiffe. Die Wanderung von Eisbergen wurde beobachtet, Funkverkehr rund um die Uhr wurde obligatorisch, die Reedereien mussten ihre Schiffe mit einer entsprechenden Anzahl Rettungsbooten für alle eingeschifften Passagiere ausrüsten.

TECHNISCHE DATEN Abmessungen: 259,1 x 26,91 x 28,2 m. **Tonnage:** 46.329 BRT. **Antrieb:** 2 Dampfmaschinen mit dreifacher Dampfdehnung + 1 Dampfturbine mit Direktverbindung, 29 Kessel, 3 Schrauben. **Leistung:** 56.000 PS. **Dienstgeschwindigkeit:** 21,5 kn. **Besatzung:** 900. **Passagierzahl:** 2603. **Route:** Southampton-New York.

Oben: der Kapitän der Titanic, *Edward Smith (rechts) in Begleitung des Bordmeisters. Auf der gegenüberliegenden Seite: das dem Untergang des Schiffes gewidmete Titelblatt des* Domenica del Crociere.

Tricolor

Visitenkarte

Land
Norwegen

Typ
Frachtschiff

Werft
Daewoo Shipbuilding & Heavy Machinery, Ltd., Okpo, Südkorea

Reeder
Wilhelmsen Lines Shipowning A/S, Norwegen

Stapellauf
1987

Verwendung
Autotransporter

Die *Tricolor* war am 14. Dezember 2002 mit 2871 Limousinen der Marken Saab, Volvo und BMW Richtung USA unterwegs, als sie im dichten Nebel 20 Meilen vor der französischen Küste mit dem Containerschiff *Kariba* kollidierte und sank. Fast noch mehr Medienecho als dieser Umstand erzeugte die noch im selben Monat von der französischen Regierung angeordnete Entfernung des Wracks, da dieses in einer vielbefahrenen Wasserstraße lag (es kam auch zu weiteren Kollisionen). Mit der Bergung des Wracks wurde eine Rotterdamer Firma beauftragt, die bereits das verunglückte russische Atom-U-Boot *Kursk* gehoben und die weltgrößte Ölplattform *P36* vor der Küste Brasiliens vor dem Sinken bewahrt hatte. In knapp zweijähriger Arbeit wurde die *Tricolor* in neun Teilstücke zersägt, die einzeln gehoben wurden. Dabei kam es immer wieder zu Komplikationen, so brach beispielsweise auf einem bereits abgetrennten Teil Feuer aus und ganze Sektionen des Schiffes brachen in sich zusammen, außerdem gelangte immer wieder Öl ins Meer. Zusätzlich erschwerte schlechtes Wetter die Bergung. Am 27. Oktober 2004 waren die Arbeiten abgeschlossen.

TECHNISCHE DATEN Abmessungen: 240,6 x 32,29 x 11,75 m. **Tonnage:** 49.792 BRT. **Antrieb:** »Burmeister & Wein«-Dieselmotor. **Leistung:** 17.326 PS. **Höchstgeschwindigkeit:** 20 kn.

Nebenan: eine der 9 Sektionen, in die die Tricolor *zerschnitten wurde. Die Segmente wogen rund 3000 Tonnen pro Stück und stellten für das Bergeunternehmen eine enorme Herausforderung dar.*

United States

Visitenkarte

Land
USA

Typ
Dampfschiff

Werft
Newport News Shipbuilding & Dry Dock Co., Newport News, USA

Reeder
United States Lines

Stapellauf
23. Juni 1951

Verwendung
Ozeandampfer

Das vom Schiffsarchitekten William Francis Gibbs für die »United States Lines« entworfene Schiff stellte eine Synthese aus Technologie, Geschwindigkeit, Luxus, Komfort und niederem Treibstoffverbrauch dar. Darüber hinaus untersuchte man an ihr die Möglichkeit, sie im Falle nationaler Krisenfälle in einen Truppentransporter umzuwandeln. Im Zuge ihrer Jungfernfahrt von New York nach Southampton stellte die *United States* am 7. Juli 1952 einen Überfahrtsrekord auf, indem sie für die Strecke bei einer Durchschnittsgeschwindigkeit von 35,59 Knoten drei Tage, zehn Stunden und 40 Minuten brauchte – 13 Stunden weniger als die *Queen Mary*. Dafür erhielt sie das »Blaue Band«. Sie blieb bis 1969 in Dienst. 1973 ging sie in den Besitz der Seefahrtsbehörde der USA über, 1978 erwarb sie die »United States Cruises Inc.« zurück, die sie in ein Kreuzfahrtschiff umwandeln wollte. 1992 wurde sie an einen griechischen Reeder verkauft und kehrte 1996 in die Vereinigten Staaten zurück, um in Philadelphia verschrottet zu werden.

TECHNISCHE DATEN Abmessungen: 301,8 x 31 x 9,8 m. **Tonnage:** 53.329 BRT. **Antrieb:** 2 Dampfturbinen mit doppeltem Untersetzungsgetriebe, 8 Kessel, 4 Schrauben. **Leistung:** 173.800 PS. **Dienstgeschwindigkeit:** 35 kn. **Besatzung:** 1093. **Passagierzahl:** 1928. **Route:** Triest-Neapel-New York-Le Havre-Southampton-Bremerhaven.

Oben: eine Kabine der United States. *Unten: das Profil des Schiffes in einer Broschüre, die zur Zeit seines Stapellaufs herausgegeben wurde.*

Vanderbilt

Visitenkarte

Land
USA

Typ
Dampfschiff

Werft
Jeremiah Simonson, Green Point, USA

Reeder
North Atlantic Mail Steamship Line

Stapellauf
18. Juni 1857

Verwendung
Ozeandampfer

Zur Zeit ihres Dienstantritts bei der »North Atlantic Mail Steamship Line« war die *Vanderbilt* einer der größten, schnellsten und luxuriösesten Ozeandampfer, die im Nordatlantik verkehrten. Im März 1862 wurde sie von der Marine der Union eingezogen und zu einem Hilfskreuzer umgerüstet, der Jagd auf das Korsarschiff *Alabama* der Konföderierten machen sollte. Der *Vanderbilt* gelang es allerdings nie, ihrem Ziel zu begegnen. 1873 wurde sie an ein Schifffahrtsunternehmen verkauft, das sie zum Segelschiff umbaute, die Maschine entfernte und es in *Three Brothers* umtaufte. Man verwendete sie hauptsächlich für den Getreidehandel. 1899 wurde sie verschrottet.

TECHNISCHE DATEN Abmessungen: 98,5 x 14,5 x 9,5 m. **Wasserverdrängung:** 3413 ts. **Antrieb:** gegenläufig arbeitende Dampfmaschine, Schaufelräder. **Leistung:** 2800 PS. **Höchstgeschwindigkeit:** 14 kn.

Victoria (1951)

Visitenkarte

Land
Italien

Typ
Motorschiff

Werft
Cantieri Riuniti del'Adriatico, San Marco, Triest, Italien

Reeder
Triester Lloyd

Stapellauf
18. September 1951

Verwendung
Passagierschiff

Das zusammen mit seinem Schwesterschiff *Asia* vom »Triester Lloyd« georderte Motorschiff war für den Verkehr nach Indien, Pakistan und dem Fernen Osten vorgesehen und trat im März 1953 in Dienst. Mit der Einstellung des Passagierverkehrs in den Osten 1974 wurde sie außer Dienst gestellt und Ende 1975 von der »Adriatica Line« erworben, die sie für den Liniendienst und für Kreuzfahrten im Mittelmeer einsetzte. Der wirtschaftliche Erfolg war spärlich und 1978 erwarb die »Mercy Ships« die *Victoria*. Diese nordamerikanische Wohlfahrtseinrichtung ließ das Schiff in einer griechischen Werft umbauen, taufte es in *Anastasis* um und setzt es bis heute in der Dritten Welt als Lazarettschiff ein.

TECHNISCHE DATEN Abmessungen: 154,4 x 20,7 x 7,2 m. **Tonnage:** 11.695 BRT. **Antrieb:** 2 Dieselmotoren mit Direktverbindung, 2 Schrauben. **Leistung:** 16.100 PS. **Dienstgeschwindigkeit:** 19,5 kn. **Besatzung:** 213. **Passagierzahl:** 467. **Route:** Italien-Suez-Ferner Osten.

Victoria (1930)

Die im März 1931 in Betrieb gegangene *Victoria* war sowohl aus technischer wie auch aus ästhetischer Sicht ein innovatives Motorschiff. Ihre äußere Erscheinung war sehr schlank und wurde vom schmalen, abgeschrägten, einem Kreuzer nachempfundenen Bug bestimmt, sodass sie auch in den Augen Unbedarfter schnell und mächtig erschien. Die Inneneinrichtung war von zurückhaltender Eleganz, was sie von der damals in Mode befindlichen überschwänglichen Ornamentik abhob. Bemerkenswert war die Klimaanlage in den Luxuskabinen und dem Speisesaal der 1. Klasse. Die Passagiere waren in vier Klassen untergebracht, die gemeinsam mit den Gesellschaftseinrichtungen fünf Decks einnahmen. Der Rumpf war durch zehn Schotten unterteilt. Für den Antrieb sorgten »Sulzer CrdA«-Zweitakt-Dieselmotoren mit acht Zylindern, die bei 126 Umdrehungen in der Minute 17.000 PS leisteten. Nach einem Jahr im Liniendienst nach Ägypten wurde die *Victoria* für den anspruchsvolleren Verkehr in den Fernen Osten eingesetzt. Am 24. Jänner 1932 legte sie in Genua zu ihrer ersten Fahrt nach Bombay ab und im Oktober 1936 erweiterte man ihre Tour bis nach Shanghai. Bei Kriegsausbruch hielt sie sich gerade in Italien auf und wurde vorübergehend außer Dienst gestellt, bevor man sie zu einem Truppentransporter umrüstete, der zahlreiche Transport- und Geleitfahrten zwischen Italien und Libyen unternahm. Am Abend des 24. Jänner 1942 war sie von Taranto kommend Richtung Tripolis in der Syrte unterwegs, als sie von englischen Fliegern torpediert und mehrmals getroffen wurde und sank. Sie riss 249 Mann mit sich.

TECHNISCHE DATEN Abmessungen: 164,5 x 21,2 x 6,7 m. **Tonnage:** 13.062 BRT. **Antrieb:** 4 Dieselmotoren mit Direktverbindung, 4 Schrauben. **Leistung:** 18.850 PS. **Dienstgeschwindigkeit:** 20,5 kn. **Besatzung:** 280. **Passagierzahl:** 566. **Route:** Triest-Venedig-Brindisi-Alexandria in Ägypten.

Visitenkarte

Land
Italien

Typ
Motorschiff

Werft
Cantieri Riuniti del'Adriatico, San Marco, Triest, Italien

Reeder
Triester Lloyd

Stapellauf
23. September 1930

Verwendung
Passagierschiff

Nebenan: der Ballsaal der Victoria. *Oben: der Entwurf eines Werbeplakates für die Jungfernfahrt des Schiffes.*

Voyager of the Seas

Visitenkarte

Land
Bahamas

Typ
Motorschiff

Werft
Kvaerner Masa-Yards, Finnland

Reeder
Royal Caribbean Cruises

Stapellauf
1999

Verwendung
Kreuzfahrtschiff

Oben: das luxuriöse Hauptrestaurant auf der Voyager of the Seas.

Dieses als seinerzeit größtes Kreuzfahrtschiff in Dienst gestellte Megaschiff bietet allerhand Komfort. Auf 14 Passagierdecks sind 939 Außenkabinen und 26 behindertengerechte Kabinen untergebracht. Zahlreiche davon verfügen über einen eigenen Balkon. Das Hauptrestaurant der *Voyager of the Seas* erstreckt sich über drei Decks und ist dem Speisesaal der 1. Klasse der *Titanic* nachempfunden. Neben einem italienischen Restaurant findet man auch das »Jonny Rockets«, ein Diner im Stil der 50er-Jahre, in dem man klassisches amerikanisches Fast-Food konsumieren kann. Drei Swimmingpools und einige Whirlpools, eine Sauna und ein Dampfbad stehen den Gästen zur Verfügung. Kurios ist auch die Kletterwand 50 m über dem Meer. Auch eine Eislaufbahn und eine Minigolfanlage sind vorhanden. Außerdem werden regelmäßig Kunstauktionen an Bord abgehalten. Die auf den Bahamas beheimatete Reederei »Royal Caribbean Cruises« hat nicht nur Kreuzfahrten im amerikanischen Raum und der Karibik, sondern auch zahlreiche Europareisen im Programm.

TECHNISCHE DATEN Abmessungen: 311 x 48 x 8,8 m. **Tonnage:** 142.000 BRT. **Antrieb:** 3 »MW Apizod«-Dieselelektromotoren. **Höchstgeschwindigkeit:** 22 kn. **Passagierzahl:** 3114. **Besatzung:** 1181.

Vulcania

Das Schwesterschiff der ***Saturnia,*** die *Vulcania,* war ein äußerst erfolgreiches Schiff, das in seiner Laufbahn mehr Passagiere beförderte als jedes andere. Vor dem Krieg stand sie auf der Strecke Triest-Neapel-New York im Einsatz und legte regelmäßige Aufenthalte in Venedig, Patras, Messina, Palermo, Gibraltar, Lissabon und Halifax ein. 1935 absolvierte sie einige Truppentransporte nach Äthiopien, um dann bis 1940 wieder den normalen Passagierdienst aufzunehmen. 1937 erhielt sie neue Dieselmotoren, die ihre Geschwindigkeit auf 21 Knoten erhöhten. Während des Zweiten Weltkriegs wurde sie von der italienischen Kriegsmarine als Truppentransporter eingezogen und 1942 vom Roten Kreuz als Lazarettschiff zur Überstellung von italienischen Flüchtlingen aus Ostafrika in die Heimat eingesetzt. Bei Kriegsende fanden sie die Alliierten praktisch unbeschädigt in Venedig vor und beschlagnahmten sie. Im Frühjahr des Jahres 1946 vermietete man sie an die »American Export Line«, die sie für einige Fahrten nach Neapel, Alexandria in Ägypten und New York einsetzte. Wieder in Italien zurück, machte sie 1947 eine Reise nach Südamerika, bevor sie den Liniendienst zwischen Genua, Neapel und New York wieder aufnahm, den sie bis 1955 erfüllte, um dann wieder auf die alte Route zurückzukehren. Als die *Andrea Doria* und die *Cristoforo Colombo* in Dienst gestellt waren, verkaufte man sie 1965 an die »Sicula Oceanica« der »Grimaldi«-Gruppe. Diese ließ grundlegende Modernisierungen durchführen, taufte sie in *Caribia* um und setzte sie abwechselnd im Liniendienst nach Südamerika und immer häufiger für Kreuzfahrten im Mittelmeer ein. In der Nacht vom 23. auf den 24. September 1972 stieß sie vor Nizza auf einen Felsen, wodurch der Rumpf und die Maschine beträchtlich beschädigt wurden. Sie wurde nach La Spezia geschleppt und dann 1974 zur Verschrottung nach Kaohsiung auf der Insel Taiwan gebracht.

TECHNISCHE DATEN Abmessungen: 192,5 x 24,3 x 8,8 m. **Tonnage:** 23.970 BRT. **Antrieb:** 2 Dieselmotoren mit Direktverbindung, 2 Schrauben. **Leistung:** 20.000 PS. **Dienstgeschwindigkeit:** 19 kn. **Besatzung:** 440. **Passagierzahl:** 2196. **Route:** Triest-Neapel-New York.

Visitenkarte

Land
Italien

Typ
Motorschiff

Werft
Cantiere Navale Triestino, Monfalcone, Italien

Reeder
Consulich-Società Triestina di Navigazione

Stapellauf
19. Dezember 1926

Verwendung
Passagierschiff

Oben: die Vulcania. *Nebenan: Die* Saturnia *beim Auslaufen aus dem Hafen von Neapel Richtung Äthiopien mit 4500 Schwarzhemden an Bord.*

Glossar

Blue Riband (Blaues Band)
Eine Auszeichnung für Passagierschiffe, welche die Überquerung des Nordatlantiks am schnellsten bewältigen. Obwohl der Preis erst 1935 offiziellen Charakter erhielt, hat diese Ehrung eine gut hundertjährige Tradition *(siehe Kasten auf der nächsten Seite).* Das Blaue Band besteht aus einem blauen Streifen, der auf die Schornsteine gemalt wurde. Er durfte nur jenen Schiffen verliehen werden, die ihren Rekord mindestens drei Monate halten konnten. Die Trophäe hält zur Zeit die dänische Fähre *Cat Link V* (heute *Master Cat*), die 1998 die Überfahrt mit der Rekord-Durchschnittsgeschwindigkeit von 41,02 kn meisterte. Zieht man den Niedergang des transatlantischen Passagierschiffverkehrs in Betracht, ist es gut möglich, dass dieser Bewerb schon sein Ende gefunden hat.

Brigantine
Segelschiff mit Bugspriet und zwei Masten mit viereckigen Segeln.

Bugspriet
Der Mast, der auf Segelschiffen schräg aus dem Bug hervorgeht.

Dampffregatte
Kriegsschiff (Fregatte oder Korvette), das im 19. Jh. unter Segel und mit Maschinenantrieb (Schraube oder Schaufelräder) betrieben wurde.

Dampfschiff
Handelsschiff mit Dampfmaschine, das dem Passagier- und/oder Frachtverkehr dient.

Dreadnought
Das war der Name des ersten einkalibrigen Panzerkreuzers der Welt, das heißt, er verfügte über Kanonen eines einzigen Kalibers. Sie wurde von der britischen Marine 1906 vom Stapel gelassen und ihr Name wurde zum Synonym für diesen Schiffstyp.

Fregatte
Ein kleines und wendiges Kriegsschiff, das im 17. und 18. Jh. als Geleitschutz der schweren Galeonen diente. Später nahm sie an Gewicht zu, wurde mit zwei und dann mit drei Masten und einer oder zwei Reihen Kanonen ausgestattet. Mit Ende der Segelschifffahrt stand es nicht mehr in Verwendung, stand aber im Zweiten Weltkrieg Pate für kleinere Torpedobootzerstörer, die für den Geleitschutz von Konvois und Linienschiffen eingesetzt wurden, um sie vor U-Boot- und Fliegerangriffen zu schützen.

Fockmast
Mast bugseits des Schiffes.

Galeone
Kriegs- und Transportschiff, das im 16. und 17. Jh. zum Einsatz kam. Typisch sind die hohen Bordwände und die hervorgehobenen Bug- und Achterdecks. Sie verfügte über drei oder vier Masten und einen Bugspriet mit viereckigen Segeln am Bug und in der Mitte sowie dreieckige im Heck. Sie war mit bis zu 80 an Deck befindlichen Kanonen bestückt.

Alle Schiffe, die das *Blue Riband* gewonnen haben, indem sie den Atlantik von Ost nach West (links) und von West nach Ost (rechts) überquert haben. In Klammern die mittlere Geschwindigkeit.

1838	Sirius (8,03)
1838	Great Western (8,66)
1839	Great Western (8,92)
1839	Great Western (9,52)
1841	Columbia (9,78)
1843	Great Western (10,03)
1845	Cambria (10,71)
1848	America (11,71)
1848	Europa (11,79)
1850	Asia (12,25)
1850	Pacific (12,46)
1851	Baltic (12,91)
1854	Baltic (13,04)
1856	Persia (13,11)
1863	Scotia (14,46)
1872	Adriatic (14,53)
1875	Germanic (14,65)
1875	City of Berlin (15,21)
1876	Britannic (15,43)
1877	Germanic (15,76)
1882	Alaska (16,07)
1882	Alaska (16,67)
1882	Alaska (16,98)
1883	Alaska (17,05)
1884	Oregon (18,56)
1885	Etruria (18,73)
1887	Umbria (19,22)
1888	Etruria (19,56)
1889	City of Paris (19,95)
1889	City of Paris (20,01)
1891	Majestic (20,1)
1891	Teutonic (20,35)
1892	City of Paris (20,48)
1892	City of Paris (20,7)
1893	Campania (21,12)
1894	Campania (21,44)
1894	Lucania (21,65)
1894	Lucania (21,75)
1894	Lucania (21,81)
1898	Kaiser Wilhelm der Große (22,29)
1900	Deutschland (22,42)
1900	Deutschland (23,02)
1901	Deutschland (23,06)
1902	Kronprinz Wilhelm (23,09)
1903	Deutschland (23,15)
1907	Lusitania (23,99)
1908	Lusitania (24,83)
1908	Lusitania (25,01)
1909	Lusitania (25,65)
1909	Mauretania (26,06)
1929	Bremen (27,83)
1930	Europa (27,91)
1933	Europa (27,92)
1933	Rex (28,92)
1935	Normandie (29,98)
1936	Queen Mary (30,14)
1937	Normandie (30,58)
1938	Queen Mary (30,99)
1952	United States (34,51)

1838	Sirius (7,31)
1838	Great Western (9,14)
1838	Great Western (10,17)
1840	Britannia (10,98)
1842	Great Western (10,99)
1843	Columbia (11,11)
1843	Hibernia (11,18)
1843	Hibernia (11,8)
1849	Canada (12,38)
1851	Pacific (13,03)
1852	Arctic (13,06)
1856	Persia (13,46)
1856	Persia (13,89)
1856	Persia (14,15)
1863	Scotia (14,16)
1869	City of Brussels (14,74)
1873	Baltic (15,09)
1875	City of Berlin (15,37)
1876	Germanic (15,79) (15,21)
1876	Britannic (15,94)
1879	Arizona (15,96)
1882	Alaska (16,81)
1882	Alaska (17,1)
1884	Oregon (17,12)
1884	Oregon (18,09)
1884	Oregon (18,18)
1884	Oregon (18,39)
1885	Etruria (18,44)
1888	Etruria (19,36)
1889	City of Paris (20,03)
1892	City of New York (20,11)
1893	Campania (21,3)
1894	Lucania (21,81)
1894	Lucania (21,9)
1895	Lucania (22)
1897	Kaiser Wilhelm der Große (22,33)
1900	Deutschland (22,84)
1900	Deutschland (23,36)
1901	Deutschland (23,38)
1901	Deutschland (23,51)
1904	Kaiser Wilhelm II. (23,58)
1907	Lusitania (23,61)
1907	Mauretania (23,69)
1908	Mauretania (23,9)
1908	Mauretania (24,42)
1909	Mauretania (25,16)
1909	Mauretania (25,61)
1909	Mauretania (25,7)
1909	Mauretania (25,88)
1924	Mauretania (26,25)
1929	Bremen (27,91)
1933	Bremen (28,51)
1935	Normandie (30,31)
1936	Queen Mary (30,63)
1937	Normandie (30,99)
1937	Normandie (31,2)
1938	Queen Mary (31,69)
1952	United States (35,59)
1998	Cat Link V (41,02)

Hauptmast
Der größte Mast eines Segelschiffes. Bei Dreimastern befindet er sich in der Mitte.

Jolle
Die Jolle ist ein formstabiles Schwertboot, dessen Konstruktionsschwerpunkt meist über der Wasserlinie liegt. Jolle ist auch eine traditionelle Bezeichnung für diverse Arten kleinerer Ruder- oder Segelboote.

Karacke
Ein großes, dickbäuchiges Kriegs- oder Handelsschiff, das ab dem 15. Jh. in Verwendung stand. Es handelt sich um eine Weiterentwicklung der mittelalterlichen Kogge mit zwei oder drei Masten (die beiden vorderen mit viereckigen, der Besanmast mit dreieckigen Segeln) und zwei mächtigen Aufbauten am Bug und am Heck. Sie entspringt der genuesischen und portugiesischen Schiffbautradition.

Ketsch
Segeljacht mit zwei Masten, einem Haupt- und einem Besanmast. Letzterer befindet sich im Unterschied zur Jolle bugseits der Steuerachse.

Klipper
Ein großes und schnelles Segelschiff, das im 19. Jh. für regelmäßige Frachttransporte in Übersee verwendet wurde. Es hat drei oder vier Masten mit viereckigen Segeln, einen langen, schmalen Rumpf und einen schlanken Bug.

Korvette
Ein Kriegsschiff mit wenig Wasserverdrängung und von hoher Geschwindigkeit, das seit dem 17. Jh. zur Aufklärung und für Patrouillenfahrten verwendet wurde. Während der beiden Kriege wurde sie zur U-Boot-Jagd und zum Geleitschutz eingesetzt. Wegen ihrer Geschwindigkeit und Hochseetauglichkeit wird sie auch heute noch geschätzt.

Kreuzer
Kriegsschiff, das für die Aufklärung entwickelt wurde und daher über hohe Geschwindigkeit und Reichweite auf Kosten der Panzerung verfügt. Heute kommen Kreuzer hauptsächlich zum Schutz der eigenen Flotte und für Hilfsdienste für Flugzeugträger zum Einsatz, dienen aber auch zum Angriff auf feindliche Einheiten.

Kriegsschiff
Kriegssegelschiff, das in Holland aus der Galeone entwickelt wurde. Meist Dreimaster mit viereckigen Segeln und Bugspriet. Die Kanonen sind im Allgemeinen auf drei Decks verteilt und ihre Anzahl bestimmt die Klasse. Zum Beispiel: 1. Klasse mehr als 100 Kanonen, 2. Klasse 80-100 Kanonen, 3. Klasse 60-80 Kanonen und so weiter.

Kutter
Ein kleiner Sportsegler mit einem einzigen, im Bug angebrachten Mast und einigen Spanten, auf dem neben dem Hauptsegel auch (dreieckige) Focksegel gehisst werden können. Diese spezielle Form der Jacht entwickelte sich gegen Ende 1800 in Frankreich und England.

Linienschiff
Ein Schiff, das für den regelmäßigen Transport von Passagieren

und/oder Fracht auf festgesetzten Routen und nach Fahrplänen dient.

Minensucher
Kriegsschiff, das zur Suche, Entfernung und Zerstörung von Seeminen eingesetzt wird.

Operation Sail
Ein Segelereignis, das von der gleichnamigen, 1961 von Präsident Kennedy zu Gunsten der Freundschaft unter den Segelbegeisterten gegründeten, Nonprofit-Gesellschaft in Amerika veranstaltet wird.

Ozeandampfer
Handelsschiff mit großen Ausmaßen, das dem Passagiertransport über den Atlantik dient. So bezeichnet man alle Schiffe, die im Passagierdienst über den Atlantik stehen.

Panzerkreuzer
Kriegsschiff mit Panzerung. Das erste trat im Krimkrieg (1860) in Erscheinung. Es handelte sich um die französische Fregatte *Gloire*, an deren hölzernen Rumpf man 12 cm dicke Eisenplatten angebracht hatte. Der Panzerkreuzer wurde zum Kriegsschiff schlechthin, erlangte immer größere Wasserverdrängung und stärkere Panzerung und Bewaffnung. Die taktische Bedeutung der Panzerkreuzer nahm im Zweiten Weltkrieg mit dem Auftauchen der Flugzeugträger ab, die in Seeschlachten immer wichtiger wurden. Panzerkreuzer hatten meist in Drehtürmen untergebrachte Kanonen, die mechanisch (nicht von Hand) bewegt werden konnten und auf dem Hauptdeck untergebracht waren.

Patrouillenboot
Ein Kriegsschiff, das wie der Name schon sagt, für Patrouillen und Verteidigung der nationalen wirtschaftlichen Interessen verwendet wird. Man setzt es gegen das Schmuggelwesen, illegale Einwanderung, zur Überwachung der Fischerei und der Umwelt ein. Es ist mit einem Hangar und einer Landefläche für Hubschrauber ausgerüstet.

Schoner
Segelschiff mit Bugspriet und zwei oder mehr Masten und trapezförmigen Segeln.

Segelschiff
Quasi jedes mit Segeln ausgestattete Schiff, das ausschließlich durch Windkraft angetrieben wird.

Sturmboot
Ein in der zweiten Hälfte des 19. Jh. gebräuchliches Kriegsschiff mit einem Rammbug, der als richtige Angriffswaffe verwendet wurde.

Tall Ship
Segelschiff, das zur Ausbildung von Seekadetten in aller Welt verwendet wird.

Tonnage
Die Frachtkapazität eines Schiffes. Man misst sie in Bruttoregistertonnen, von denen eine 100 Kubikfuß entspricht, das sind 2832 Kubikmeter.

Torpedoboot
Ein an der Wasseroberfläche fahrendes Schiff, das zum Abfeuern von Torpedos verwendet wird. Während des Zweiten Weltkriegs kamen sie als Geleitschutz in der U-Boot-Abwehr zum Einsatz.

Torpedobootzerstörer (oder Torpedobootjäger)
Kriegsschiff, das der Zerstörung der schnellen und kleinen Torpedoboote dient. Im Lauf des Zweiten Weltkriegs spielte dieser Bootstyp die Hauptrolle bei der U-Boot-Bekämpfung.

U-Boot
Ein Schiff, das sowohl über wie auch unter Wasser fahren kann. Die diesel-elektrischen Motoren bekamen nach dem Zweiten Weltkrieg immer höhere Reichweite und wurden schließlich durch Atomantrieb ersetzt.

Wasserverdrängung
Gesamtgewicht eines Schiffes einschließlich seiner Ladung. Das entspricht der Menge des vom Schiff verdrängten Wassers in Tonnen.

Index

Die **fett** gedruckten Seitenzahlen zeigen jene Seiten an, auf denen ein Schiff selbst beschrieben wird. Die normal gedruckten Seitenzahlen verweisen auf die Schwesterschiffe der auf den entsprechenden Seiten beschriebenen Schiffe.

BILDNACHWEIS

Alle Fotos in diesem Band stammen DeAgostini Picture Library (Archivio Ansaldo, G. Cigolini, A. Dagli Orti, G. Dagli Orti, A. De Gregorio, G. Nimatallah, D.M. Rossi, M. Seemuller, G. Sioen, D. Staquet, S. Vannini, G. Wright), mit Ausnahme der folgenden: Archiv Deutsches Schifffahrtmuseum 136o, 136u; Fotoarchiv des Castello D'Albertis Museum der Kulturen dieser Welt, Abteilung Museen, Stadtgemeinde Genua (www.castellodalbertisgenova.it) 109o, 109u; Fotoarchiv S.M.M./U.A.G.R.E. 24, 30o, 48u, 73o, 82u, 84o, 84u, 86u, 110o, 150o; Amtliches historisches Archiv des Marinestabes 11o, 18o, 18u, 19o, 19u, 28o, 44u, 65, 69, 72u, 76o, 76u, 81u, 86o, 117o, 133, 134o; R. Copia/www.ferroviesiciliane.it 179o; Costa Crociere S.p.A. 172u, 173o; P. Cox, Großbritannien 94o; Cunard Bildarchiv 197o, 197u; Farabolafoto 154o; Fotothek der Staatlichen Eisenbahnen 182, 188o, 201o, 201u; B. Girin/DHD Multimedia Gallery 100, 107o, 111, 134, 143o, 143u, 144o, 146o; V.V. Kostrichenco 79o, 79u, 87o; Staatliche Marine Italiens 23o; Staatliche Marine Italiens/Laurent 60; Staatliche Marine Italiens/R. Veyrié 22o; MAX (www.tallshipstock.com) 106o, 113, 114u, 119u, 122u, 124o, 125o, 128u, 129o, 129u, 130o, 135, 139u, 144u, 145; M. Malinowski 14o, 14u; J.L. Molle 115o, 115u; Mumbo Jumbo/DHD Multimedia Gallery 107u; J.C. Noguera Wilson 127o, 127u; Royal Caribbean 202u; E. Rogers Archive 40u; G. Ruesa/Net-Marine 22u, 23u; US National Archive/via NavSource.org 61; US Navy/via NavSource.org 31u, 37u, 88o; USS Constellation Museum Photos (www.constellation.org) 106; R.M. Wessling (www.rexmwess.com/cgpatchs/cgpatchs.hml) 116M; www.nikiship.com 138u; M. Yahyavi/DHD Multimedia Gallery 146u; AIDA Cruises Rostock 155; Hapag-Lloyd AG 167u, 192; Color Line GmbH 168; Mathias Saken 180u; Sami Koski 180o; Radio Paradijs 185u; Auke Visser 186; Mediterranean Shipping Company, S.A 190u; Peter Deilmann Reederei GmbH 191; Scheepvaartbedrijf Dalex B.V. 193o; Warnick-Jacobs-British Hovercraft Corp 203; Thomas Steinhagen 175, 205; Royal Caribbean International 182, 212; Incat Australia Pty 164u; Wilh. Wilhelmsen ASA 204o, 208; Meyer Werft 167o; Bergesen Worldwide Gas ASA 161

Die Fotos auf der Seite 117 unten und 169 oben wurden mit freundlicher Genehmigung des Nationalmuseums für Wissenschaft und Technik »Leonardo da Vinci« in Mailand abgedruckt.
Die Fotos auf den Seiten 12 oben und 91 unten (Crown Copyright, www.photos.mod.uk) wurden mit Genehmigung des Controller of Her Majesty's Stationary Office veröffentlicht.